普通高等教育艺术设计类专业"十二五"规划教材
计算机软件系列教材

AutoCAD建筑制图

主　编　叶砚葳　刘晓明　胡　靓
副主编　胡　琦　贺　睿　金　曦　周　婧　江帆鸿

U0370353

华中科技大学出版社
http://www.hustp.com
中国·武汉

内 容 简 介

本书以 AutoCAD 2012 简体中文版作为操作讲解软件。书中除了详细地介绍了软件中各种命令的操作和使用方法外,还结合环境艺术专业的实际特点,以建筑施工图和室内装饰施工图为例,讲述了在环境艺术设计中如何使用 Auto-CAD 绘制平面图、立面图、剖面图和详图等各种工程图形。

本书既可以作为高等院校、高职高专等学校的教材,也可以作为设计行业相关人员提高建筑制图技术的参考用书。

图书在版编目(CIP)数据

AutoCAD 建筑制图/叶砚葳,刘晓明,胡　靓 主编.—武汉:华中科技大学出版社,2013.12
ISBN 978-7-5609-9584-7

Ⅰ.①A… Ⅱ.①叶… ②刘… ③胡… Ⅲ.①建筑制图-计算机辅助设计-AutoCAD 软件-高等学校-教材
Ⅳ.①TU204

中国版本图书馆 CIP 数据核字(2013)第 307964 号

AutoCAD 建筑制图　　　　　　　　　　　　　　叶砚葳　刘晓明　胡　靓　主编

策划编辑:谢燕群　范　莹
责任编辑:江　津
责任校对:封力煊
封面设计:刘　卉
责任监印:周治超
出版发行:华中科技大学出版社(中国·武汉)
　　　　　武昌喻家山　邮编:430074　电话:(027)81321915
录　　排:武汉金睿泰广告有限公司
印　　刷:武汉科源印刷设计有限公司
开　　本:880mm×1230mm　1/16
印　　张:21
字　　数:573 千字
版　　次:2018 年 7 月第 1 版第 3 次印刷
定　　价:48.00 元

前 言

QIANYAN

AutoCAD 是目前在艺术设计领域运用最为广泛的 CAD 软件，它几乎涵盖了建筑、室内、景观等各个行业，在我国拥有庞大的用户群体，是设计工作中的必备软件。AutoCAD 主要用于绘制平面图、立面图、剖面图、详图等二维工程图形，而这些图形是环境艺术设计中不可或缺的重要组成部分。而且，一些效果图的制作往往也依赖于 AutoCAD 的前期设计结果。所以，学习和运用 AutoCAD 是设计类专业从业人员必备的一项重要技能。

本书内容丰富，可读性强，专门为广大想要从事建筑制图行业的人员准备，旨在为广大的读者提供一个良好的学习平台，创造一个良好的基础，帮助读者掌握利用 AutoCAD 进行本行业工程设计的基本技术与技能。

本书既可以作为高等院校、高职高专等学校的教材，也可以作为设计行业相关人员提高建筑制图技术的参考用书。

由于时间限制，加之作者水平有限，书中疏漏与不妥之处在所难免，希望广大读者提出宝贵的意见和建议。

编　者

2013年10月

目 录

MULU

第1章
AutoCAD基础

1.1 AutoCAD概述

CAD（Computer Aided Design）是指计算机辅助设计。AutoCAD 是由美国 Autodesk 公司开发的一款用于二维及三维绘图的软件，以绘制环境设计的平面图、立面图、剖面图和施工图等矢量图见长，它不仅能提高传统画图效率，而且在绘制图形的精确性与编辑图形的便捷性等方面，功能也相当强大，同时，它还能节省文件的存储空间。经过不断地改进与完善，AutoCAD 已成为设计行业广为流行的绘图工具。

本书将重点讲解 AutoCAD 在建筑设计及室内设计中的运用。

1.1.1 AutoCAD操作界面简介

AutoCAD 的操作界面指的是 CAD 图形的显示与绘制区域，它主要包括标题栏、菜单栏、绘图区、工具栏、命令窗口、状态栏等，如图 1-1 所示。

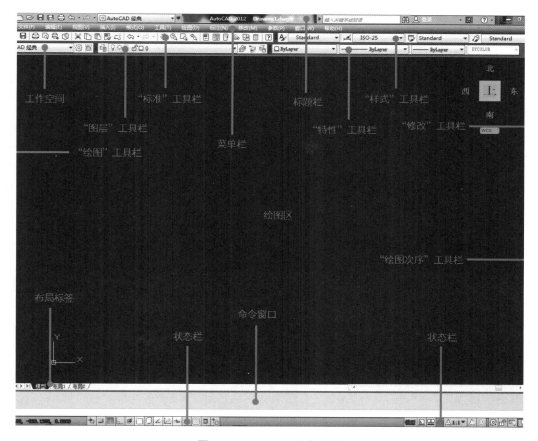

图1-1 AutoCAD操作界面

1.1.2 菜单栏

启动 AutoCAD 2012，在屏幕的顶部是标题栏，主要显示软件的名称与文件的名称。在标题栏的下方是菜单栏。AutoCAD 2012 的菜单栏包含 12 个主菜单，分别是"文件""编辑""视图""插入""格式""工具""绘图""标注""修改""参数""窗口""帮助"，其中每个主菜单下还包含多个子菜单并逐级显示，几乎囊括了 AutoCAD 里的所有绘图命令，如图 1-2 所示。

| 文件(F) | 编辑(E) | 视图(V) | 插入(I) | 格式(O) | 工具(T) | 绘图(D) | 标注(N) | 修改(M) | 参数(P) | 窗口(W) | 帮助(H) |

图1-2 菜单栏

1.1.3 绘图区

AutoCAD 界面中间最大的空白窗口就是绘图区，是用户绘制和编辑图形的主要场所，是创建新图形或打开已有图形的所有内容的显示区域。

1.1.4 工具栏

工具栏是各种图标工具调用命令的集合，通过它可以直观、快捷地单击常用命令。把光标移动到某个图标上停留 2~3 秒便可在该图标的一侧显示相应的提示，如名称、使用方法等，如图 1-3 所示。在"AutoCAD 经典"默认情况下，可见绘图区顶部的"标准"工具栏、"样式"工具栏、"图层"工具栏、"特性"工具栏，绘图区左侧的"绘图"工具栏，绘图区右侧的"修改"工具栏和"绘图次序"工具栏。

图1-3 命令提示

除了上述看到的标准界面中的这几种工具栏外，AutoCAD 中还有许多其他的工具栏可以根据需要随时调取。若要根据自己的操作习惯调整 AutoCAD 操作界面中各种工具栏的布置样式，则可以在菜单栏中打开"工具"→"工具栏"→"AutoCAD"命令，选取其中你所需要的工具栏进行勾选即可,如图 1-4 所示。也可以将鼠标的光标放置在任意一个工具栏的最前端并单击鼠标右键，就会看到一个独立的工具栏标签，这时选择你所需要的工具栏即可，如图 1-5 所示。

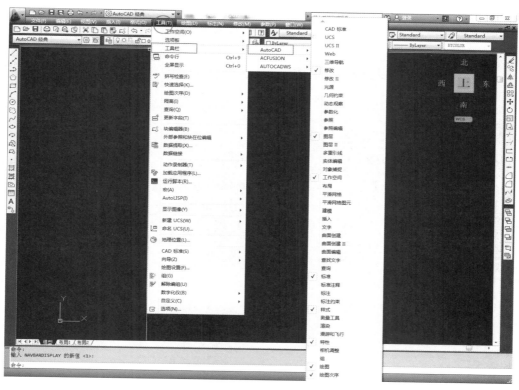

图1-4 工具栏选取

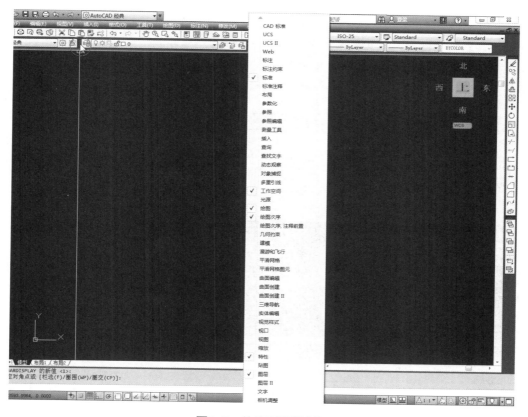

图1-5 快速工具栏选取

1.1.5 命令窗口

在绘图区的下方是命令窗口，它由命令行和命令历史窗口两部分组成。命令行显示的是用户最新输入的命令及下一步的相关提示，命令历史窗口显示的是启动 AutoCAD 后所有信息中的最近信息，如图 1-6 所示。

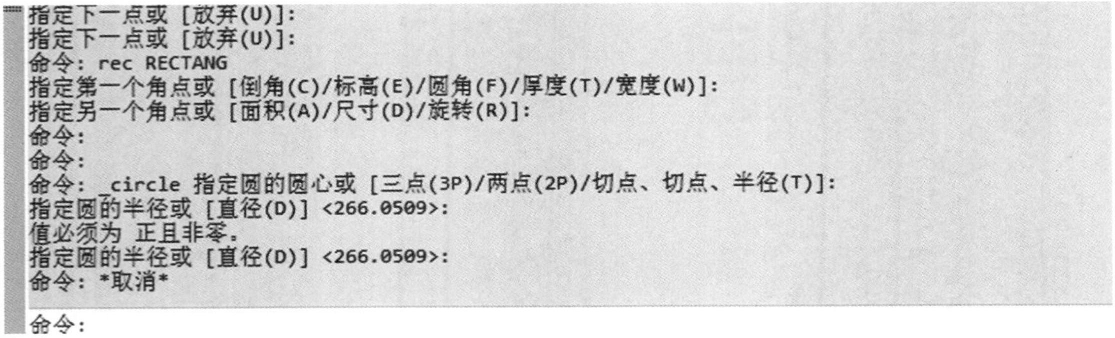

```
指定下一点或 [放弃(U)]:
指定下一点或 [放弃(U)]:
命令: rec RECTANG
指定第一个角点或 [倒角(C)/标高(E)/圆角(F)/厚度(T)/宽度(W)]:
指定另一个角点或 [面积(A)/尺寸(D)/旋转(R)]:
命令:
命令:
命令: _circle 指定圆的圆心或 [三点(3P)/两点(2P)/切点、切点、半径(T)]:
指定圆的半径或 [直径(D)] <266.0509>:
值必须为 正且非零。
指定圆的半径或 [直径(D)] <266.0509>:
命令: *取消*

命令:
```

图1-6　命令窗口

1.1.6 状态栏

状态栏位于窗口的底部，左端显示绘图区中当前十字光标定位点的三维坐标和绘图辅助工具，包括"捕捉""栅格""正交""极轴""对象捕捉""对象追踪"等开关命令，使用鼠标左键单击任意命令，即可实现相应功能的"开、关"状态切换。右端是状态栏托盘中的图标，可以很方便地访问常用功能，如图 1-7 所示。鼠标右键单击状态栏中的单个图标，可对状态栏中的工具进行单独的设置和调整。

右键单击状态栏空白处的灰色区域或左键单击右下角小三角符号可以控制开关按钮或更改托盘设置，如图 1-8 所示。

图1-7　状态栏

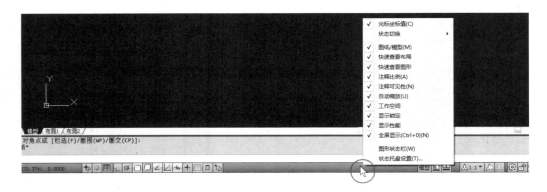

图1-8　状态栏设置

1.2 AutoCAD绘图基本设置

1.2.1 设置初始绘图环境

一般来说，使用AutoCAD的初始配置就可以绘图了，但根据实际绘图情况的不同，也为了能够更好地提高绘图效率，推荐使用AutoCAD相关命令对绘图环境进行有针对性的设置之后，再进行具体的绘图操作。

1. 工作空间

根据不同的任务需求，AutoCAD 2012会提供基于不同任务的工作空间功能配置。

方式一：选择右侧底部状态栏中"切换工作空间"按钮，如图1-9所示。

方式二：选择菜单栏中的"工具"→"工作空间"命令，如图1-10所示。

草图与注释：主要用于绘制二维平面图。

三维建模：主要用于创建和编辑三维模型。

AutoCAD经典：系统的默认界面，是用户选择最多的工作空间。

图1-9 状态栏切换工作空间

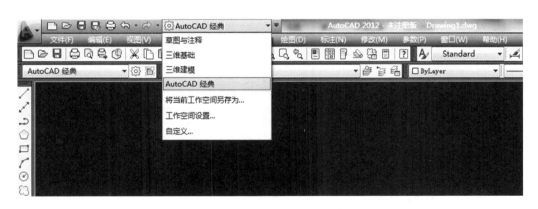

图1-10 菜单栏切换工作空间

对于工作空间的设置，一般推荐采用"AutoCAD经典"界面，主要是便于习惯了老版本的读者学习和使用本书。本书的所有内容也将使用"AutoCAD经典"界面对软件进行讲解。

2. 单位设置

AutoCAD使用图形单位来度量对象，绘图开始前，必须确定图形单位所代表的实际单位大小。

方式一：在命令行用键盘键入"units"，然后敲击空格键。

方式二：选择菜单栏中的"格式"→"单位"命令。

通过以上操作即可出现"图形单位"对话框。

长度与角度：是指定测量的长度与角度当前单位及当前单位的精度。

插入时的缩放单位：对插入当前图形中块的测量单位，如果插入的块或图形创建时使用的单位与该选项指定单位不同，则对其按比例缩放；若插入块时不按指定单位缩放，则选择"无单位"，如图 1-11 所示。

图1-11　单位设置界面

1.2.2　设置系统参数

"选项"对话框主要用于对各系统参数的调节。用户可以在此根据个人的绘图习惯对系统界面的各项内容进行设置。

方式一：在命令窗口或者绘图区域中单击鼠标右键，在快捷菜单中选择"选项"。

方式二：选择菜单栏下的"工具"→"选项"命令，出现如图 1-12 所示"选项"对话框，可以对"显示"选项卡进行设置。

图1-12　"选项"对话框

1. 设置绘图区背景色

在"显示"选项卡的"窗口元素"选项组内单击"颜色"按钮,出现"图形窗口颜色"对话框,可针对各种窗口界面元素的颜色进行修改,如图1-13所示。

在这里,我们一般选择窗口颜色为黑色来进行绘图作业,因为在绘图过程中黑色背景能使绘图者更容易辨别和区分各种不同颜色的线型,减少误读的可能性。

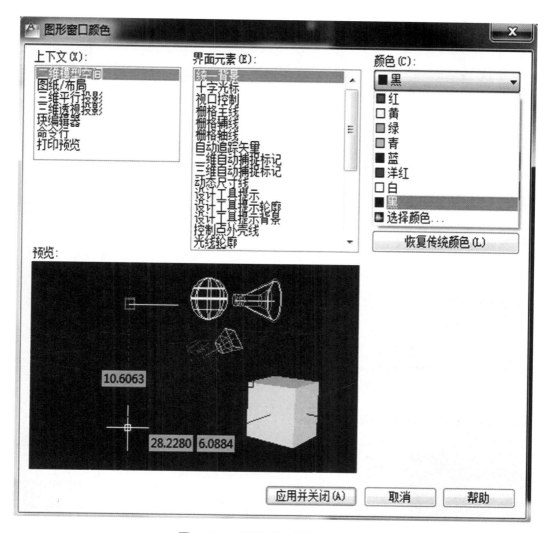

图1-13 "图形窗口颜色"对话框

2. 设置绘图区十字光标大小

光标大小为光标十字线长度相对于绘图区大小的百分比。在"显示"选项卡的"十字光标大小"选项内,拖动滑条或在编辑框中输入数字,如图1-14所示,即可修改绘图区光标大小,一般初始值为5,当拖到100时,十字线将横跨整个绘图区。

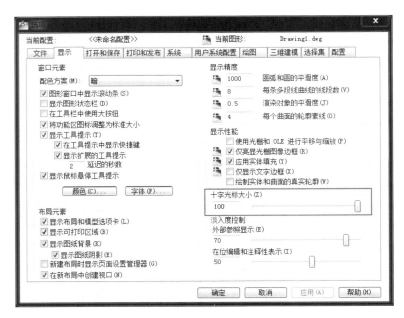

图1-14　设置十字光标大小

1.2.3　设置绘图参数

绘图时,需要使用当前对象特性来设置新建的图形参数,其中主要包括对象的颜色、线型以及线宽。

1. 设置对象颜色

方式一：选择"特性"工具栏中"颜色控制"命令。

方式二：选择菜单→"格式"→"颜色"命令,如图1-15(a)所示。

根据需要选择匹配的颜色类型,如果在列表中显示的常见颜色不能符合要求,还可在"选择颜色"对话框中选取更多色彩,如图1-15(b)所示。

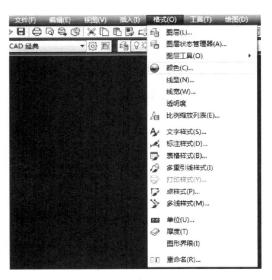

（a）

（b）

图1-15　颜色控制

"索引颜色"：是位图图片的一种编码方法，主要基于 RGB、CMYK 等更基本的一种颜色编码方法。它采用一个颜色表存放并索引图像中的颜色，该模式最多使用 256 种颜色，如果原图像中的一种颜色没有出现在查照表中，则程序会选取已有颜色中最相近的或使用已有颜色模拟该颜色。

"真彩色"：是指组成一幅彩色图像的每个像素值都有 R、G、B 三个基色分量，每个基色分量直接决定显示设备的基色强度，这样产生的彩色称为真彩色。

"配色系统"：AutoCAD 中的配色系统包括命名颜色样本的第三方文件，或者用户自定义文件。

"ByLayer"：随层，表示对象与其所在图层的特性保持一致。

"ByBlock"：随块，表示对象与其所在定义块的特性保持一致。

2.设置线型

方式一：选择"特性"工具栏中的"线型控制"命令，单击并选择下拉菜单中的线型。

方式二：选择菜单栏下的"格式"→"线型"命令。

默认情况下，系统提供三种线型（即 ByLayer、ByBlock、Continuous），如需添加其他线型，可以打开"线型控制"下拉列表中的"其他"，如图 1-16 所示，然后在弹出的"线型管理器"对话框中单击"加载"按钮，打开"加载或重载线型"对话框，在"可用线型"列表中选择需要的线型，单击"确定"按钮，返回"线型管理器"对话框后选择刚才加载的线型，单击"当前"按钮即可，如图 1-17 所示。

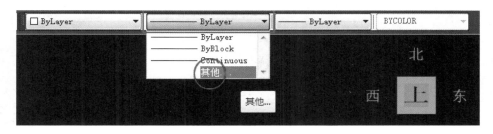

图1-16　线型控制

（a）　　　　　　　　　　　　　　　（b）

图1-17　线型选择及加载

3. 设置线宽

方式一：选择"特性"工具栏中的"线宽控制"命令。

方式二：选择菜单栏下的"格式"→"线宽"命令。

在"特性"工具栏的"线宽控制"下拉列表中选择某种宽度即可为所选的对象设置线宽，如图1-18所示。

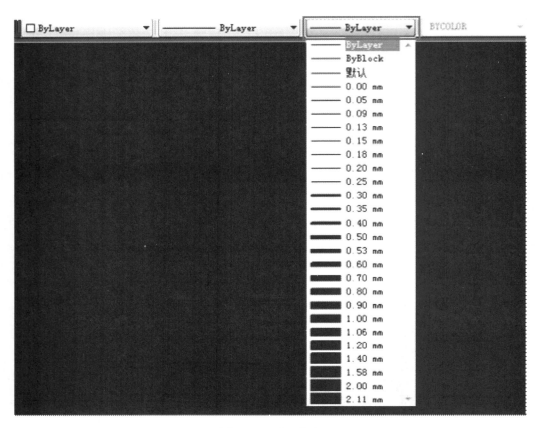

图1-18　设置线宽

值得注意的是，默认情况下，系统不会在绘图窗口中显示线宽效果，需要在命令行中输入"lweight"命令，在弹出的"线宽设置"对话框中勾选"显示线宽"后才会显现，如图1-19所示。

图1-19　显示线宽

1.3 AutoCAD图层的设置

1.3.1 建立新图层

为了方便管理和编辑复杂的图形，AutoCAD 提供图层的应用。所谓图层，可以理解为完全重合在一起的透明图纸，可以任意选择其中一个进行绘制，而不影响其他图层上的图形。

启动 AutoCAD 程序时，默认情况下，系统会自动创建一个图层，即图层 "0"，用户可根据需要建立新图层。

方式一：在"图层"工具栏中单击"图层特性管理器"图标，如图 1-20 所示。

图1-20 图层工具栏

方式二：选择菜单栏下的"格式"→"图层"命令。

方式三：在命令栏中键入"LA"后按空格键，即可打开"图层特性管理器"。

在弹出的"图层特性管理器"对话框中，可以通过单击图标新建图层，这时，在列表中会显示一个新图层，用户可对其名称、颜色、线型、线宽等进行设置，如图 1-21 所示。

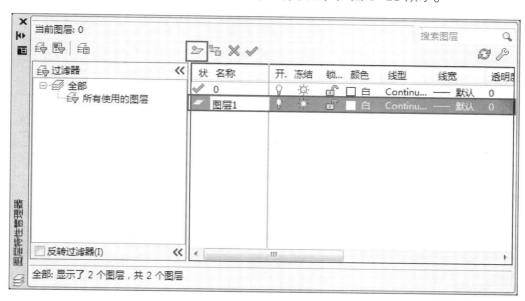

图1-21 "图层特性管理器"对话框

1.3.2 设置图层

绘图时，可以利用不同图形元素的特性进行划分，形成单独的图层，这样不仅可使图形信息清晰、有序，还便于随时编辑、修改和输出。

1. 设置图层颜色

默认情况下，新建的图层将延续上一图层的颜色特性，用户可以在"图层特性管理器"对话框中单击"颜色"图标,即可更改颜色,如图 1-22 所示。

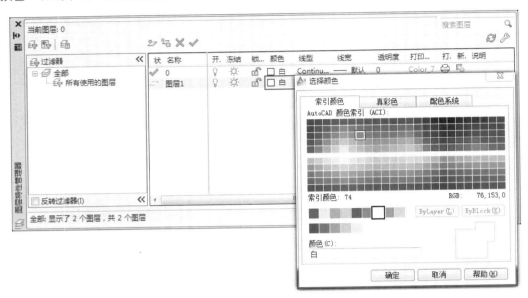

图1-22 设置图层颜色

2. 设置图层线型

默认情况下,图层中线型为"Continuous"连续的实线,用户可根据需要绘制虚线、点画线等多种线型。同样是在"图层特性管理器"对话框中,单击"线型"图标,弹出"选择线型"对话框,选择线型,单击"加载"→"确定",如图 1-23 所示。

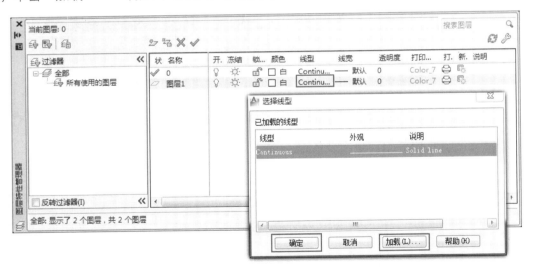

图1-23 设置图层线型

3. 设置图层线宽

绘图时,使用不同宽度的线条表现不同类型的对象,可以提高图形的识别性。在"图层特性管理器"对话框中,单击"线宽"图标,弹出"线宽"对话框,选择此图层所需要的线宽,然后单击"确定"按钮,如图 1-24 所示。

图1-24 设置图层线宽

1.3.3 控制图层

控制图层主要是指控制图层的状态，其中包括设置当前图层、删除、打开、关闭、冻结、解冻、锁定、解锁、打印、不打印等。当面对复杂的图形时，用户可通过对图层状态的控制来提高工作效率。

在"图层特性管理器"对话框中，如需将新建图层指定为当前图层，单击"置为当前"，那么，用户在绘制图形时，就只能在当前图层中进行，所绘制的对象也将继承当前图层的特性。如果有些图层不需要，则可以通过单击"删除"图标，但图层"0"、图层"Defpoints"、当前图层及其包含的对象图层都不能被删除。

针对每一个图层内部状态的管理，主要有以下4种。

1. 打开 / 关闭

关闭状态表示该图层上的图形在绘图区不被显示或不被打印，但参与重新生成。默认情况下，图层处于"开"状态，单击则图标变为"关"状态，再次单击便可恢复，如图1-25所示。

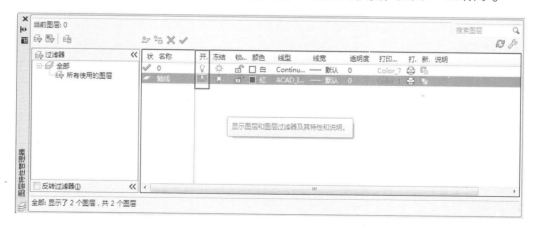

图1-25 图层打开/关闭

2. 冻结 / 解冻

冻结状态表示该图层上的图形在绘图区不被显示或不被打印，也不参与重新生成。默认情况下，图层处于"解冻"状态，单击则图标变为"冻结"状态，再次单击亦可恢复，如图 1-26 所示。

图1-26   图层冻结/解冻

3. 锁定 / 解锁

为了防止对象被无意修改或删除，可通过锁定图层对其进行保护。锁定状态表示该图层上的图形在绘图区可以被显示，但不能被编辑或选择。默认情况下，图层处于"解锁"状态，单击则图标变为"锁定"状态，再次单击可恢复，如图 1-27 所示。

图1-27   图层锁定/解锁

4. 打印 / 不打印

默认情况下，图层处于"打印"状态，如图 1-28 所示。单击则图标变为"不打印"状态。"不打印"状态下的图层在文件打印输出的时候将不被打印及不被显示出来。再次单击亦可恢复"打印"状态。

图1-28 图层打印/不打印

1.4 AutoCAD输入操作

1.4.1 命令的输入

AutoCAD 交互绘图必须输入相应的指令和参数才能达到用户的要求。

命令的输入方式主要有以下 3 种。

1. 命令窗口输入

在命令窗口输入所需命令的全称或缩写，如键入"L"（LINE）→空格（表示确定），命令行中会出现下一步的提示，如"指定第一点"，在没有其他命令输入下，操作将为默认选项，也就是说，可以直接在绘图区指定一点，如图 1-29 所示。

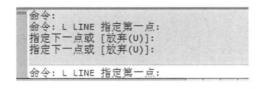

图1-29 命令窗口输入

2. 菜单栏的下拉选项

在菜单栏的下拉选项中找到所需命令，单击鼠标左键，在命令栏即可看到对应的命令名及相关提示说明，如图 1-30 所示。

3. 工具栏的对应图标

工具栏罗列了最常用的命令，用户只需单击图标，命令栏就能显示出该命令名及相关提示说明，如图 1-31 所示。

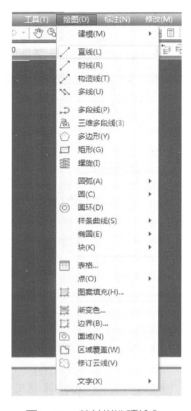

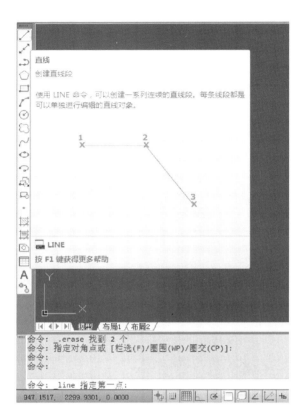

图1-30 菜单栏选项输入   图1-31 工具栏输入

1.4.2 命令的执行

命令的执行通常有两种方式：如果是在命令行直接输入命令名，则敲击"空格"键表示确定，命令名显示在命令行，前面没有下划线；如果是使用菜单栏或工具栏，则只用鼠标单击完成，在命令行显示时，该命令名前面有条下划线，如图1-32所示。

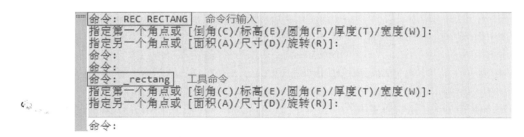

图1-32 命令的执行

1.4.3 命令的重复、撤销、重做

1. 命令的重复

在命令窗口键入"回车"键或"空格"键可重复调用上一次命令，无论上一命令是否完成或取消。

2. 命令的撤销

在命令执行的任何时候都可以终止和取消。

方式一：按快捷键"退出（Esc）"。

方式二：选择菜单栏下的"编辑"→"放弃"命令。

方式三：在命令行输入"undo"。

方式四：按"标准"工具栏下的"撤销"图标，如图 1-33 所示。

3. 命令的重做

已被撤销的命令可以恢复重做。

方式一：选择菜单栏下的"编辑"→"重做"命令。

方式二：在命令行输入"redo"。

方式三：按"标准"工具栏下的"重做"图标，如图 1-34 所示。

图1-33 命令的撤销   1-34 命令的重做

1.4.4 数据的输入

在 AutoCAD 中，点的坐标常用笛卡儿坐标系、极坐标系表示，每一种坐标又分别具有两种坐标输入方式：绝对坐标和相对坐标。

1. 笛卡儿坐标系

笛卡儿坐标系又名直角坐标系，由一个原点（坐标为（0，0））和两个通过原点、相互垂直的坐标轴构成。其中，水平方向的坐标轴为 X，向右为正方向；垂直方向的坐标轴为 Y，向上为正方向，平面上任何一点 P 都可以由 X 轴和 Y 轴的坐标定义。例如，在命令行输入"30，60"，则表示 X、Y 的坐标值分别是 30、60 的点。此为绝对坐标输入方式，表示该点的坐标是相对于当前坐标原点的坐标值。如果输入"@30，60"，则为相对坐标输入方式，其中"@"表示相对于，也就是说，该点的坐标是相对于前一点的坐标值。

2. 极坐标系

极坐标系是由一个极点和一个极轴构成的，极轴的方向为水平向右，平面上任何一点 P 都可以由该点到极点的连接长度 L（＞0）和连线与极轴的交角 α（极角，逆时针方向为正）所定义，即用一对坐标值（$L < \alpha$）来定义一个点。在绝对坐标输入方式下，表示为："长度＜角度"，例如"30＜60"，其中长度为该点到坐标原点的距离 30，角度为该点到原点的连线与 X 轴正方向的夹角 60°。在相对坐标输入方式下，表示为："@ 长度＜角度"，再例如"@30＜60"，其中长度为该点到前一点的距离，角度为该点到前一点的连线与 X 轴正方向的夹角 60°。

1.5　AutoCAD文件管理

1.5.1　新建文件

启动 AutoCAD 系统后，用户可用 3 种方式创建新文件。

方式一：选择菜单栏下的"文件"→"新建"命令。

方式二：在命令行输入"new"。

方式三：按"标准"工具栏下的"新建"图标。

在弹出的"选择样板"对话框中，"文件类型"下拉列表中有 3 种格式的图形样板：.dwt、.dwg、.dws。一般 .dwt 文件是标准的样板文件，可以将一些规定的标准性的样板文件设置成 .dwt；.dwg 文件是普通的样板文件，也是用户最常使用的文件格式；.dws 文件是包含标准图层、标注样式、文字样式等的样板文件，如图 1-35 所示。

图1-35　新建文件

1.5.2　打开文件

用户可用 3 种方式打开文件：

方式一：选择菜单栏下的"文件"→"打开"命令。

方式二：在命令行输入"open"。

方式三：按"标准"工具栏下的"打开"图标。

在弹出的"选择文件"对话框中，"文件类型"下拉列表中除以上 3 种格式外，还有一种 .dxf。该文件是用文本形式存储的图形文件，能够被其他程序读取，许多第三方应用软件都支持它，如图 1-36 所示。

图1-36 打开文件

1.5.3 保存文件

对于新建图形或修改后的图形，用户要将其进行文件保存。

方式一：选择菜单栏下的"文件"→"保存"命令。

方式二：在命令行输入"qsave"或"save"。

方式三：按"标准"工具栏下的"保存"图标。

执行上述命令后，若文件已命名，则自动保存成功；若文件未命名（即为默认名：drawing1.dwg），则会弹出"图形另存为"对话框，用户可以命名保存，如图1-37所示。

图1-37 图形的保存

1.5.4　另存文件

另存文件与保存文件的方法相似，一般在不想对原图形文件进行覆盖保存的情况下使用该命令。

方式一：选择菜单栏下的"文件"→"另存为"命令。

方式二：在命令行输入"saveas"。

1.5.5　退出文件

当需要关闭当前图形文件时，有以下 3 种方式。

方式一：选择菜单栏下的"文件"→"关闭"/"退出"命令。

方式二：在命令行输入"close/quit/exit"。

方式三：按操作界面右上角 ✖ 图标。

执行上述命令后，若用户对图形所做的修改尚未保存，则会出现警示对话框（见图 1-38）：若选择"是"，则文件将被保存后关闭；若选择"否"，则文件直接被关闭；若文件已经保存，则自动退出；若选择"取消"，则将撤销退出命令。

图1-38　退出文件

第2章

AutoCAD辅助绘图工具

2.1 精确定位工具

在日常的图形绘制过程中，我们可能会使用到一些特殊的坐标和特殊的点，但是有些点的坐标我们是很难得知的（如切点、终点、垂直点等）。那么这时精确定位工具的使用就能很容易帮助我们获取这些点的信息。

精确定位工具是指能够帮助用户快速准确地定位某些特殊点和特殊位置的工具，主要集中在状态栏，如图2-1所示。

图2-1 精确定位工具

2.1.1 正交模式

正交模式用于约束光标在水平或垂直方向上的移动。打开正交模式，则使用光标所确定的相邻两点的连线必须水平或垂直于坐标轴，如图2-2所示。

方式一：按快捷键"F8"（开启／关闭）。

方式二：按状态栏中的正交模式图标。

方式三：在命令行输入"ortho"，输入模式 [开 On/ 关 Off]。

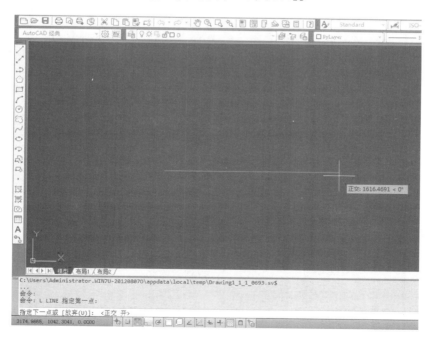

图2-2 正交模式

2.1.2 栅格工具

栅格是一种可见的位置参考坐标，由一系列有规则的点组成，打开栅格工具会使绘图区出现正方的网格，类似传统的坐标纸，以便用户直观地判断距离之类的长度信息。用户可以指定栅格在 X 轴方向和 Y 轴方向上的间距，且栅格只帮助定位不能被打印，如图 2-3 所示。

方式一：按快捷键"F7"（开启 / 关闭）。

方式二：按状态栏中的栅格显示图标▦。

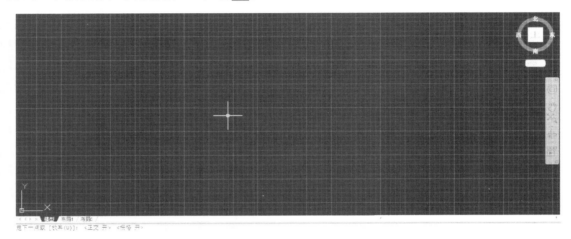

图2-3　栅格工具

设置栅格：将鼠标移至状态栏图标▦，单击鼠标右键弹出菜单，选择"设置"，出现"草图设置"对话框，在"捕捉和栅格"选项卡中勾选"启用栅格"，就能对水平和垂直方向的间距进行设置，如图 2-4 所示。

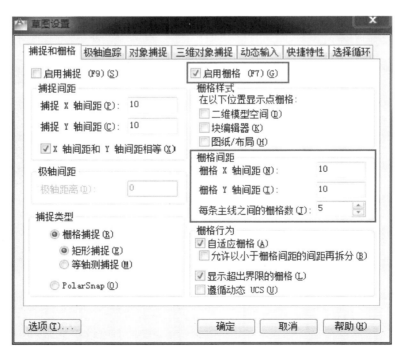

图2-4　栅格设置

2.1.3 捕捉工具

捕捉主要用于控制光标移动的间距，用户在使用捕捉功能时，可通过栅格功能来进行辅助，以便在绘图区中能快速拾取目标点。捕捉设置与栅格设置类似，但与栅格设置不同的是，用户在绘图区中无法看到这种"隐形格栅"。

方式一：按快捷键"F9"（开启/关闭）。

方式二：按状态栏中的捕捉模式图标▦。

方式三：在命令行输入"snap"。

设置捕捉：将鼠标移至状态栏图标▦，单击鼠标右键弹出菜单，选择"设置"，出现"草图设置"对话框，在"捕捉和栅格"选项卡中勾选"启用捕捉"，就能对水平和垂直方向的间距进行设置，如图2-5所示。

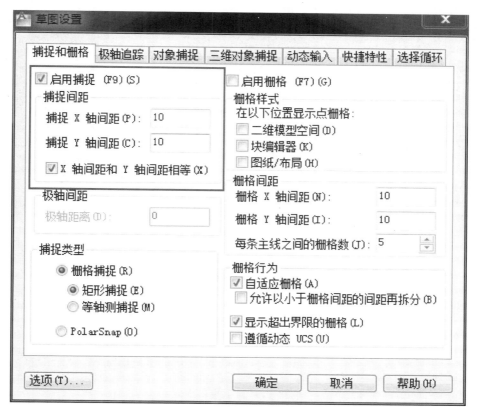

图2-5 捕捉设置

2.2 对象捕捉工具

在利用AutoCAD画图时经常会碰到一些特殊的点，如果单纯凭肉眼观察鼠标拾取，要找准这些点就相当困难。为此，软件提供这类识别点的工具就能迅速、准确地绘图。

2.2.1 特殊位置点捕捉

所谓的特殊位置点是指圆心、切点、线段的端点和中点等。

　　方式一：在绘图区同时按"Shift"或"Ctrl"键加鼠标右键来实现对某一个单一形式点的捕捉模式的开启，如图 2-6 所示。例如，画一条连接圆形的圆心与三角形端点的线段。

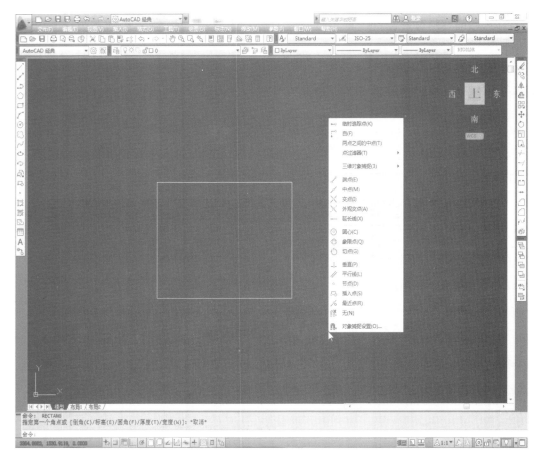

图2-6　特殊点的捕捉

　　方式二：在命令行输入"L"，再按"空格"键→"Ctrl/Shift + 鼠标右键"→选择"圆心"，将鼠标移动到圆心附近后会出现一个白色十字光标，它代表的就是圆形的圆心。这时单击鼠标的左键，建立线段的起点。然后，按"Ctrl/Shift + 鼠标右键"→选择"端点"，将鼠标移动到三角形中的端点附近，这时三角形端点会出现一个绿色的方框，它代表的就是这个三角形中你选定的端点。这时单击鼠标的左键，完成对线段终点的建立。最终效果如图 2-7 所示。

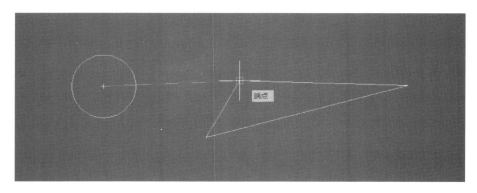

图2-7　最终效果

2.2.2　对象捕捉设置

由于在绘图中需要频繁地使用对象捕捉功能，因此 AutoCAD 中允许用户将多种对象捕捉方式设置为打开状态，这样当光标接近捕捉点时，系统会产生自动捕捉标记、捕捉提示和磁吸供用户使用。

方式一：按快捷键"F3"（开启 / 关闭）。

方式二：按状态栏中的对象捕捉图标□。

把鼠标放在状态栏对象捕捉图标□上单击鼠标右键→"设置"，弹出"草图设置"对话框，在"对象捕捉"选项卡内勾选"启用对象捕捉"，再根据需要勾选捕捉模式，便可完成对象捕捉的设置，如图 2-8、图 2-9 所示。

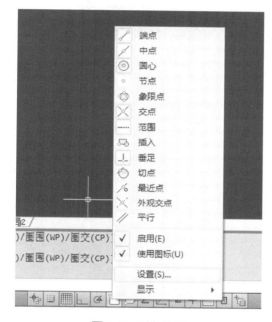

图2-8　对象捕捉

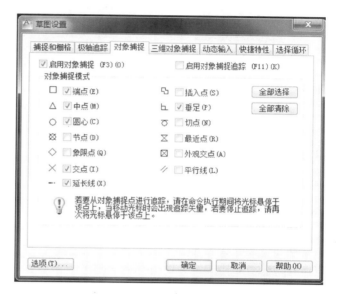

图2-9　对象捕捉设置

2.2.3　基点捕捉

当绘制某个图时，有时需要指定以某个点为基点进行偏移捕捉，这时就需要用到基点捕捉。基点捕捉要求在绘制图形时确定一个参考点作为基点，然后通过基点的偏移量来确定你最终要捕捉的点，通常与其他对象捕捉模式及相关坐标联合使用。

方式一：在绘图区同时按"Shift"键和鼠标右键选择"自"。

方式二：在命令行输入"From"。

例如，以 x=200，y=100 的矩形的短边中点为起点画一条平行于长边且距离矩形另一端 100 的线段。

在命令行输入"L"→"空格"→选择矩形短边中的其中一边中点设置线段的起点→在命令行输入"From+ 空格"或按"Ctrl/Shift + 鼠标右键"并选择"自"→将鼠标移动到矩形短边另一边的中点并单击鼠标的左键→键入偏移数值：100 →"空格"，如图 2-10 所示，最后完成基点捕捉命令。

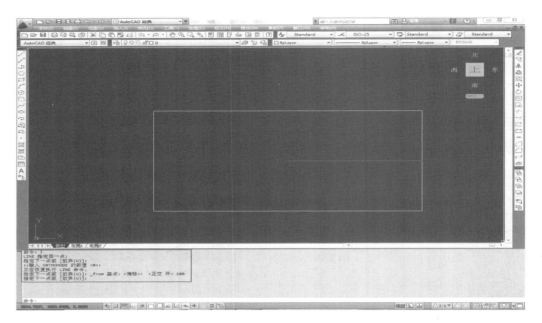

图2-10　基点捕捉

2.2.4　点过滤器捕捉

利用点过滤器捕捉，可以由一个点的 X 坐标和另一点的 Y 坐标确定一个新点。

例如，以一个矩形的中心为起点画一条垂直的线段。

在命令行输入"L"→"空格"→"Ctrl/Shift＋鼠标右键"并选择"点过滤器"→选择".X"→捕捉矩形长边上的中点，然后单击鼠标左键→捕捉矩形短边上的中点，然后单击鼠标左键→这时线段的起点就变成矩形的中心，然后移动鼠标确定线段的中点并单击鼠标左键→"空格"，如图 2-11 所示，最后完成点过滤器捕捉命令。

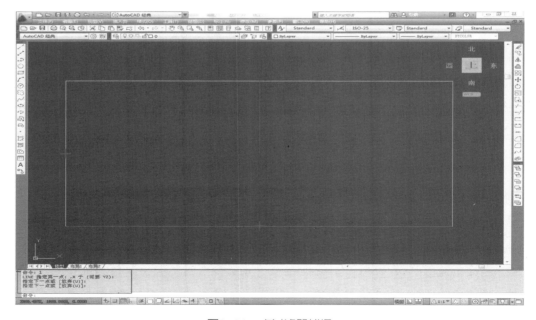

图2-11　点过滤器捕捉

2.3　对象追踪工具

对象追踪是按指定角度或其他对象的指定关系绘制，可以结合对象捕捉功能进行自动追踪，也可以指定临时点进行临时追踪。

2.3.1　自动追踪

自动追踪是对象捕捉追踪和极轴追踪的综合，对象捕捉追踪是以捕捉到的特殊点为基点，按指定的极轴角或极轴角的倍数对齐要指定点的路径。

"极轴追踪"需要配合"极轴"功能和"对象追踪"功能一起使用；"对象捕捉追踪"需要配合"对象捕捉"功能和"对象追踪"功能一起使用。

1.对象捕捉追踪

方式一：按快捷键"F11"（开启／关闭）。

方式二：按状态栏中的"对象捕捉追踪"图标，如图2-12所示。

例如，同时打开"对象捕捉"和"对象捕捉追踪"，绘制一条线段AB，在绘制第二条线段时指定起点C，将鼠标移动到B点，将会显示一条追踪虚线，在此线的适当位置可确定D点，完成CD线段，如图2-13所示。

图2-12　对象捕捉追踪

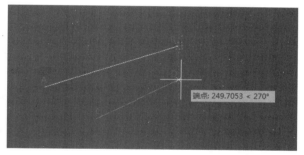

图2-13　对象捕捉追踪范例

2.极轴追踪

方式一：按快捷键"F10"（开启／关闭）。

方式二：按状态栏中的"极轴追踪"图标，如图2-14所示。

在"草图设置"对话框的"极轴追踪"选项卡内对其进行相关设置。勾选"启用极轴追踪"，在"极轴角设置"选项组输入数值，如图2-15所示。

在绘图中输入命令的情况下，当鼠标移动到特殊角度的时候光标会被极轴追踪锁定。

例如，以一条水平线段的端点为起点画一条与水平线成45°夹角的斜线。

在命令行输入"L"→"空格"→选取已知水平线段的一个端点，单击鼠标左键确定线段的起点→将鼠标沿大概45°方向移动，这时可以看见与水平线成45°夹角的绿色虚线，这表示所画线段正在被极轴追踪。这时鼠标沿绿色虚线放射方向移动，达到想要的长度后单击鼠标的左键确定线段的终点→"空格"，完成画线操作，如图2-16所示。

图2-14　极轴追踪　　　　　　　　　　图2-15　极轴追踪设置

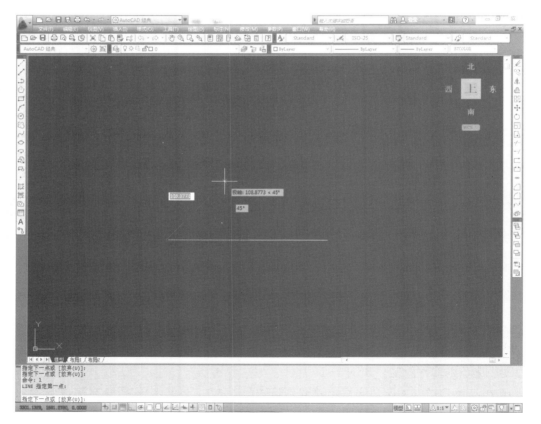

图2-16　极轴追踪范例

2.3.2　临时追踪

当绘制图形对象时，除了可以进行自动追踪外，还可以指定临时点作为基点，进行临时追踪。

2.4 动态输入

该功能可以在绘图平面直接动态地输入绘图对象的各种参数，使绘图变得直观简洁。

方式一：按快捷键"F12"（开启/关闭）。

方式二：按状态栏中的"动态输入"图标，如图2-17所示。

图2-17 动态输入

在图标上单击鼠标右键，选择下拉列表的"设置"，弹出"草图设置"对话框，选择"动态输入"选项卡，勾选"启用指针输入"进行相关设置，如图2-18所示。

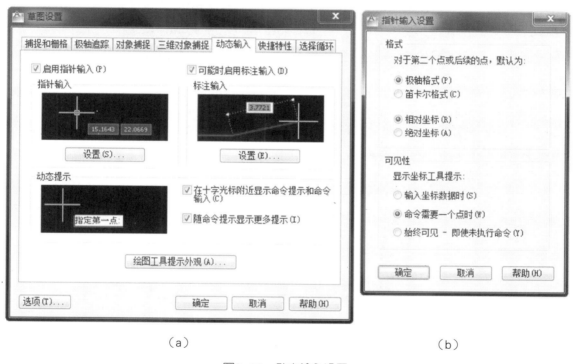

（a） （b）

图2-18 动态输入设置

2.5 显示控制

为了便于绘图的操作和观察，AutoCAD提供了一些控制图形显示的命令，这些命令一般只能改变图形在屏幕上的显示方式，可以按照用户所期望的位置、比例和范围进行显示，但不能使图形产生实质性的改变。这些显示控制命令对用户灵活掌握图形的整体效果和局部细节发挥着重要作用。

2.5.1 图形的缩放

AutoCAD提供多种类型的缩放视图功能，如图2-19所示。

图2-19　缩放视图类型

　　实时：任意缩放图形，按住鼠标左键向下方拖动可缩小图形，向上方拖动可放大图形，可通过"标准"工具栏的图标启动它，如图2-20所示。

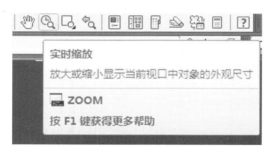

图2-20　实时缩放

　　上一个：用于恢复到上一次显示的视图。

　　窗口：以两个对角定义矩形显示区域，选定的区域将满屏显示。

　　动态：在"标准"工具栏的下拉菜单中，单击动态缩放视图，出现在屏幕上的绿色线框为图形扩展区，蓝色线框为当前视图区，中心有"✖"号的线框为观察区。动态缩放改变画面显示而不产生重新生成。其图标和缩放效果如图2-21和图2-22所示。

　　比例：根据用户指定的比例缩放视图。

　　圆心：以用户自定义的点作为屏幕中心缩放视图。

　　对象：以对象的形式定义矩形显示区域，然后在对象上单击即可实现缩放。

　　放大/缩小：放大图像观察细节称为"放大"，缩小图像观察整体称为"缩小"。

　　全部：快速显示整个图形中的所有对象，包括图形界限以外的图形。

　　范围：以图形范围为缩放基础，尽可能大地显示整个对象。

图2-21 动态缩放

图2-22 缩放效果

2.5.2 平移

平移视图可以重新定位图形，以便用户更清楚地观察图形的其他部分。平移视图，图形的显示比例保持不变，只改变对象在视图中的显示位置。平移视图不仅可以实现上、下、左、右平移，还可以实现实时平移和定点平移，如图 2-23 所示。

方式一：在命令行输入"PAN"。

方式二：选择菜单栏中的"视图"→"平移"命令。

方式三：按"标准"工具栏中的"实时平移"图标。

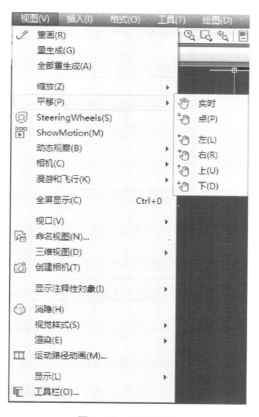

图2-23 平移视图

执行实时平移，当鼠标指针变成小手的形状，只用按住鼠标左键不放拖动即可。

执行定点平移，用户在图形上自定义一个基点，然后移动光标至适当的位置，单击鼠标左键指定第二个点，这时视图就可实现在两点之间的移动。

第3章

AutoCAD二维图形的绘制

在 AutoCAD 的任何一个版本中，都提供了点、直线、圆、多边形、多段线等一些基本实体，它们在 AutoCAD 中的位置在操作界面中具体为"绘图"工具栏和菜单栏中的"绘图"选项，如图 3-1 所示。操作者通过 AutoCAD 的命令调用和光标定位把它们绘制出来，用来构造复杂图形，下面将分别介绍这些二维图形的绘制方法。

3.1 绘制直线类

直线类图形的绘制是 AutoCAD 2012 绘制二维图形的基础，它包括"直线""构造线""曲线""多段线""云线"等。

3.1.1 直线

"直线 /line"是 AutoCAD 中的常用命令之一，也是绘制图形最常见的图形元素之一，直线在图形中是最基本、最简单、最常用的图形对象。可以通过以下方式启用直线命令。

方式一：在菜单栏中选择"绘图"→"直线"命令，如图 3-1 所示。

方式二：在命令行输入"line"或"L"命令，按"Enter"键或空格键执行。

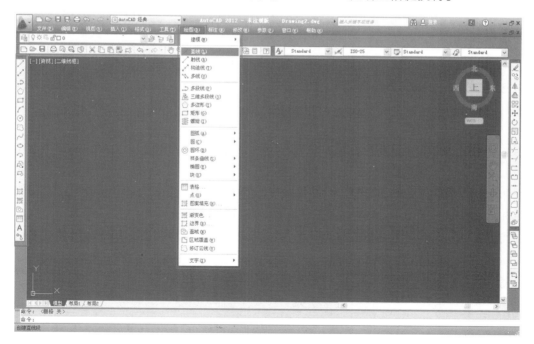

图3-1　绘图面板下的直线命令

输入命令后，按"Enter"键或者空格键执行直线命令，单击鼠标左键确定指定线段的起点，在命令行中输入指定的线段距离，按下"Enter"键或者空格键确定输入的直线距离，再次按下"Enter"键或空格键即可完成直线的绘制，分别如图3-2、图3-3所示。

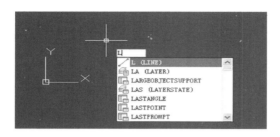

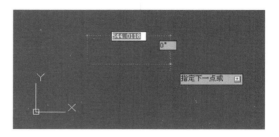

图3-2　输入直线命令　　　　　　　　　　　　图3-3　输入直线距离

3.1.2　构造线

构造线是一种两端无限延伸的线条，构造线没有起点和终点，在机械、建筑等行业制图中常用绘图辅助线来确定一些特殊点或边界。可以通过以下方式启用构造线命令。

方式一：在菜单栏中选择"绘图"→"构造线"命令，如图3-4所示。

方式二：在命令提示栏中输入"xline"命令后按"Enter"键或空格键执行。

图3-4　绘图面板下的构造线命令

输入命令后，命令行将显示如下提示信息：

指定点或 [水平（H）/ 垂直（V）/ 角度（A）/ 二等分（B）/ 偏移（O）]

在使用构造线命令过程中，该命令提示中其他选项的功能如下。

- 水平（H）/垂直（V）：用于创建平行于X轴或Y轴的构造线。
- 角度（A）：用于选择一条构造线，再指定直线与构造线的角度，构造线的角度是构造线与坐标系水平方向即X轴上的夹角，若角度值为正值，则绘制的构造线将逆时针旋转。
- 二等分（B）：用于绘制角平分线，用构造线平分一个角度。
- 偏移（O）：用于放置平行或垂直于另一个对象的构造线。

3.2　绘制曲类图形

在AutoCAD中，除了直线外，曲线类图形也是构成图形的基本元素之一，它主要包括圆、圆环、圆弧等，曲线类图形的绘制方法相对于直线类图形的更复杂，下面分别对曲线形这类图形进行讲解。

3.2.1 圆

圆形是二维图形中使用非常频繁的图形元素之一。可以通过以下方式启用圆的命令。

方式一：在菜单栏中选择"绘图"→"圆"命令，如图 3-5 所示。

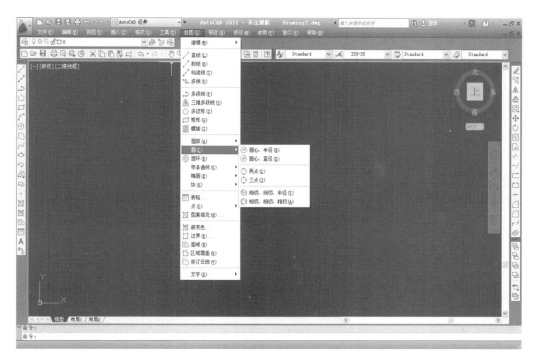

图3-5　绘图面板下的圆命令

方式二：在命令行中输入"C"或"circle"命令，按"Enter"键或空格键执行圆命令。输入命令后，按照命令行提示指定圆心点，输入圆半径或者直径值，即可完成绘制。例如，以点（100,50）为圆心，绘制半径为 200 的圆，如图 3-6 所示。

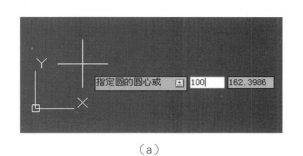
（a）

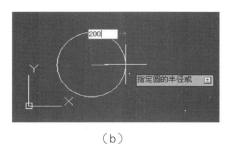
（b）

图3-6　指定圆心坐标及指定圆的半径

在使用圆命令执行过程中，该命令提示中其他选项的功能如下。

- 三点（3P）：通过确定三个点的位置进行圆的绘制。
- 两点（2P）：指定直径的两点进行圆的绘制。
- 切点、切点、半径（T）：通过确定与其他两个对象的切点和自身圆形的半径值进行圆的绘制，如图3-7所示。

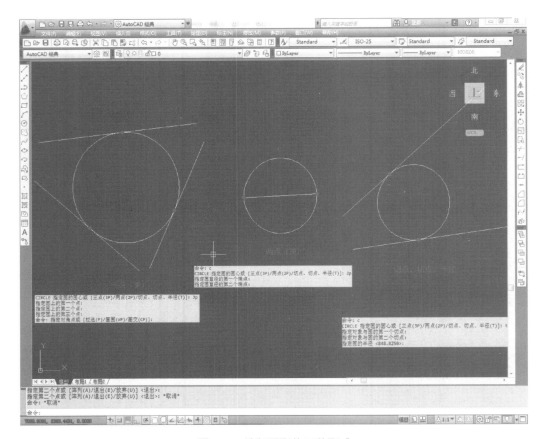

图3-7　绘制圆形的三种形式

3.2.2　圆弧

圆弧的形状主要是通过起点、方向、终点、包角、旋长和半径等参数来确定的。可以通过以下方式启用圆弧的命令。

方式一：在菜单栏中选择"绘图"→"圆弧"命令。

方式二：在命令提示栏中输入"Arc"命令后按"Enter"键或空格键执行。

输入命令，执行圆弧命令后，系统默认通过指定圆弧的起点、第二点以及端点的方式来绘制圆弧。例如，以坐标点（200,100）为圆弧起点，第二点为（150,80），圆弧的端点为（180,180），如图 3-8 至图 3-11 所示。

图3-8　指定圆弧的起点

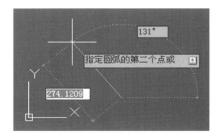

图3-9　指定圆弧的第二点

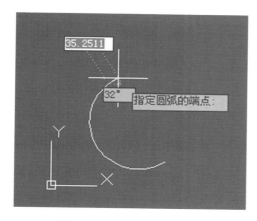

图3-10　指定圆弧的端点

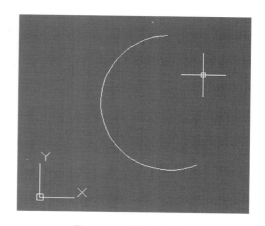

图3-11　圆弧完成图

在 AutoCAD 中除了以上所介绍的绘制圆弧方法外，还可以使用多种方法进行圆弧的绘制。

- 起点、圆心、端点：通过指定圆弧的起点、圆心和终点来绘制圆弧。
- 起点、圆心、角度：通过指定圆弧的起点、圆心及圆弧所对应的圆心角来绘制圆弧。
- 起点、圆心、长度：通过指定圆弧的起点、圆心和圆弧所对应的弦长来绘制圆弧。
- 起点、端点、角度：通过指定圆弧的起点、端点和角度来绘制圆弧。
- 起点、端点、方向：通过指定圆弧的起点、端点和方向来绘制圆弧。
- 起点、端点、半径：通过指定圆弧的起点、端点和半径来绘制圆弧。
- 圆心、起点、端点：通过指定圆弧的圆心、起点和端点来绘制圆弧。
- 圆心、起点、角度：通过指定圆弧的圆心、起点和角度来绘制圆弧。
- 圆心、起点、长度：通过指定圆弧的圆心、起点和长度来绘制圆弧。
- 连续：在这种方式下，用户可以从以前绘制的圆弧终点开始继续下一段圆弧。在此方式下画弧时，每段圆弧都与以前的圆弧相切。

3.2.3　圆环

圆环是由两个同心圆组成的组合图形。圆环是经过实体填充的环，在绘制圆环的时候需要指定圆环的内径、外径，最后指定圆环的中心点即可完成圆环图形的绘制。可以通过以下方式启用圆环的命令。

方式一：在菜单栏中选择"绘图"→"圆环"命令。

方式二：在命令提示栏中输入"donut"命令后按"Enter"键或空格键执行。

输入命令后，系统将会提示指定圆环的内径和外径，然后指定圆环的中心点。例如，绘制一个内径为 300、外径为 600、中心点为（500,300）的圆环，如图 3-12 至图 3-15 所示。

图3-12　指定圆环的内径

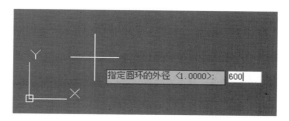

图3-13　指定圆环的外径

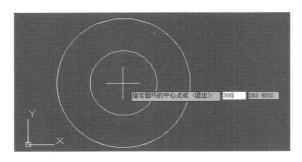

图3-14 指定圆环的中心点位置

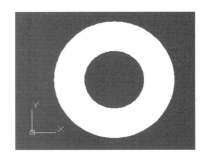

图3-15 圆环绘制完成

3.2.4 椭圆与椭圆弧

椭圆是特殊样式的圆，椭圆的形状是由中心点、长轴和宽轴来进行确定的，如果长轴和宽轴的距离相等，则可以绘制出正圆形。椭圆绘制的方法有三种，分别为"圆心""轴、端点""圆弧"。下面分别介绍椭圆的绘制方法。

方式一：在菜单栏中选择"绘图"→"椭圆"命令，会出现"圆心""轴、端点""圆弧"这三种绘图方式，选择所需要的绘图方式，如图3-16所示。

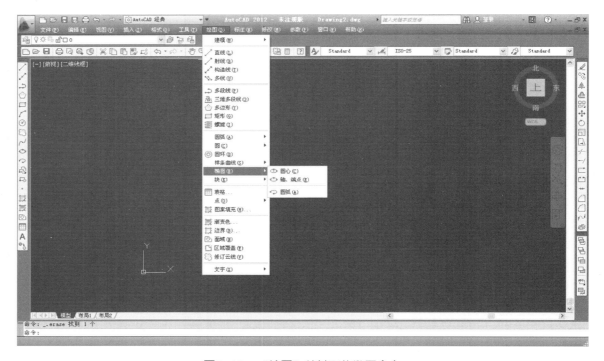

图3-16 "绘图"菜单下的椭圆命令

方式二：在命令提示栏中输入"ellipse"或"el"命令后按"Enter"键执行。输入命令后，命令行将显示如下提示信息：

指定椭圆的轴端点或 [圆弧（A）/中心点（C）]

• "圆心"绘制法：选择"圆心"命令，例如，绘制一个中心点（500,300），指定轴的另一个端点为500、另一条半轴长度为300的椭圆，如图3-17、图3-18所示。

图3-17 指定轴的端点

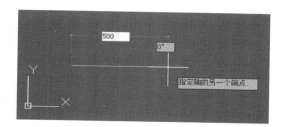

图3-18 指定轴的另一个端点

- "轴、端点"绘制法：选择"轴、端点"命令，例如，绘制一个轴端点（500，300）、另一个端点为800、另一条半轴长度为200的椭圆，如图3-19、图3-20所示。

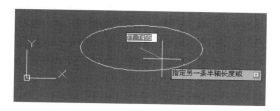

图3-19 指定另一条的半轴长

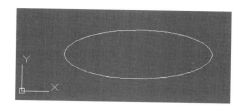

图3-20 绘制完成椭圆

- "圆弧"绘制法：选择"圆弧"命令，前面的绘制方法可以选择"圆心"或"轴、端点"进行绘制，这里不多介绍；在完成椭圆绘制之后会出现"指定起点角度或""指定端点角度或"两个命令，这里将"指定起点角度或"设置为30，"指定端点角度或"设置为280，如图3-21、图3-22所示。

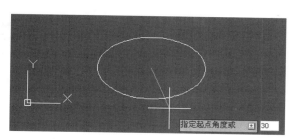

图3-21 指定圆弧起点角度

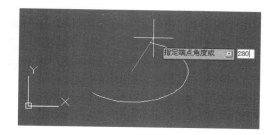

图3-22 指定圆弧端点角度

3.3 绘制多边形和点

多边形是 AutoCAD 最常用的命令之一，在图形绘制的过程中会经常用到多边形的命令。所谓的多边形是指由 3 条以上等长边的闭合多段线组成的图形，三角形、矩形、五边形等都属于多边形。点不仅是图形组成中基本的元素，在 AutoCAD 中还会通过对点的样式设置来标注某些特殊部分。

3.3.1 矩形

矩形通常是指长方形，在 AutoCAD 中矩形也是最常用的命令之一，使用矩形命令需要确定矩形的两个对角点即可完成矩形的绘制。可以通过以下方式启用矩形命令。

方式一：在菜单栏中选择"绘图"→"矩形"命令，如图 3-23 所示。

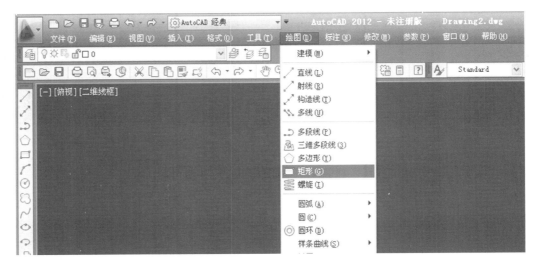

图3-23　"绘图"菜单下的矩形命令

方式二：在命令提示栏中输入"rectang"或"rec"命令，按"Enter"键或空格键执行。

输入矩形命令后，在命令栏会提示指定矩形的第一个角点，在这里可以输入指定要求的角点具体坐标，也可以鼠标单击位置来确定第一个角点。当指定完第一个角点后，命令栏会出现指定另一个角点，在这里输入需要的矩形大小即可完成矩形的绘制。例如，绘制一个长度为500、高度为200的矩形，如图3-24、图3-25所示。

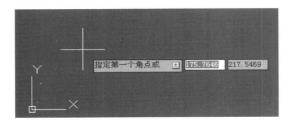

图3-24　指定矩形的第一个角点

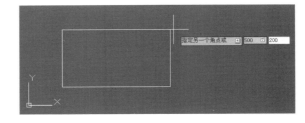

图3-25　指定矩形的另一个角点（长、高）

在绘制矩形的过程中，需要注意在输入长度和高度命令的时候，正值代表的是以光标为坐标原点的两轴的正方向，而负值代表两轴的负方向。

在使用矩形命令过程中，该命令提示中其他选项的功能如下。

* 倒角（C）：倒出一个与原两直线呈一定角度的过渡线，如图3-26所示。
* 标高（E）：在竖直方向上给它一个高度值，在二维平面里是用不到的，在三维里有时候会用到。
* 圆角（F）：用来对两条有夹角的直线按一定的半径倒出一个光滑的圆弧，如图3-27所示。
* 厚度（T）：厚度也可以理解为深度，在二维平面里看不到厚度，在三维里才能看到，它是一个长方体，如图3-28所示。
* 宽度（W）：绘制矩形的线的宽度。
* 面积（A）：通过确定矩形的面积大小来绘制矩形。
* 尺寸（D）：输入矩形的长和宽来确定绘制矩形。
* 旋转（R）：可以指定绘制矩形的旋转角度，如图3-29所示。

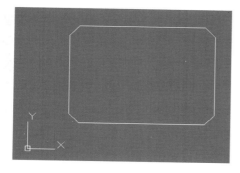

图3-26 倒角矩形

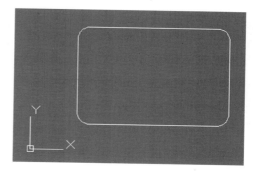

图3-27 圆角矩形

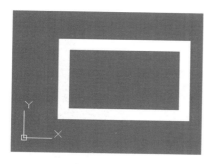

图3-28 有宽度的矩形

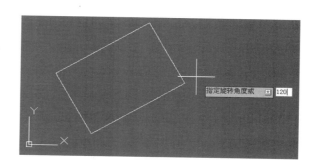

图3-29 旋转的矩形

3.3.2 正多边形

正多边形命令在系统默认情况下是由 4 条边长相等的闭合线段组合而成的。可以通过命令来更改其边数,可以通过以下方式启用正多边形命令。

方式一:在菜单栏中选择"绘图"→"正多边形"命令,如图 3-30 所示。

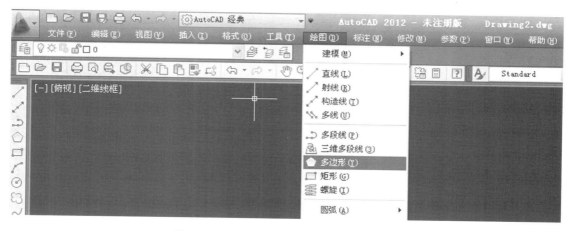

图3-30 "绘图"菜单下的正多边形命令

方式二:在命令提示栏中输入"polygon"或"pol"命令,按"Enter"键或空格键执行。

执行正多边形命令后,在绘图区会提示输入正多边形的边数,确定后会要求确定正多边形的中心点等,如图 3-31、图 3-32 所示。

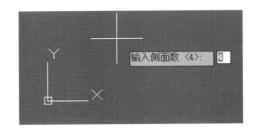

图3-31　指定正多边形的边数　　　　　　图3-32　指定正多边形的中心点

在指定正多边形的中心点后，绘图区会出现以下提示：

> 输入选项 [内接于圆（I）/外切于圆（C）]

这里就内接于圆做一个例子，例如，在一个半径为 100 的圆内绘制一个正六边形，如图 3-33 至图 3-36 所示。

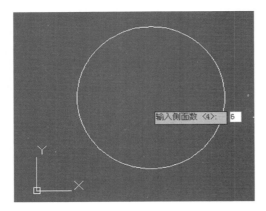

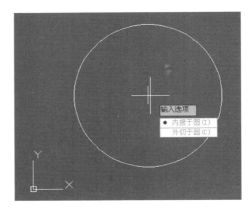

图3-33　在半径为100的圆内绘制六边形　　　图3-34　选择"内接于圆"选项

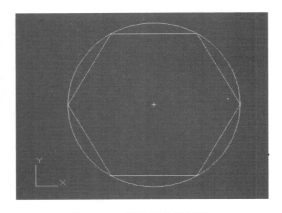

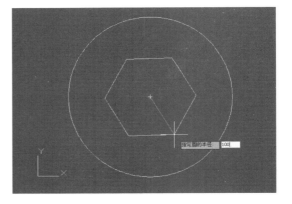

图3-35　输入圆的半径值　　　　　　图3-36　绘制完成"内接于圆"

在使用正多边形命令的过程中，该命令提示中其他选项的功能如下。

- 边（E）：指定边的两个端点来绘制正多边形（选取已有图形中的一条线段作为多边形的参考边）。
- 内接于圆（I）：以指定多边形内接于圆的方式来绘制多边形。
- 外切于圆（C）：以指定多边形外切于圆的方式来绘制多边形。

3.3.3 点

点的内容里包括点样式的设置、单点、多点，下面分别介绍点的绘制方法。

- "点样式"设置：在菜单栏中选择"格式"→"点样式"，弹出"点样式"对话框，如图3-37所示。对话框中给出了20种样式，如图3-38所示。若选中"相对于屏幕设置大小"，则在"点大小"文本框中输入的是百分数；若选中"按绝对单位设置大小"，则在"点大小"文本框中输入的是实际单位。需要注意的是，点大小的设置对于前两种点的样式是无效的。

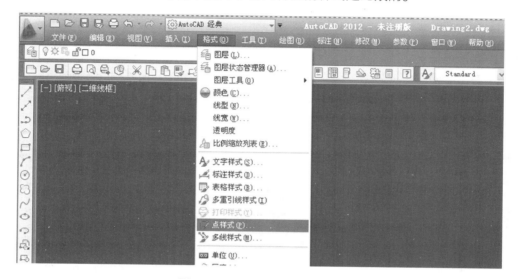

图3-37 格式面板下的点样式

- "单点"绘制法：单点绘制中执行一次单点命令只能绘制一个单点。单点的绘制方法：

方式一：在菜单栏中选择"绘图"→"点"→"单点"命令。

方式二：在命令栏中输入"point"或"po"命令，在绘图区指定点的位置即可，如图3-39所示。

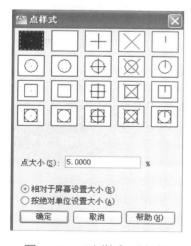

图3-38 "点样式"对话框

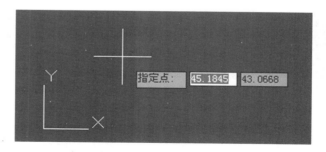

图3-39 指定单点位置

- "多点"绘制法：多点绘制是执行一次多点命令可以绘制多个点。在绘图工具栏中选择"多点"命令或者在菜单栏选取"绘图"→"点"→"多点"命令，在绘图区域指定点的位置即可，绘制完成后按"Esc"键退出多点的绘制。

3.3.4　等分点

所谓等分点，即在一条线段上标注出点，每个点之间形成线段，每条线段的长度相等。等分点分为定数等分和定距等分。顾名思义，定数等分就是将一条线段按照指定的份数分为若干份；定距等分是将一条线段按照设定好的长度来进行分段，这里要注意的是，定距等分在某些情况下不能完全分段整条线段。

这里主要讲解定数等分的绘图方法。可以通过以下方式启用等分点命令。

方式一：在菜单栏中选择"绘图"→"点"→"定距等分"命令，如图3-40所示。

方式二：在命令提示栏中输入"divide"或"div"命令，按"Enter"键或空格键执行。

输入命令后，按照提示要求选择要定数等分的对象，输入线段数目，按"Enter"键或空格键执行即可完成操作。例如，在直线AB上将它等分为6部分，如图3-41至图3-43所示。

图3-40　"绘图"菜单下的定数等分命令

图3-41　选择定数等分对象

图3-42　输入等分线段数目

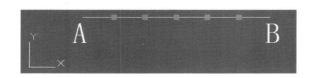

图3-43　绘制完成等分线段

3.4 多段线

在 AutoCAD 绘制的部分图纸中，几乎所有的图形都是由最基本的图形直线和圆所组成，而多段线的基本组成部分正是直线和圆，因此，在 AutoCAD 中多段线这个命令会被经常使用。

3.4.1 绘制多段线

多段线的形式很多，多段线可以是任意形状、任意宽度的曲线、直线或者是两者的结合体，多段线的宽度可以根据需要进行调整，这些图形绘制完成后是一个整体，可通过对其起点、控制点、终点及偏差变量进行编辑。可以通过以下方式启用多段线命令。

方式一：在菜单栏中选择"绘图"→"多段线"命令。

方式二：在命令提示栏中输入"pline"或"pl"命令，按"Enter"键或空格键执行。

输入命令后，按照提示内容指定多段线的起点位置以及指定下一个位置，确定完成后按"Enter"键或空格键确定操作。

在使用多段线命令过程中，该命令提示中其他选项的功能如下。

- 圆弧（A）：以圆弧的形式绘制多段线，光标移动的距离即为圆弧的弦长，如图3-44所示。

输入后会给出进一步的提示：

```
指定圆弧的端点或
[角度 (A) / 圆心 (CE) / 闭合 (CL) / 方向 (D) / 半宽 (H) / 直线 (L) / 半径 (R) / 第二个点 (S) / 放弃 (U) / 宽度 (W)]：
```

- 半宽（H）：指定起点和端点的半宽值，如果起点和端点的半宽值相等则为黑粗线，如果起点和端点的半宽值不一样则可成一个实心三角形，如图3-45所示。
- 直线（L）：按照上一条线段的方向绘制下一条多段线，可定义下一条多段线的长度。
- 放弃（U）：取消上一次绘制的一段多段线。
- 宽度（W）：与半宽的设置方法相同，设置多段线的宽度值。

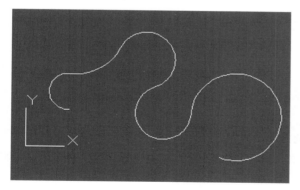

图3-44 圆弧形多段线

图3-45 多段线半宽的绘制

3.4.2 编辑多段线

在完成一条多段线的绘制后，还可以通过闭合和打开这条多段线，运用移动、添加或删除单个顶点来编辑这条多段线。可以通过以下方式启用多段线命令。

方式一：在菜单栏中选择"修改"→"对象"→"多段线"命令。

方式二：在命令提示栏中输入"pedit"或"pe"命令，按"Enter"键或空格键执行。

方式三：用鼠标左键双击所要修改的多段线。

输入命令后，选择需要编辑的多段线，这时会弹出"修改选项"对话框，选择所需修改的选项或输入所需要的选项对多段线进行进一步的修改。该命令提示中选项的功能如下。

- 闭合（C）：默认情况下多段线属于打开状态，除非使用闭合选择闭合多段线，选择该选项将增加一段连接始、末端点的直线以产生封闭多段线。
- 合并（J）：可将直线、圆弧、多段线添加到打开的多段线上，但需要与该条打开的多段线的端点相重合。
- 宽度（W）：为整个多段线统一使用该宽度值。
- 编辑顶点（E）：用于提供一组子选项，使我们能够编辑顶点与顶点相邻的线段。
- 拟合（F）：由圆弧连接每对顶点，曲线经过多段线的所有顶点并使用任何指定的切线方向。
- 样条曲线（S）：可生成由多段线顶点控制的样条曲线，所生成的多段线并不一定通过这些顶点，样条类型分辨率由系统变量控制。
- 非曲线化（D）：取消拟合或样条曲线，让多段线回到未编辑状态。
- 线型生成（L）：生成通过多段线顶点的连续图案的线型。此选项关闭时，开始和末端的顶点处为虚线线型。
- 反转（R）：用于反转多段线。
- 放弃（U）：退出编辑命令并返回到命令提示状态。

3.5 样条曲线

样条曲线在绘图中用于不规则的曲线，我们将其分为绘制和编辑两部分内容。在绘制样条曲线的时候可以通过指定点来创建样条曲线，也可以封闭样条曲线，使其起点和端点重合。编辑样条曲线可让我们修改样条曲线对象的形状。

3.5.1 绘制样条曲线

所谓样条曲线，就是经过或靠近一组拟合点或由控制框的顶点定义的平滑曲线。可以通过以下方式启用样条曲线命令。

方式一：在菜单栏中选择"绘图"→"样条曲线"命令。

方式二：在命令提示栏中输入"spline"或"spl"命令，按"Enter"键或空格键执行，如图3-46至图3-49所示。

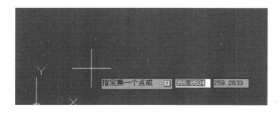

图3-46　指定样条曲线第一个点

图3-47　指定样条曲线下一个点（1）

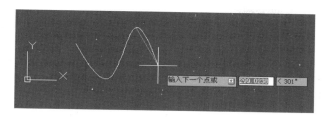

图3-48 指定样条曲线下一个点（2）

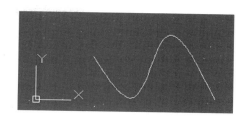

图3-49 绘制完成样条曲线

3.5.2 编辑样条曲线

完成一条样条曲线的绘制后，还可以通过编辑样条曲线对样条曲线进行调整，如可以改变样条曲线的形状、编辑样条曲线起点和终点的切线方向等。可以通过以下方式启用编辑样条曲线命令。

方式一：在菜单栏中选择"修改"→"对象"→"样条曲线"命令。

方式二：在命令提示栏中输入"splinedit"命令，按"Enter"键或空格键执行。

方式三：用鼠标左键双击所要修改的样条曲线。

输入命令后，选择需要编辑的样条曲线输入所需要的选项，该命令提示中选项的功能如下。

- 闭合（C）：默认情况下属于打开状态，使用闭合后样条曲线的两端进行闭合。
- 拟合数据（F）：编辑定义样条曲线的拟合点数据，选择该选项后命令行将显示如下提示信息：

[添加 (A) / 闭合 (C) / 删除 (D) / 扭折 (K) / 移动 (M) / 清理 (P) / 切线 (T) / 公差 (L) / 退出 (X)] <退出> :

添加（A）：在编辑的样条曲线上指定现有拟合点，再指定要添加的拟合点。

闭合（C）：用于闭合样条曲线两端。

删除（D）：用于删除样条曲线上指定现有拟合点。

扭折（K）：在样条曲线上增加拟合点。

移动（M）：移动拟合点到指定的位置。

清理（P）：清除当前命令。

切线（T）：使样条曲线拟合点相切。

公差（L）：用于输入样条曲线公差。

退出（X）：结束拟合数据命令。

- 编辑顶点（E）：编辑定义样条曲线的编辑顶点，选择该选项后命令行将显示如下提示信息：

输入顶点编辑选项 [添加 (A) / 删除 (D) / 提高阶数 (E) / 移动 (M) / 权值 (W) / 退出 (X)] <退出> :

添加（A）：用于添加顶点。

删除（D）：用于删除顶点。

提高阶数（E）：用于更改差值次数。

移动（M）：用于移动顶点。

权值（W）：更改样条曲线的磅值（磅值越大，越接近插值点）。

退出（X）：结束编辑顶点命令。

- 转换为多段线（P）：将样条曲线转换为多段线。
- 反转（R）：用来转换样条曲线的方向，始、末点交换。

- 放弃（U）：取消最后一步的操作。
- 退出（X）：结束编辑样条曲线命令。

3.6　徒手线和云线

徒手线和云线都属于不规则的线，更有利于我们一些创造性的发挥，徒手线与 AutoCAD 中其他线相比，随意性更强，通常用于植物、装饰画等物品的绘制，具有较强的艺术性；所谓云线是指由连续的圆弧组成的一个云彩形状的多段线，通常使用云线来绘制平面的树木。

3.6.1　绘制徒手线

徒手线其实由一条条小的线段所组成，可以通过徒手线绘制不规则的边界，可以通过以下方式

图3-50　徒手线的绘制

启用徒手线绘制命令：在命令提示栏中输入"sketch"命令，按"Enter"键或空格键执行。

　　输入命令后，在"记录增量"提示下，输入最小线段长度，单击起点放下"画笔"。移动定点设备时，将以指定的长度绘制临时徒手画线段；按"Enter"键结束草图绘制并记录所有未保存的线，如图 3-50 所示。

在使用徒手线命令过程中，该命令提示中其他选项的功能如下。

- 类型（T）：徒手线绘制的线段形式，可选择直线（L）、多段线（PL）、样条曲线（SPL）。
- 增量（I）：徒手线的线段距离。
- 公差（L）：差值越大，曲线越流畅，但精确度越低；反之，差值越小，曲线的平滑度越差，复杂性越大。

3.6.2　绘制修订云线

可以通过以下方式启用修订云线命令。

方式一：在菜单栏中选择"绘图"→"修订云线"命令。

方式二：在命令提示栏中输入"revcloud"命令，按"Enter"键或空格键执行。

输入命令后，按提示指定起点，沿云线路径引导十字光标，完成与起点的闭合，即可完成修订云线命令，如图 3-51、图 3-52 所示。

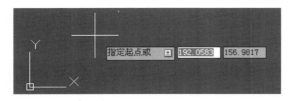

图3-51　指定修订云线起点

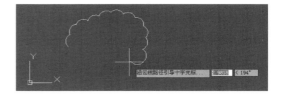

图3-52　沿云线路径引导十字光标

在使用修订云线命令过程中，该命令提示中其他选项的功能如下。

- 弧长（A）：指定云线弧度的长度，最大弧长不能大于最小弧长的三倍。
- 对象（O）：指定要转为云线的闭合对象，如图3-53、图3-54所示。

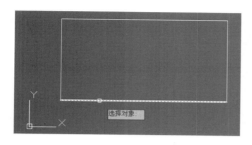

图3-53　选择修订云线指定对象

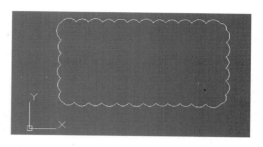

图3-54　修订云线指定对象完成绘制

• 样式（S）：样式包括普通和手绘两种样式，如图3-55、图3-56所示。

图3-55　修订云线普通样式

图3-56　修订云线手绘样式

3.7　多线

多线是 AutoCAD 中设置项目最多、应用最复杂的直线对象，多线是由 1~16 条平行线组成的，它主要用在一些平面建筑墙体的绘制；要修改多线及其元素，可以使用通用编辑命令、多线编辑命令和多线样式进行修改。

3.7.1　定义多线样式

在绘制多线的时候，首先需要对多线的线条数量以及每条线之间的偏移距离等相关信息进行设置。可以通过以下方式启用多线样式命令。

方式一：在菜单栏中选择"格式"→"多线样式"命令，如图 3-57 所示。

方式二：在命令提示栏中输入"mlstyle"命令，按"Enter"键或空格键执行。

输入命令后，弹出"多线样式"对话框，如图 3-58 所示。

（1）在"多线样式"对话框中，单击"新建"按钮，弹出"创建新的多线样式"窗口，如图 3-59 所示，在"新样式名"中输入所要创建多线的名称，如"墙体"，单击"继续"按钮。

（2）在"新建多线样式：墙体"对话框中，将"封口"栏中"直线"的"起点""端点"勾上。在"图元"栏中将"偏移"设置为"0.5"和"-0.5"，单击"确定"按钮返回"多线样式"对话框，如图 3-60 所示。

（3）在"多线样式"对话框中选择刚才设置好的"墙体"并"置为当前"模式。

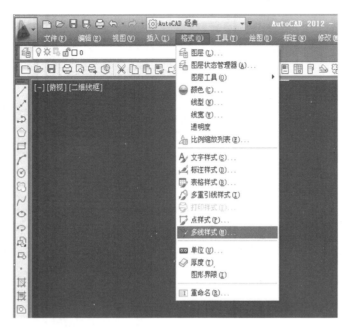

图3-57　格式面板下的多线样式

图3-58　"多线样式"对话框

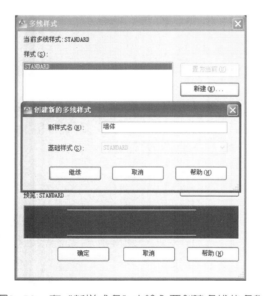

图3-59　在"新样式名"中输入要创建多线的名称

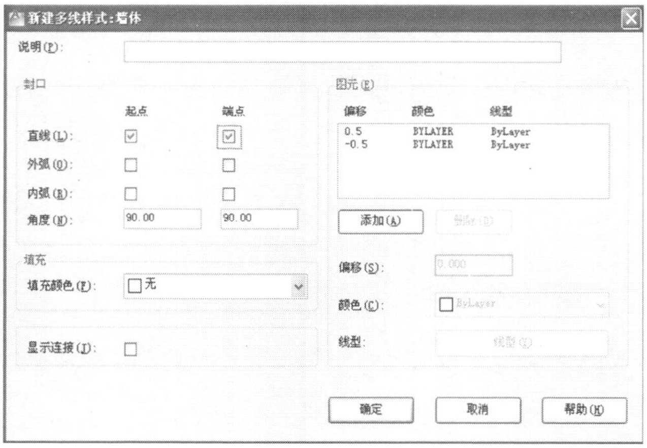

图3-60　设置多线样式

"新建多线样式：墙体"，对话框中其他选项的功能如下。

- 封口：控制多线起点和端点封口的样式，如图3-61、图3-62所示。

直线（L）：多线端点由垂直于多线的直线进行封口。

外弧（O）：多线端点为向外凸出的弧形封口。

内弧（R）：多线端点为向内凹进的弧形封口。

角度（N）：指定端点封口的角度。

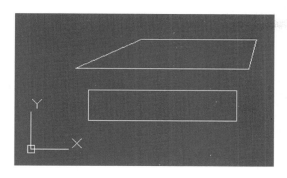
图3-61　指定端点封口直线、角度

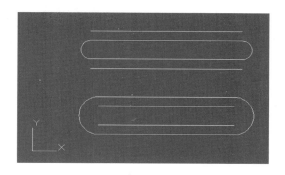
图3-62　指定端点封口内弧、外弧

- 填充：控制多线的背景填充。

填充颜色（F）：可将封闭的多段线内进行颜色填充。

显示连接（J）：显示或隐藏多段线顶点处的链接。

- 图元：设置多段线的元素特性，并可以通过添加和删除来确定多线图元的个数，可设置相应的偏移、颜色和线型。

添加（A）：单击"添加"可将新元素添加到多线样式。

删除（D）：在"图元"列表框中选择不需要的图元，单击该按钮即可删除选中的图元。

偏移（S）：设置多线元素从中线的偏移值。正值向上偏移，负值则向下偏移。

颜色（C）：显示并设置多线样式中的线条颜色。

线型：设置组成多线元素的线条类型。

3.7.2　绘制多线

虽然多线与直线不一样，但是多线的绘制方法和直线的绘制方法相似，多线是由两条或者两条以上相同的平行线所组成的，它大大减轻了直线命令绘制平行线的工作量。可以通过以下方式启用绘制多线命令。

方式一：在菜单栏中选择"绘图"→"多线"命令。

方式二：在命令提示栏中输入"mline"或"ml"命令，按"Enter"键或空格键执行。

输入命令后，在绘图区域指定起点以及下一点，按"Enter"键确定所需多线。在绘制多线命令过程中，该命令提示中其他选项的功能如下。

- 对正（J）：在对正命令中包括上、无、下，这指的是多线的对齐方式。
- 比例（S）：指定多线宽度的比例值，如墙体厚度为240，则在多线比例中输入240。
- 样式（ST）：指定在编辑的时候所建立的多线样式名称。

3.7.3　编辑多线

在编辑多线中，可以通过添加、删除顶点或控制角点链接显示来编辑多线，还可以通过编辑多线样式来改变单个直线元素的属性等。可以通过以下方式启用编辑多线命令。

方式一：在菜单栏中选择"修改"→"对象"→"编辑多线"命令。

方式二：在命令提示栏中输入"mledit"命令，按"Enter"键或空格键执行。

输入命令后，弹出"多线编辑工具"对话框，如图3-63所示。

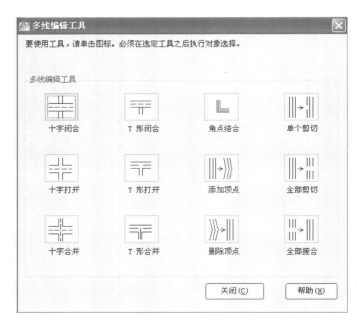

图3-63 "多线编辑工具"对话框

在"多线编辑工具"对话框中，各选项功能如下。

- 十字闭合：在两条相交的多线上选择该命令，选择的第一条多线将被剪切，如图3-64所示。
- 十字打开：在两条相交的多线上选择该命令，则相交的线段被打通，如图3-65所示。
- 十字合并：在两条相交的多线上选择该命令，结果与所选的多线的顺序无关。
- T形闭合：在两条相交的多线上选择该命令，则形成一个T形闭合的交点，如图3-66所示。
- T形打开：在两条相交的多线上选择该命令，则形成一个T形打开的交点，如图3-67所示。
- T形合并：在两条相交的多线上选择该命令，则形成一个T形合并的交点。
- 角点结合：在两条相交的多线上选择该命令，则会打通相交的两个角点，如图3-68所示。
- 添加顶点：在所绘制的多线上添加一个顶点。
- 删除顶点：在所绘制的多线上删除一个顶点，如图3-69所示。
- 单个剪切：在所绘制的多线上剪切一条所指定的线段，如图3-70所示。
- 全部剪切：在所绘制的多线上如果有多条图元，只要剪切其中一条，那么其余的都被剪切了，如图3-71所示。
- 全部接合：所有断开的图元都可被连接上。

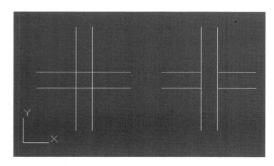

图3-64 十字闭合

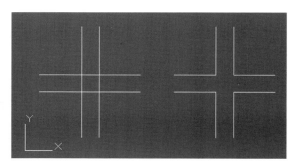

图3-65 十字打开

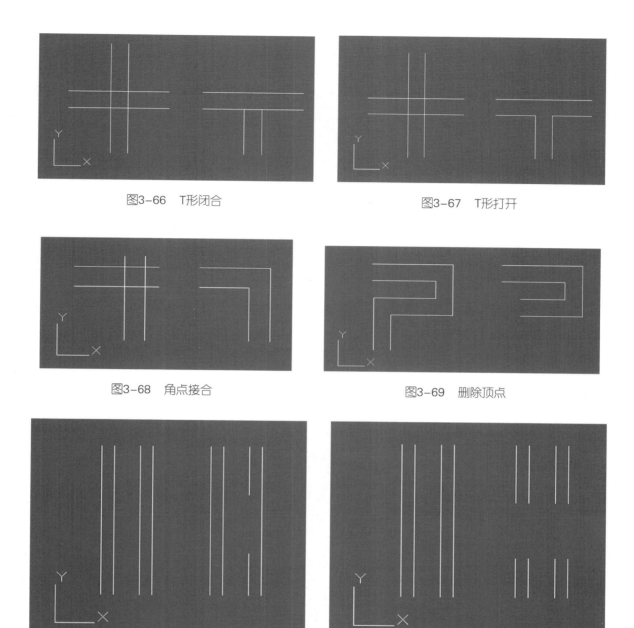

图3-66　T形闭合　　　　　　　　　　　　　　图3-67　T形打开

图3-68　角点接合　　　　　　　　　　　　　　图3-69　删除顶点

图3-70　单个剪切　　　　　　　　　　　　　　图3-71　全部剪切

3.8　图案填充

　　在绘制设计图纸的过程中，会遇到需要在某些区域进行填入某种图案的操作，这里我们把这种操作称为图案填充。图案填充中包括创建图案填充，设置填充角度、比例等相关内容。

3.8.1　基本概念

　　在 AutoCAD 中，我们通过一个称为图案填充的工具使用图案填充空白的封闭区域。图案用来区分不同的工程部件或用来表现某些特定对象的材质。可以使用预定义的填充图案、使用当前的线型定义简单的直线图案，或者创建更加复杂的填充图案，也可以创建渐变填充，从工具选项板拖放图案填充或使用具有附加选项的对话框，还可以选择多种方法指定图案填充的边界，并控制图案填充是否随边界的更改而自动调整（关联填充）。

3.8.2　图案填充的操作

在进行图案填充操作之前，首先应该确定图案填充的区域，图案填充的区域可以包括圆、矩形、正多边形，以及由直线、曲线、多段线、圆弧等图形对象围成的封闭图形。这里主要以图案填充为主进行讲解。

可以通过以下方式启用图案填充命令。

方式一：在菜单栏中选择"绘图"→"图案填充"命令。

方式二：在命令提示栏中输入"bhatch"或"h"命令，按"Enter"键或空格键执行。

输入命令后，弹出"图案填充和渐变色"对话框，如图 3-72 所示。

图3-72　"图案填充和渐变色"对话框

在"图案填充和渐变色"对话框中，其他选项的功能如下。

- 类型和图案：指定图案填充的类型和图案。

类型（T）：用于设置图案类型，其中包括"预定义""用户定义""自定义"。"预定义"是指可以使用 AutoCAD 自带的图案，"用户定义"是指需要用户自己临时定义图案，"自定义"是指可以使用之前定义好的图案。

图案（P）：可在下拉列表中选用需要的填充图案，也可单击下拉列表后的图框按钮 ，可以打开"图案选项板"对话框，选择需要填充的图案。

颜色（C）：可将指定图案的线段用选定的颜色进行填充。

样例：显示选中图案的略缩图，单击所选的样例图案可以打开"图案选项板"对话框。

自定义图案（M）：该选项只有当"类型"为"自定义"选项时才能被激活。

- 角度和比例。

角度：用于设置填充图案的旋转角度，该角度默认值为0。

比例：用于设置填充时的比例，可在下拉列表中选择所需要的比例，也可以直接自定义比例大小。

双向：该选项只有当"类型"为"自定义"选项时才能被激活，选中"双向"可以绘制与初始直线垂直的第二组直线，从而构成交叉填充。

相对图纸空间：该选项仅用于布局空间，可以填充相对于图纸空间单位缩放填充图案。

间距（C）：用于调整类型为"用户定义"时用户定义图案中的直线间距。

ISO笔宽（O）：用于设置笔的宽度，当填充图案采用ISO时可用。

- 边界。

添加：拾取点（K）：单击该按钮可返回绘图区，在所需要填充的区域中单击来确定图案的填充区域，如图3-73所示。

添加：选择对象（B）：单击该按钮可返回绘图区，以选择对象的方式来确定团填充区域，如图3-74所示。

删除边界（D）：单击该按钮可返回绘图区，选择刚才选中的填充区域即可删除选择该图案填充区域。

重新创建边界（R）：单击该按钮可返回绘图区，在绘图区重新制定图案填充区域。

查看选择集（V）：显示绘图区中将要用做边界的对象，只有新建了边界集之后，该按钮才能被激活。

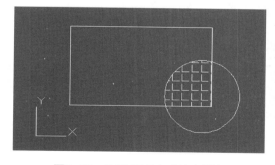
图3-73 以拾取点方式填充图案

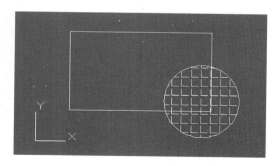
图3-74 以选择对象方式填充图案

- 继承特性（I）：可将现有图案填充或填充对象的特性应用到其他图案填充或填充对象上。

在"图案填充和渐变色"对话框右下角的帮助边有一个"更多"选项 ，可单击进行展开，如图3-75所示。

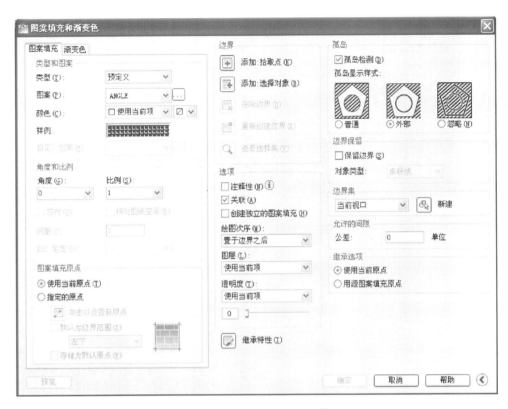

图3-75　"图案填充"选项卡

"图案填充和渐变色"对话框中其他选项的功能如下。

- 孤岛：用于孤岛填充方式，其中包括"普通""外部""忽略"三种类型，各类型填充方式效果如图3-76所示。

普通：从外部边界向内填充，如遇到内部孤岛，填充将关闭，直到遇到另一个边界。

外部：从外部边界向内填充，此选项仅填充指定的区域。

忽略：忽略所有内部的对象，填充图案时将通过这些对象。

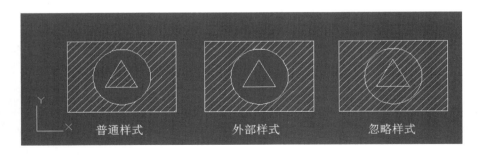

图3-76　孤岛的三种填充效果

- 边界保留：用于控制新边界对象的类型。保留单独生成一个封闭的填充图案边界，不保留则不生成。

对象类型：在下拉列表中选择填充边界的保留类型。

- 边界集：用于定义填充边界的对象集。
- 允许的间隙：将几乎封闭在一个区域的一组对象视为一个闭合的图案进行填充边界。

3.8.3　编辑填充的图案

在创建了图案填充之后，还可以对填充图案进行编辑操作，如更改填充的图案、比例等。可以通过以下方式启用图案填充命令。

方式一：在菜单栏中选择"修改"→"对象"→"图案填充"命令。

方式二：在命令提示栏中输入"hatchedit"或"he"命令，按"Enter"键或空格键执行。

方式三：用鼠标左键双击所要修改的填充图案。

输入命令后，按命令栏提示"选择图案填充对象"选择需要编辑的图案填充对象，弹出"图案填充编辑"对话框，在该对话框中可以更改图案填充参数，对填充图案进行编辑修改。

在绘制二维图形的过程中，很多图形并不是一次性就能绘制完成的，有的时候需要我们进行再次编辑、修改才能完成绘制，抑或是在绘制图形的过程中出现了一些错误的操作，在绘制完成后需要对图形进行修改和编辑，这时就要用到二维图形的编辑命令。二维图形的编辑命令中包括删除、移动、旋转、复制、缩放、修剪等，下面对这些命令进行讲解。

4.1 构造选择集及快速选择物体

在 AutoCAD 中，在进行二维图形编辑之前首先要选择该对象。选择二维图形的方式也有很多，包括单选、框选、快速选择等方式。在绘图区域，二维图形虚线亮显表示为所选择到的对象；构造选择集及快速选择物体的学习能让我们更为方便、快捷地去选择对象。

4.1.1 构造选择集

在 AutoCAD 中，当进行编辑修改操作命令时，一般都需要先对操作的对象进行选择，然后再进行实际的编辑修改操作。所选择的图元便构成了一个集合，我们将它称为选择集。在构造选择集的过程中，被选中的物体用虚线显示。构造选择集的方式有很多，可以用以下几种方式启用构造选择集。

方式一：单选。将鼠标移动到需要进行编辑的图元上，单击鼠标左键进行选取，每次只能选取一个图元。

方式二：框选。这是使用鼠标单击并拖曳出选框的选取方式，框选的方式有两种。

• 窗口选取：当鼠标从左向右进行框选的时候，只有完全框选住需要编辑的图元，该图元才能被选中。

• 交叉窗口选取：当鼠标从右向左进行框选的时候，只要框选到需要编辑图元的一部分，该图元就能被选中。

4.1.2 快速选择物体

在 AutoCAD 中，当需要选择某一图层、某一颜色或者某一线型（如虚线、中心线）时，如果还是按照基础的选择方式进行选择则会非常麻烦，快速选择命令可以快速选择具有特定属性的图形对象，并能在选择集中添加或删除图形对象。可以通过以下方式启用快速选择命令。

方式一：在菜单栏中选择"工具"→"快速选择"命令。

方式二：在绘图区域单击鼠标右键选中"快速选择"命令，如图 4-1 所示。

方式三：在命令提示栏中输入"qselect"命令，按"Enter"键或空格键执行。

输入命令后，弹出"快速选择"对话框，如图 4-2 所示。

在"快速选择"对话框中，对话框选项的功能如下。

• 应用到（Y）：用来选择我们的选择范围。

- 对象类型（B）：包括当前绘图区域中所有绘制了的图元。
- 特性（P）：包括颜色、图层、线宽、线型比例等。
- 运算符（O）：用来确定选择的精度。
- 值（V）：当特性中选择的类型不一样时，值会自动更换为所选择类型相对应的值。
- 包括在新选择集中：若前面所设定的参数是我们需要的，则选择"包括在新选择集"中。
- 排除在新选择集之外：若前面所设定的参数是我们要剔除的，则选择"排除在新选择集之外"。
- 附加……

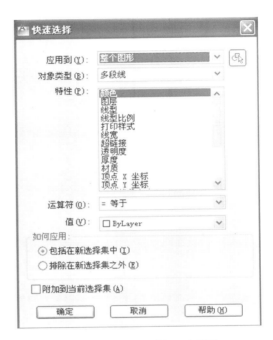

图4-1　鼠标右键"快速选择"命令　　　　图4-2　　"快速选择"对话框

4.2　删除与恢复

　　在绘制图形的过程中，删除一些多余的线、矩形、圆等二维图形以及恢复前面几步操作命令都是会经常碰到的。

4.2.1　删除命令

　　可以通过以下方式启用删除命令。
　　方式一：在菜单栏中选择"修改"→"删除"命令。
　　方式二：在命令提示栏中输入"erase"或"e"命令，按"Enter"键或空格键，根据命令提示要求选择要删除的图形对象，按"Enter"键或空格键执行。
　　方式三：先选中需要删除的图形对象，再按"Delete"键。
　　方式四：在屏幕右侧的"修改"工具栏中单击"删除"命令按钮。

4.2.2　恢复命令

　　可以通过以下方式启用恢复命令。

方式一：按键盘上的"Ctrl+Z"组合键可以对所绘制的图纸进行恢复，直到恢复到需要的步骤。

方式二：在标准栏中单击"撤销"命令按钮 ↰。

4.2.3 清理命令

清理命令可以清理没用的图层、标注样式、图块等，可以减少文件大小，方便网络传输。

可以通过以下方式启用恢复命令：在命令提示栏中输入"purge"或"pu"命令，按"Enter"键或空格键执行。

输入命令后，弹出"清理"对话框，如图4-3所示。

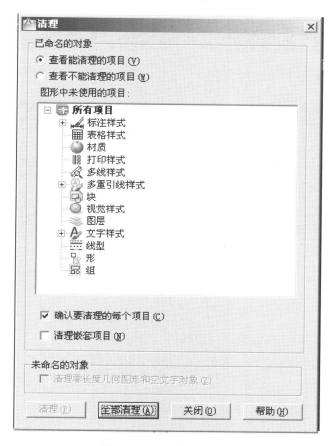

图4-3 "清除"对话框

4.3 调整物体位置

在绘制图纸的过程中，绘制完成的二维图形若遇到绘制图形位置错误的时候，这就需要调整图形对象的位置，可以运用"移动""对齐"或"旋转"命令将图形放置到符合要求的位置。

4.3.1 移动

"移动"命令可以将所绘制的图形对象从当前的位置移动到合适的位置。可以通过以下方式启用"移动"命令。

方式一：在菜单栏中选择"修改"→"移动"命令。

方式二：在命令提示栏中输入"move"或"m"命令，按"Enter"键或空格键执行。

输入命令后，选择需要移动的对象再按"Enter"键或空格键确定，单击鼠标左键指定基点作为位移的起始点，指定对象平移到的新位置，再次单击鼠标左键完成移动命令。若遇精确移动，则指定基点完毕后键入需要移动的距离即可，如图4-4至图4-6所示。

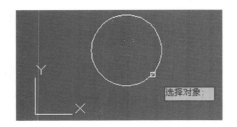

图4-4 选取移动的对象

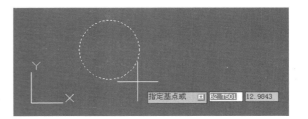

图4-5 指定位移的起始点

图4-6 指定图形位移的新位置

4.3.2 对齐

对齐命令可以使所选取的图形按照所选取的方式与参照图形对齐。

可以通过以下方式启用对齐命令：在命令提示栏中输入"align"或"ai"命令，按"Enter"键或空格键执行。

输入命令后，按命令行出现的提示命令要求选择需要移动的对象图形，按"Enter"键或空格键确定，使用对象捕捉命令，分别指定需要移动的对象图形的第一至第三个源点，指定需要对齐对象图形的第一至第三个目标点。需要注意的是，每个源点和目标点是一一对应的，命令完成后源点和目标点重合。如果两个对齐点的尺寸不一，最后键入"enter"时系统会提示是否缩放目标图形以适合参考图形，如图4-7至图4-14所示。

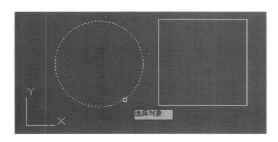

图4-7 选择需要移动的对象

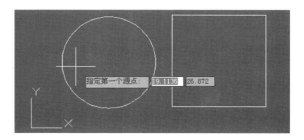

图4-8 指定第一个源点

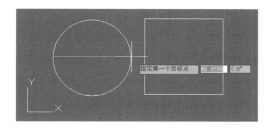
图4-9　指定第一个目标点

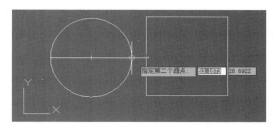
图4-10　指定第二个源点

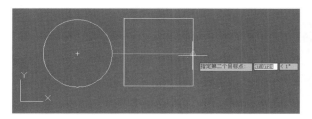
图4-11　指定第二个目标点

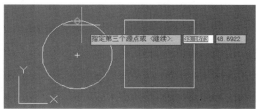
图4-12　指定第三个源点

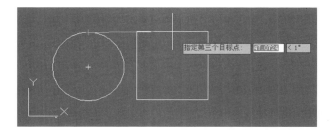
图4-13　指定第三个目标点

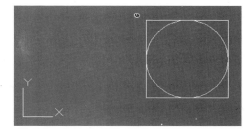
图4-14　完成对齐命令

4.3.3　旋转

旋转命令可以将指定的图形按照一定的角度进行旋转，旋转后的对象大小不会发生变化。可以通过以下方式启用旋转命令。

方式一：在菜单栏中选择"修改"→"旋转"命令。

方式二：在命令提示栏中输入"rotate"或"ro"命令，按"Enter"键或空格键执行。

输入命令后，选择需要旋转的对象，按"Enter"键或空格键确定，指定基点作为旋转的中心，指定旋转的角度值，按"Enter"键或空格键确定，如图4-15至图4-18所示。

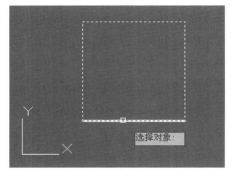
图4-15　选择旋转对象

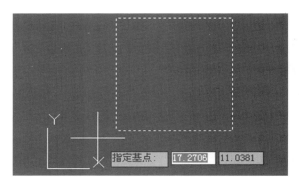
图4-16　指定旋转中心点

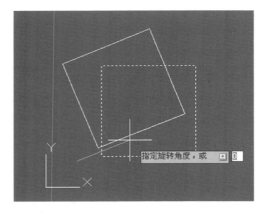

图4-17 指定旋转角度

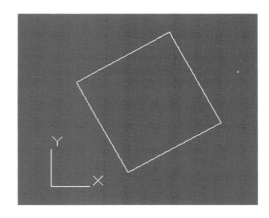

图4-18 完成图形旋转

4.4 生成多个相同物体

在 AutoCAD 的绘图过程中，有时同一个图形可能会用在不同的位置，我们可以通过"复制""镜像""阵列""偏移"命令在最短的时间内完成相同或者相对图形的绘制，有效地缩短绘图时间。

4.4.1 复制

在已经绘制好的图形中，可以通过"复制"命令复制出一个或者多个相同的图形对象。可以通过以下方式启用"复制"命令。

方式一：在菜单栏中选择"修改"→"复制"命令。

方式二：在命令提示栏中输入"copy"或"co"命令，按"Enter"键或空格键执行。

输入命令后，选择需要复制的对象，再按"Enter"键或空格键确定，指定基点作为复制的起始点，指定第二点作为对象图形复制到的位置。

在"复制"对话框中，对话框其他选项的功能如下。

- 位移（D）：确定复制的位置。
- 模式（O）：包括单个模式和多个模式，单个是指复制一个对象，多个是指复制多个对象。

4.4.2 镜像

所谓镜像命令就是所选对象按照轴线进行对称，形成一个对称的图形，并且可以根据作图需要保留或者删除源对象。可以通过以下方式启用"镜像"命令。

方式一：在菜单栏中选择"修改"→"镜像"命令。

方式二：在命令提示栏中输入"mirror"或"mi"命令，按"Enter"键或空格键执行。

输入命令后，选择需要镜像的对象再按"Enter"键或空格键确定，指定镜像线的第一点和第二点，指定第二点后，命令行会出现提示：要删除源对象吗？输入 N 则保留源对象，如图 4-19 至图 4-22 所示。

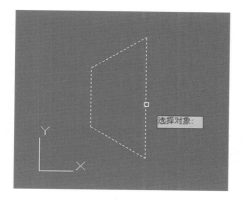

图4-19　选择镜像对象

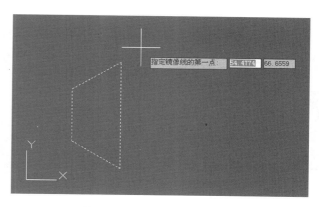

图4-20　指定镜像线第一点

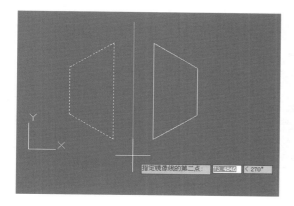

图4-21　指定镜像线第二点

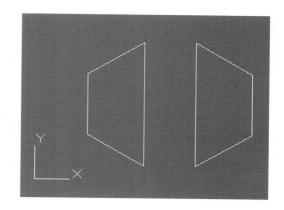

图4-22　完成镜像命令

4.4.3　阵列

在 AutoCAD 中，"阵列"命令就是让一个图形有规律地复制成很多个，阵列分为矩形阵列和环形阵列。可以通过以下方式启用"阵列"命令。

方式一：在菜单栏中选择"修改"→"阵列"命令。

方式二：在命令提示栏中输入"array"或"ar"命令，按"Enter"键或空格键执行。

输入命令后，选择需要阵列的对象，再按"Enter"键或空格键确定，命令行提示输入阵列类型。

- 矩形（R）：按照矩形的方式进行复制操作。

基点（B）：指定需要阵列位置的起点。

角度（A）：矩形阵列旋转的角度。

计数（C）：指定阵列的行数、列数、间距。

- 路径（PA）：按照环形的方式进行复制操作。
- 极轴（PO）：指定中心点，按照指定中心点进行环形复制。

1. 矩形阵列

例如，绘制一个阵列行数为 5、列数为 8、对角间距为 500 的矩形阵列。其过程如图 4-23 至图 4-27 所示。

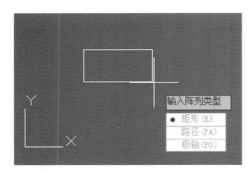

图4-23　选择矩形阵列

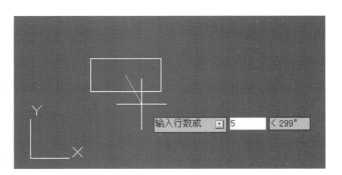

图4-24　输入阵列行数

图4-25　输入阵列列数

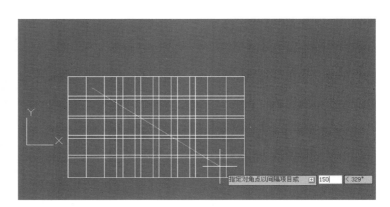

图4-26　输入对角点以间隔项目

图4-27　完成矩形阵列

2. 路径阵列

例如，绘制一个围绕路径为圆形的圆形阵列，圆形数为 8 个，每个圆形直接的间距为 120。其过程如图 4-28 至图 4-31 所示。

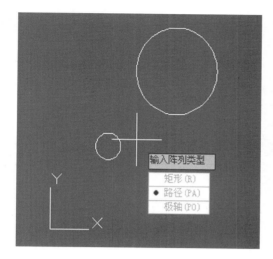

图4-28　选择路径阵列方式

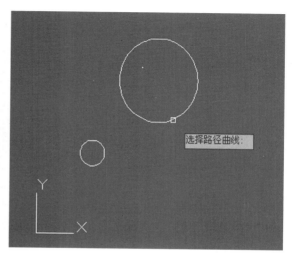

图4-29　指定圆形路径

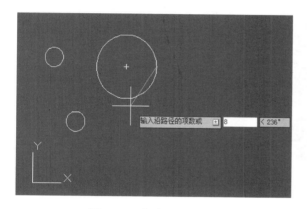

图4-30　指定圆形数量

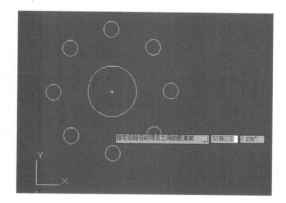

图4-31　指定圆形间的间距

4.4.4　偏移

使用"偏移"命令可以使指定的直线、圆弧、圆或样条曲线等图形对象作同心偏移复制。"偏移"命令可以让我们很方便地绘制许多相同的图形，有的时候比复制命令更快捷。可以通过以下方式启用"偏移"命令。

方式一：在菜单栏中选择"修改"→"偏移"命令。

方式二：在命令提示栏中输入"offset"或"o"命令，按"Enter"键或空格键执行。

输入命令后，指定偏移的距离，按"Enter"键或空格键确定；选择要偏移的对象，指定要偏移的那一侧上的点，按"Enter"键或空格键确定。

例如，执行"偏移"命令将半径为200的圆形向内进行偏移复制，偏移距离为50。其过程如图4-32至图4-35所示。

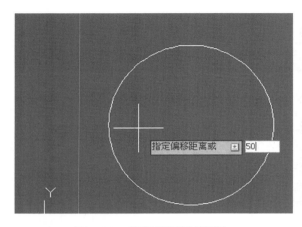

图4-32 指定要偏移的距离

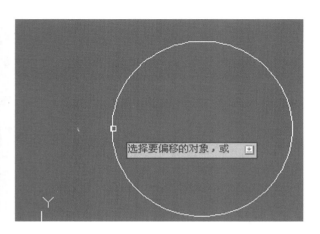

图4-33 选择要偏移的对象

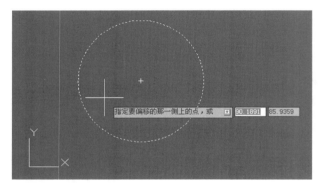

图4-34 指定要偏移的一侧

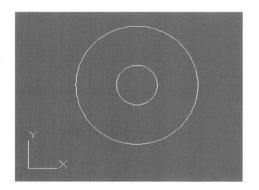

图4-35 完成偏移

在执行"偏移"命令过程中,该命令提示中其他选项的功能如下。

- 通过(T):在选择偏移的对象后,可以选择某个图形的一个点来进行偏移复制。
- 删除(E):偏移后可选择删除源图形对象。
- 图册(L):用于设置偏移后的图形对象的特性是匹配于源图形对象所在图层还是匹配于当前图层。

4.5 修整物体尺寸及外形

在AutoCAD的绘图过程中,对于有一些图形,我们并不能一次性地将它绘制完成,或者有的时候我们需要将已绘制的图形进行一些修改,这时可以通过缩放、修剪、延伸、分解、合并等命令来调整我们需要修改的图形。

4.5.1 缩放

使用"缩放"命令可以将图形对象放大或缩小,可以通过以下方式启用缩放命令。

方式一:在菜单栏中选择"修改"→"缩放"命令。

方式二:在命令提示栏中输入"scale"或"sc"命令,按"Enter"键或空格键执行。

输入命令后,选择需要缩放的对象,按"Enter"键或空格键确定,并指定缩放的基点,指定缩放比例,按"Enter"键或空格键确定。例如，将图4-36所示的桌子缩小至原来的1/2，其过程如图4-37至图4-39所示。

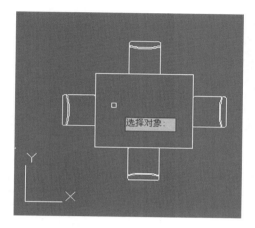

图4-36　选择缩放对象

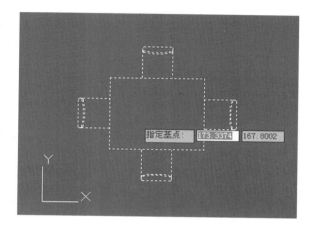

图4-37　指定缩放中心点

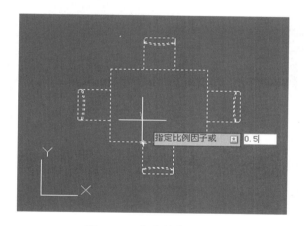

图4-38　指定缩放大小

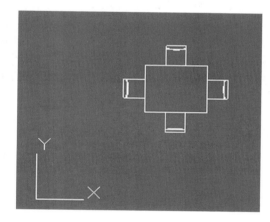

图4-39　完成缩放

在执行"缩放"命令过程中，该命令提示中其他选项的功能如下。

- 复制（C）：除保留图形原有尺寸之外再复制一个缩放后的图形对象。
- 参照（R）：以参考方式对图形对象进行缩放。先指定参照长度，再指定所需要的新长度。

4.5.2　修剪

"修剪"命令是将超出修剪边界的线条进行修剪，任何图形都能够被修剪，如直线、曲线、多段线、构造线、圆弧等。可以通过以下方式启用"修剪"命令。

方式一：在菜单栏中选择"修改"→"修剪"命令。

方式二：在命令提示栏中输入"trim"或"tr"命令，按"Enter"键或空格键执行。

输入命令后，选择实体作为将要被修剪实体的边界，按"Enter"键或空格键确定边界，然后再选择要修剪的对象，按"Enter"键或空格键确定。其过程如图4-40至图4-43所示。

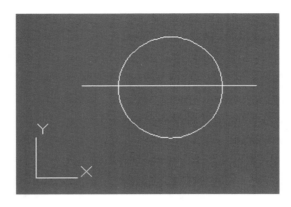

图4-40　图形文件

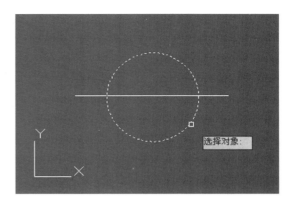

图4-41　选择实体边界

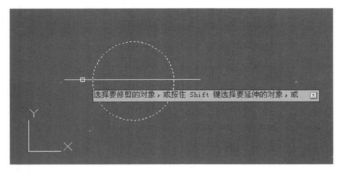

图4-42　选择要修剪的对象

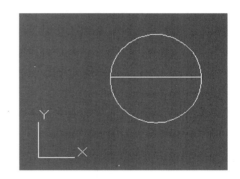

图4-43　完成修剪

在执行"修剪"命令过程中，该命令提示中其他选项的功能如下。

• 栏选（F）：选择该选项，在绘图区域会出现虚线，要求指定栏选点，凡是与这个栏选点（虚线）相交的悬挑则会被选中删除。

• 窗交（C）：直接使用交叉的方式选择多余被修剪的线条。

• 投影（P）：该选项在三维绘图中才会被用到，是指定修剪对象的投影模式。

• 边（E）：该选项在三维绘图中才会被用到，在确定另一对象的隐含边处修剪对象和仅修剪对象到与它在三维空间中相交的对象处进行选择。

• 删除（R）：删除选定的对象。

• 放弃（U）：放弃修剪操作。

4.5.3　延伸

延伸对象是指将指定的直线、圆弧或多段线的端点延长到指定的边界。可以通过以下方式启用延伸命令。

方式一：在菜单栏中选择"修改"→"延伸"命令。

方式二：在命令提示栏中输入"extend"或"ex"命令，按"Enter"键或空格键执行。

输入命令后，选择图形对象作为边界，按"Enter"键或空格键确定边界，然后再选择要延伸的对象，按"Enter"键或空格键确定，如图 4-44 至图 4-47 所示。

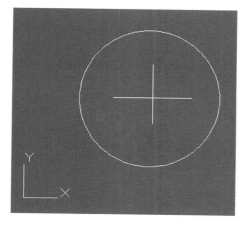

图4-44　图形文件

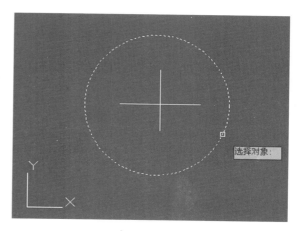

图4-45　选择对象

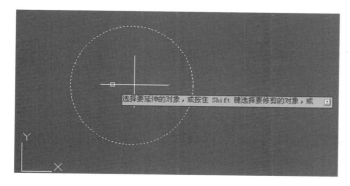

图4-46　选择要延伸对象

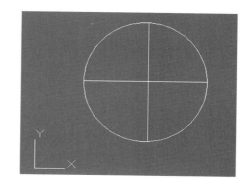

图4-47　完成延伸

在执行"延伸"命令过程中，该命令提示中其他选项的功能与"修剪"命令一样，这里就不再重复。

4.5.4　拉伸

"拉伸"命令可以将所选择图形对象的端点拉伸到不同的位置。可以通过以下方式启用"拉伸"命令。

方式一：在菜单栏中选择"修改"→"拉伸"命令。

方式二：在命令提示栏中输入"stretch"命令，按"Enter"键或空格键执行。

输入命令后，选择需要拉伸的图形对象，按"Enter"键或空格键确定，指定基点，指定第二点。需要注意的是，拉伸命令只能作用于图形中的顶点，指定图形的边是没有作用的。其过程如图 4-48 至图 4-50 所示。

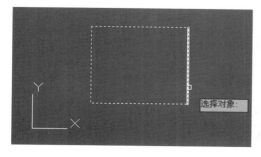

图4-48　选择拉伸对象

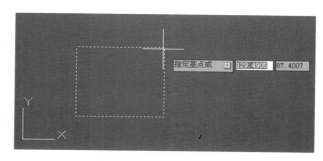

图4-49　指定基点

图4-50 完成拉伸

4.5.5 拉长

有时我们需要在已经绘制好的图形上对图形的直线、圆弧的尺寸进行放大或缩小，此时可以用"拉长"命令来进行修改。可以通过以下方式启用"拉长"命令。

方式一：在菜单栏中选择"修改"→"拉长"命令。

方式二：在命令提示栏中输入"lengthen"或"len"命令，按"Enter"键或空格键执行。

输入命令后，命令行将显示如下提示信息：

选择对象或 [增量（DE）/ 百分数（P）/ 全部（T）/ 动态（DY）]

在使用"拉长"命令过程中，该命令提示中选项的功能如下。

- 增量（DE）：图形需要增加的长度增量，如图4-51、图4-52所示。
- 百分数（P）：输入大于100的数值就会拉长对象，反之就会缩短对象。
- 全部（T）：拉长后图形对象的总长度。
- 动态（DY）：动态地拉长或缩短图形实体。

需要注意的是，"拉长"命令只能作用于非封闭图形的端点。

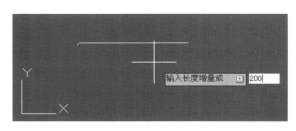

图4-51 输入增量长度值

图4-52 选择要修改的对象

4.5.6 打断

"打断"命令是指将直线、多段线、圆、圆弧等图形对象分割为两个同类对象，或将图形上的一部分进行删除。可以通过以下方式启用"打断"命令。

方式一：在菜单栏中选择"修改"→"打断"命令。

方式二：在命令提示栏中输入"break"或"br"命令，按"Enter"键或空格键执行。

输入命令后，选择需要打断的图形对象的一个点，按"Enter"键或空格键确定，指定第二个打断点。其过程如图 4-53 至图 4-56 所示。

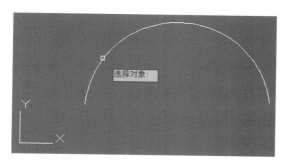

图4-53 图形文件

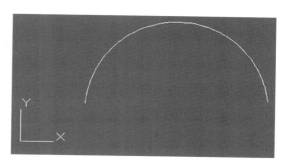

图4-54 选择打断对象的第一点

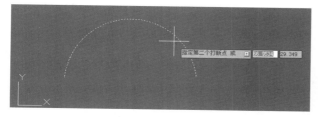

图4-55 选择打断对象的第二点

图4-56 完成打断

4.5.7 分解

我们绘制的任何一个图形都是一个整体，包括插入图形中的图形块。我们是不能单独对一个图形进行编辑的，所以就需要运用分解命令将它打碎，这样就可以方便地对图形进行编辑。可以通过以下方式启用"分解"命令。

方式一：在菜单栏中选择"修改"→"分解"命令。

方式二：在命令提示栏中输入"explode"或"x"命令，按"Enter"键或空格键执行。

输入命令后，选择要分解的图形，按"Enter"键或空格键确定。

4.5.8 合并

"合并"命令是指将两个或两个以上的图形合并成一个对象。合并的对象可以是直线、多段线、圆、圆弧等图形。可以通过以下方式启用"合并"命令。

方式一：在菜单栏中选择"修改"→"合并"命令。

方式二：在命令提示栏中输入"join"或"j"命令，按"Enter"键或空格键执行。

输入命令后，选择需要合并的源对象或要一次合并的多个对象，按"Enter"键或空格键确定，如图 4-57、图 4-58 所示。

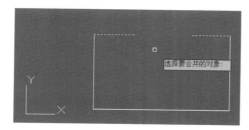

图4-57 选择要合并的对象

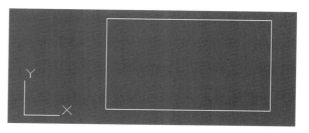

图4-58 完成合并

4.6　圆角及倒角

在 AutoCAD 中，圆角命令用于将两个相交的图形对象使用圆弧或多段线进行连接；倒角命令用于将两条非平行的直线以直线进行连接。

4.6.1　圆角

可以通过以下方式启用圆角命令。

方式一：在菜单栏中选择"修改"→"圆角"命令。

方式二：在命令提示栏中输入"fillet"或"f"命令，按"Enter"键或空格键执行。

输入命令后，命令提示栏会出现选项提示，按照选项提示选择第一个对象，再选择第二个对象，即能完成圆角命令操作。其过程如图 4-59 至图 4-62 所示。

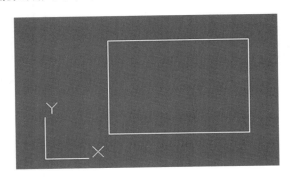

图4-59　图形文件

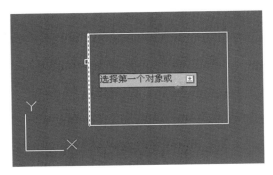

图4-60　选择第一个对象

图4-61　选择第二个对象

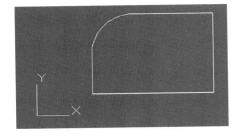

图4-62　完成圆角

在使用"圆角"命令过程中，该命令提示中选项的功能如下。

- 放弃（U）：放弃命令操作。
- 多段线（P）：指如果选择圆角的线为多段线，那么命令会自动将多段线上的所有直线连接角全部执行圆角命令。
- 半径（R）：需要倒角的半径值。
- 修剪（T）：倒角位置是否需要将多余的线进行修剪。
- 多个（M）：可连续对多组对象进行圆角处理。

4.6.2　倒角

可以通过以下方式启用"倒角"命令。

方式一：在菜单栏中选择"修改"→"倒角"命令。

方式二：在命令提示栏中输入"chamfer"或"cha"命令，按"Enter"键或空格键执行。

倒角的操作方式和圆角的操作方式一样。输入命令后，命令提示栏会出现选项提示，按照选项提示选择第一个对象，再选择第二个对象，即能完成倒角命令操作。

在使用"倒角"命令过程中，该命令提示中其他选项的功能和圆角的功能一样，这里将圆角命令中没有的命令进行补充。

- 距离（D）：设置顶点到倒角线的距离。
- 角度（A）：以一段距离和一个角度的方式来设置倒角的距离。
- 方式（E）：选择"距离"或"角度"方式进行倒角。

4.7　特性与特性匹配

在绘制的图形中，每一个图形都有自己的特性，也就是绘制图形的一些信息。特性里有常规、三维效果、打印样式、视图，以及其他。这些特性中包括了在绘制之前给图形定义的颜色、线型、图层等相关信息。特性匹配可以把先选中对象的特性匹配给后选中的实体。可以匹配的特性很多，如图层、颜色、线型、样式、字体大小等。

4.7.1　修改对象属性

可以通过修改对象属性将我们所绘制完成的图形对象进行属性上的修改，这样就避免了在完成图形后发现绘图信息有误要删除重做的情况，有效地节约了我们的绘图时间。可以通过以下方式启用修改对象属性命令。

方式一：在菜单栏中选择"修改"→"特性"命令。

方式二：鼠标左键双击要修改的对象图形。

方式三：选取对象图形，键盘上按"Ctrl+1"组合键。

当选择圆的图形对象输入命令后，会弹出圆的"特性"对话框，如图 4-63 所示。

在常规选项栏中可以更改所选图形对象的颜色、图层、线型、线型比例、线宽、透明度、厚度、半径、周长、面积等相关信息，修改完成后，图形对象也会根据修改的数据发生变化。

图4-63　圆的"特性"对话框

4.7.2　特性匹配

可以通过以下方式启用"特性匹配"命令。

方式一：在菜单栏中选择"修改"→"特性匹配"命令。

方式二：在命令提示栏中输入"matchprop"或"ma"命令，按"Enter"键或空格键执行。

输入命令后，先选择源对象，再选择目标对象，则源对象的特性匹配到目标对象上，如图 4-64 至图 4-67 所示。

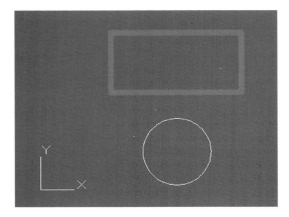

图4-64　图形文件

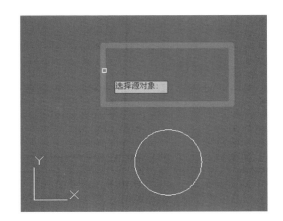

图4-65　选择源对象

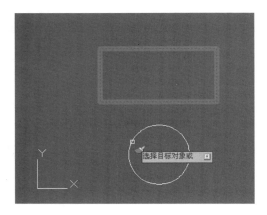

图4-66　选择目标对象

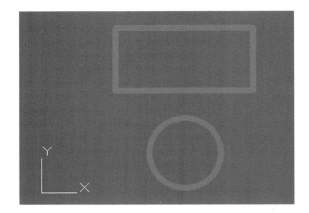

图4-67　完成特性匹配

第5章

AutoCAD快速绘图工具

5.1 查询工具

在 AutoCAD 中，为了准确绘制图形，需要了解图形的相关信息，例如，实时查询图形中对象的距离、角度和点的位置信息，获取图形的面积、周长、体积和质量等信息。

5.1.1 距离查询

可以根据需要查询任意图形中两个指定点之间关系的信息，包括两点之间的距离，在 XY 平面中的角度等。可以通过以下方式启用"距离查询"命令。

方式一：在菜单栏中选择"工具"→"查询"→"距离"命令，如图 5-1 所示。

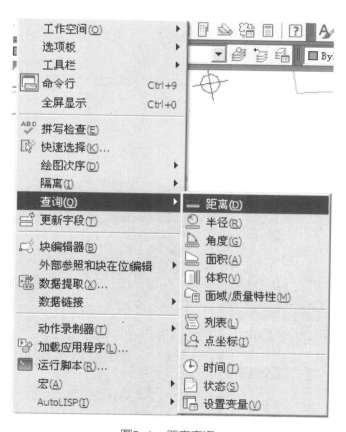

图5-1 距离查询

输入命令后，分别在图中捕捉要测量的距离的第一个点和第二个点，即可获取距离信息，如图 5-2、图 5-3 所示。

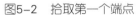
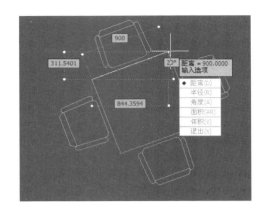

图5-2 拾取第一个端点 · · · · · · · · · · · 图5-3 拾取第二个端点

方式二：在命令提示栏中输入"dist"或"di"命令，按"Enter"键或空格键执行。
输入命令后，命令提示栏提示如下。

指定第一点：
指定第二个点或 [多个点 (M)]：

根据提示依次确定要测量线段的两个端点，命令提示栏会显示所查询线段的距离。

5.1.2　面积查询

对于圆、椭圆、多段线、多边形、面域和 AutoCAD 三维实体等对象，可以获取其闭合面积信息。可以通过以下方式启用"面积查询"命令。

方式一：在菜单栏中选择"工具"→"查询"→"面积"命令，如图 5-4 所示。

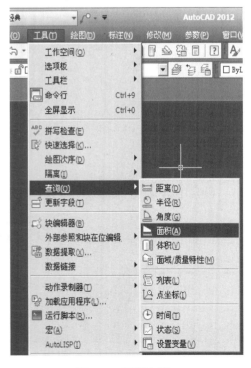
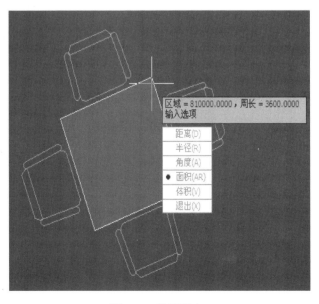

图5-4 面积查询 · · · · · · · · · · · · · · · 图5-5 拾取顶点

输入命令后，分别在图中捕捉多边形的各个顶点，如图 5-5 所示。

方式二：在命令提示栏中输入"area"或"aa"命令，按"Enter"键或空格键执行。

输入命令后，命令提示栏提示如下。

```
命令：AREA
指定第一个角点或 [对象(O)/增加面积(A)/减少面积(S)] <对象(O)>：
```

在命令提示栏中，选项的功能如下。

- 对象（O）：默认状态下，要求依次选取对象图形的各个顶点进行查询，但有些没有顶点的图形可能难以使用，比如圆形。键入字母"O"，这时十字光标会变成拾取框，使用拾取框单击要查询的图形即可。命令提示栏会显示所查询图形的面积和距离。

- 增加面积（A）：打开"加"模式，并在定义区域时即时保持总面积。

- 减少面积（S）：从总面积中减去指定的面积。

以此方法类推，可以运用此方法查询图形半径、角度、体积等相关信息。

5.2　对象约束

对象约束也是 AutoCAD 里的参数化设计，它是一种规则，可决定对象彼此间的放置位置及其标注。通过约束，用户可以为二维几何图形增加限制。

5.2.1　几何约束

几何约束可以确定对象之间或对象上的点之间的关系。

1. 水平约束

水平约束可以约束一条直线或一对点，使其与当前的 X 轴平行。可以通过以下方式启用"水平约束"命令。

方式一：在菜单栏中选择"参数"→"几何约束"→"水平"命令。

方式二：在命令提示栏中输入"gchorizontal"或"gch"命令，按"Enter"键或空格键执行。

操作步骤如下。

新建图形文件，单击"直线"按钮，任意绘制一条非水平线段。在菜单栏中选择"参数"→"几何约束"→"水平"按钮，然后拾取目标线段，完成水平约束，如图 5-6、图 5-7 所示。

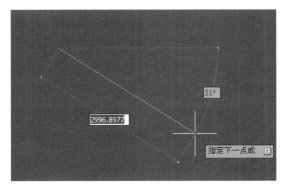

图5-6　绘制非水平线段

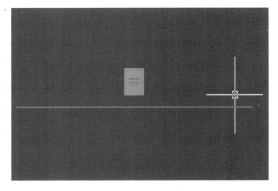

图5-7　水平约束

需要注意的是，默认状态下光标是选取对象线段，并且是以光标靠近的那个点进行对齐的；如果选择的是两点（2P）模式，则第二个选定点将设置为与第一个选定点水平。

2. 竖直约束

竖直约束可以约束一条直线或一对点，使其与当前用户坐标系（USC）的Y轴平行。如果选择的是一对点，则第二个选定点将设置为与第一个选定点垂直。可以通过以下方式启用"竖直约束"命令。

方式一：在菜单栏中选择"参数"→"几何约束"→"竖直"命令。

方式二：在命令提示栏中输入"gcvertical"或"gcv"命令，按"Enter"键或空格键执行。

操作步骤如下。

新建图形文件，单击"直线"按钮 ，任意绘制一条非竖直线段，如图5-8所示。在菜单栏中选择"参数"→"几何约束"→"竖直"按钮 ，然后拾取目标线段，完成竖直约束，如图5-9所示。

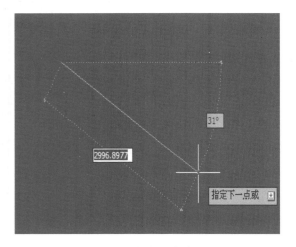

图5-8   绘制非竖直线段   图5-9   竖直约束

需要注意的是，默认状态下光标是选取对象线段，并且是以光标靠近的那个点进行对齐；如果选择的是两点（2P）模式，则第二个选定点将设置为与第一个选定点竖直。

3. 垂直约束

垂直约束可以约束两条直线或多段线线段，使其夹角始终保持为90°的垂直状态。第二个选定对象将设置为与第一个对象垂直。可以通过以下方式启用垂直约束命令。

方式一：在菜单栏中选择"参数"→"几何约束"→"垂直"命令。

方式二：在命令提示栏中输入"gcperpendicular"或"gcpe"命令，按"Enter"键或空格键执行。

操作步骤如下。

新建图形文件，单击"直线"按钮 ，任意绘制两条线段。在菜单栏中选择"参数"→"几何约束"→"垂直"按钮 ，然后分别拾取第一条和第二条目标线段，完成垂直约束，如图5-10、图5-11所示。

图5-10　绘制两条任意线段

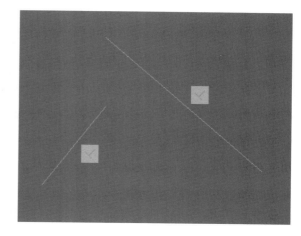

图5-11　垂直约束

需要注意的是，两条直线中有以下任意一种情况是不能被垂直约束的：

（1）两条直线同时受水平约束。

（2）两条直线同时受竖直约束。

（3）两条直线一条受水平约束，另一条受竖直约束。

（4）两条共线的直线。

4. 平行约束

平行约束可以约束两条直线，使其具有相同的角度，第二个选定对象将设置为与第一个对象平行。可以通过以下方式启用平行约束命令。

方式一：在菜单栏中选择"参数"→"几何约束"→"平行"命令。

方式二：在命令提示栏中输入"gcparallel"或"gcp"命令，按"Enter"键或空格键执行。

操作步骤如下。

新建图形文件，单击"直线"按钮，任意绘制两条任意线段。在菜单栏中选择"参数"→"几何约束"→"平行"按钮，然后分别拾取第一条和第二条目标线段，完成平行约束，如图 5-12、图 5-13 所示。

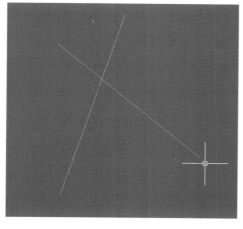

图5-12　绘制两条任意线段

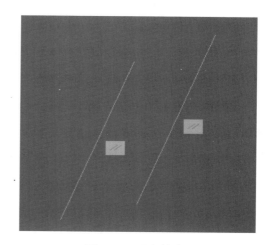

图5-13　平行约束

5. 相切约束

相切约束可以约束两条曲线，使其彼此相切或者其延长线彼此相切。可以通过以下方式启用相切约束命令。

方式一：在菜单栏中选择"参数"→"几何约束"→"相切"命令。

方式二：在命令提示栏中输入"gctangent"或"gct"命令，按"Enter"键或空格键执行。

操作步骤如下。

单击"圆"按钮⊙，任意绘制一个圆形，再单击"直线"按钮☑，绘制两条任意直线，在菜单栏中选择"参数"→"几何约束"→"相切"按钮☉，然后分别拾取第一个和第二个目标图形，完成相切约束，如图5-14、图5-15所示。

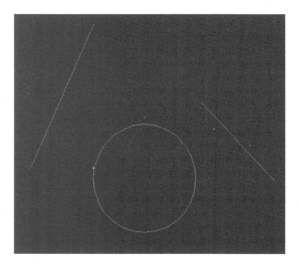

图5-14　绘制圆和直线

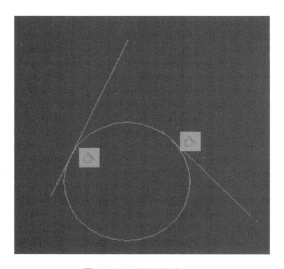

图5-15　相切约束

6. 对称约束

对称约束可以约束对象上的两条曲线或者两个点，使其以选定直线为对称轴彼此对称。可以通过以下方式启用对称约束命令。

方式一：在菜单栏中选择"参数"→"几何约束"→"对称"命令。

方式二：在命令提示栏中输入"gcsymmetric"或"gcsy"命令，按"Enter"键或空格键执行。

操作步骤如下。

单击"直线"按钮☑，绘制出三条直线，在菜单栏中选择"参数"→"几何约束"→"对称"按钮中，然后分别拾取第一个和第二个目标图形以及对称直线，完成对称约束，如图5-16、图5-17所示。

7. 相等约束

相等约束可使受约束的两条直线或多段线线段具有相同的长度，相等约束也可以约束圆弧或圆，使其具有相同的半径值。可以通过以下方式启用相等约束命令。

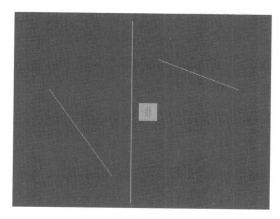

图5-16　分别绘制三条直线

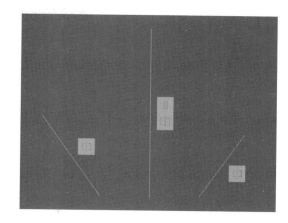

图5-17　对称约束

方式一：在菜单栏中选择"参数"→"几何约束"→"相等"命令。

方式二：在命令提示栏中输入"gcequal"或"gce"命令，按"Enter"键或空格键执行。

操作步骤如下。

单击"圆"按钮⊙，绘制两个半径不等的圆，如图5-18所示。在菜单栏中选择"参数"→"几何约束"→"对称"按钮 ，然后分别拾取第一个和第二个目标图形，完成相等约束，如图5-19、图5-20所示。

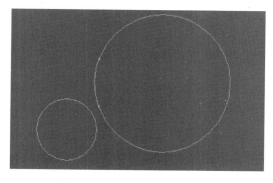

图5-18　绘制不同大小的圆

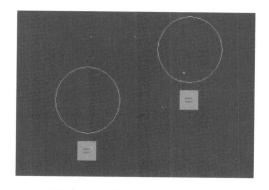

图5-19　先单击小圆再单击大圆

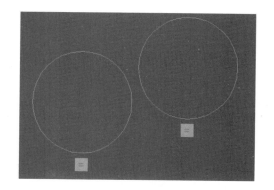

图5-20　先单击大圆再单击小圆

需要注意的是，第二个选定对象将设置为与第一个对象相等。

8. 共线约束

共线约束能使两条直线位于其中一条线段的延长线上，第二条选定直线将设为与第一条共线。可以通过以下方式启用共线约束命令。

方式一：在菜单栏中选择"参数"→"几何约束"→"共线"命令。

方式二：在命令提示栏中输入"gccollinear"或"gccol"命令，按"Enter"键或空格键执行。

操作步骤如下。

单击"直线"按钮 ，绘制两条线段，在菜单栏中选择"参数"→"几何约束"→"共线"按钮 ，然后分别拾取第一个和第二个目标图形，完成对称共线约束，如图 5-21、图 5-22 所示。

图5-21　绘制两条线段

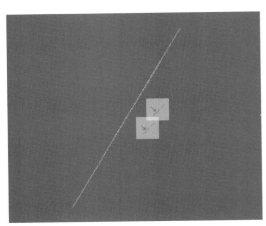

图5-22　共线约束

9. 重合约束

重合约束可以约束两个点使其重合，或者约束一个点使其位于对象或对象延长部分的任意位置。可以通过以下方式启用重合约束命令。

方式一：在菜单栏中选择"参数"→"几何约束"→"重合"命令。

方式二：在命令提示栏中输入"gccoincident"或"gcc"命令，按"Enter"键或空格键执行。

操作步骤如下。

单击"直线"按钮 ，绘制两条直线，在菜单栏中选择"参数"→"几何约束"→"重合"按钮 ，然后分别拾取第一条线段和第二条线段的目标点，完成对称重合约束，如图 5-23、图 5-24 所示。

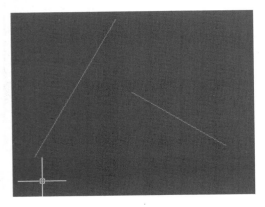

图5-23　绘制两条直线

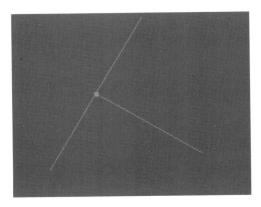

图5-24　重合约束

10. 同心约束

同心约束可以使选定的圆、圆弧或椭圆具有相同的圆心点。第二个选定对象将设为与第一个对象同心。可以通过以下方式启用同心约束命令。

方式一：在菜单栏中选择"参数"→"几何约束"→"同心"命令。

方式二：在命令提示栏中输入"gcconcentric"或"gccon"命令，按"Enter"键或空格键执行。

操作步骤如下。

单击"椭圆"按钮 ⬭，绘制两个不同心的椭圆，在菜单栏中选择"参数"→"几何约束"→"同心"按钮 ◎，然后分别拾取第一个和第二个目标图形，完成同心约束，如图5-25、图5-26所示。

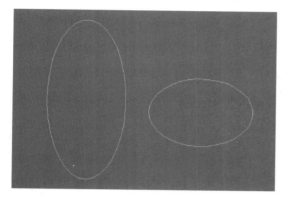

图5-25 绘制两个椭圆

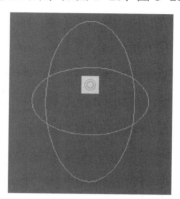

图5-26 同心约束

11. 平滑约束

平滑约束可以将一条样条曲线与其他样条曲线、直线、圆弧或多段线彼此相连并保持连续性。可以通过以下方式启用平滑约束命令。

方式一：在菜单栏中选择"参数"→"几何约束"→"平滑"命令。

方式二：在命令提示栏中输入"gcsmooth"或"gcs"命令，按"Enter"键或空格键执行。

操作步骤如下。

单击"样条曲线"按钮 ∿，绘制一条样条曲线，单击"直线"按钮 ╱，任意绘制一条直线。在菜单栏中选择"参数"→"几何约束"→"平滑"按钮 ⤳，然后分别拾取第一个和第二个目标图形，完成平滑约束，如图5-27、图5-28所示。

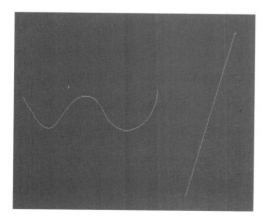

图5-27 绘制一条曲线和一条直线

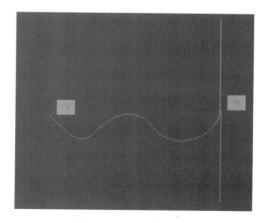

图5-28 平滑约束

需要注意的是，在应用平滑约束时，选定的第一个对象必须为样条曲线。第二个选定对象将设为与第一条样条曲线平滑连接。

12. 固定约束

固定约束可以使一个点或一条曲线固定在相对于世界坐标系的特定位置和方向上。可以通过以下方式启用固定约束命令。

方式一：在菜单栏中选择"参数"→"几何约束"→"固定"命令。

方式二：在命令提示栏中输入"gcfix"或"gcf"命令，按"Enter"键或空格键执行。

操作步骤如下。

单击"圆"按钮⊙，绘制一个圆，在菜单栏中选择"参数"→"几何约束"→"固定"按钮，然后拾取目标点，完成固定约束，如图5-29、图5-30所示。

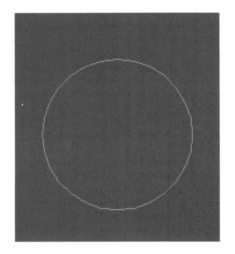

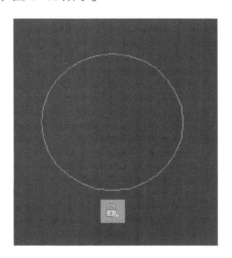

图5-29　绘制圆形　　　　　　　　　图5-30　固定约束

需要注意的是，使用固定约束可以锁定圆心，能改变圆的大小但不能改变圆心的位置。

5.2.2　标注约束

在AutoCAD中，标注约束可以确定对象、对象上的点之间的距离或角度，也可以确定对象大小。标注约束包括名称与值。默认情况下，标注约束是动态的。对于常规参数化图形和设计任务书来说，它们是非常理想的。动态约束具有以下五个特征。

(1) 缩小或放大时大小不变。

(2) 可以轻松打开或关闭。

(3) 提供有限的夹点功能。

(4) 以固定的标注样式显示。

(5) 打印时不显示。

1. 对齐约束

对齐约束可以约束对象上两个点之间的距离，或者约束不同对象上两个点之间的距离。可以通过以下方式启用对齐约束命令。

方式一：在菜单栏中选择"参数"→"标注约束"→"对齐"命令。

方式二：在命令提示栏中输入"dcaligned"或"dca"命令，按"Enter"键或空格键执行。

操作步骤如下。

单击"圆"按钮⊙，绘制两个圆形，如图5-31所示。在菜单栏中选择"参数"→"标注约束"→"对齐"按钮，然后分别拾取两个图形的第一个和第二个目标点，完成对齐约束。当调整"d1"数值时，直线将根据数值的变化而作出调整，如图5-32所示。

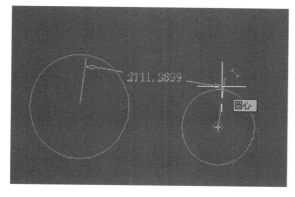

图5-31 绘制两个圆形

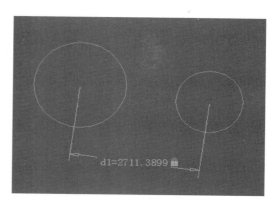

图5-32 标注约束

2. 水平约束

水平约束可以约束对象上两点之间或不同对象上两个点之间 X 轴方向的距离。可以通过以下方式启用水平约束命令。

方式一：在菜单栏中选择"参数"→"标注约束"→"水平"命令。

方式二：在命令提示栏中输入"dchorizontal"或"dch"命令，按"Enter"键或空格键执行。

操作步骤如下。

单击"直线"按钮，绘制一条直线，如图5-33所示。在菜单栏中选择"参数"→"标注约束"→"水平"按钮，然后分别拾取图形的第一个和第二个目标点，完成水平约束。当调整"d1"数值时，直线将根据数值的变化而做出调整，如图5-34所示。

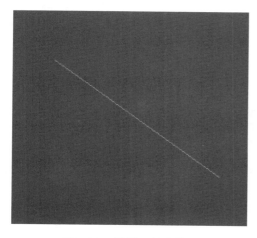

图5-33 绘制一条直线

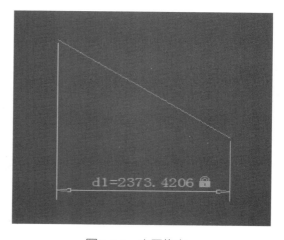

图5-34 水平约束

3. 竖直约束

竖直约束可以约束对象上两点之间或不同对象上两个点之间 Y 轴方向的距离。可以通过以下方式启用竖直约束命令。

方式一：在菜单栏中选择"参数"→"标注约束"→"竖直"命令。

方式二：在命令提示栏中输入"dcvertical"或"dcv"命令，按"Enter"键或空格键执行。

操作步骤如下。

单击"直线"按钮 ，绘制一条直线，如图 5-35 所示。在菜单栏中选择"参数"→"标注约束"→"竖直"按钮 ，然后分别拾取图形的第一个和第二个目标点，完成竖直约束。当调整"d1"数值时，直线将根据数值的变化而作出调整，如图 5-36、图 5-37 所示。

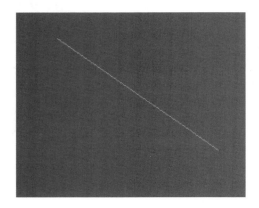

图5-35　绘制一条直线

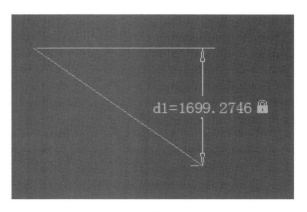

图5-36　竖直约束

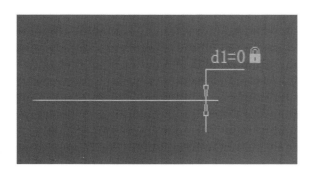

图5-37　d1数值为0时

4. 角度约束

角度约束可以约束直线段或多段线线段之间的角度、由圆弧或者多段线圆弧段得到的角度，或者对象上三个点之间的角度。可以通过以下方式启用角度约束命令。

方式一：在菜单栏中选择"参数"→"标注约束"→"角度"命令。

方式二：在命令提示栏中输入"dcangular"或"dcan"命令，按"Enter"键或空格键执行。

操作步骤如下。

单击"多段线"按钮 ，绘制一个四边形，如图 5-38 所示。在菜单栏中选择"参数"→"标注约束"→"角度"按钮 ，然后分别拾取图形两个相邻边的第一条线和第二条线，完成角度约束，如图 5-39 所示。当调整"角度 1"数值时，角度将根据数值的变化而作出调整，如图 5-40 所示。

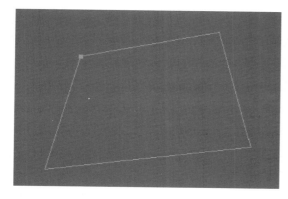

图5-38 绘制一个四边形

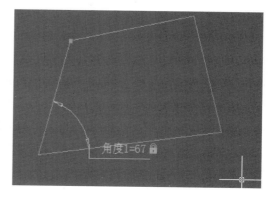

图5-39 角度约束

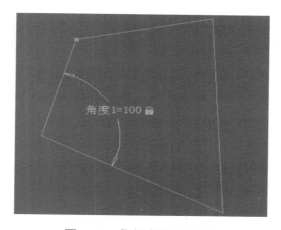

图5-40 角度1数值为100时

5. 半径约束

半径约束是约束圆或者圆弧半径值的命令。可以通过以下方式启用半径约束命令。

方式一：在菜单栏中选择"参数"→"标注约束"→"半径"命令。

方式二：在命令提示栏中输入"dcradius"或"dcr"命令，按"Enter"键或空格键执行。

操作步骤如下。

单击"圆弧"按钮，绘制一段圆弧，如图5-41所示。在菜单栏中选择"参数"→"标注约束"→"半径"按钮，然后拾取圆弧图形，完成半径约束。当调整"弧度1"数值时，弧形半径将根据数值的变化而作出调整，如图5-42所示。

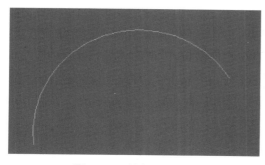

图5-41 绘制一段圆弧

图5-42 半径约束

6. 直径约束

直径约束是约束圆或者圆弧直径值的命令。可以通过以下方式启用直径约束命令。

方式一：在菜单栏中选择"参数"→"标注约束"→"直径"命令。

方式二：在命令提示栏中输入"dcdiameter"或"dcd"命令，按"Enter"键或空格键执行。

操作步骤如下。

单击"圆"按钮⊘，绘制一个圆，如图5-43所示。在菜单栏中选择"参数"→"标注约束"→"直径"按钮🔊，然后拾取圆弧图形，完成半径约束。当调整"直径1"数值时，圆形直径将根据数值的变化而作出调整，如图5-44所示。

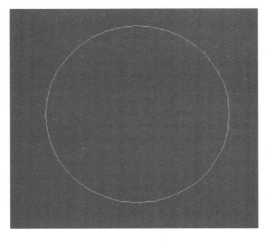

图5-43　绘制圆形

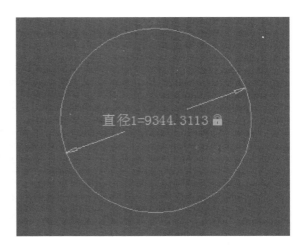

直径1=9344.3113 🔒

图5-44　直径约束

5.2.3　自动约束

在AutoCAD中，自动约束是将多个几何约束应用于选定对象上的命令。AutoCAD会根据图形的具体情况来为选定对象加载多个几何约束，可以大大节省我们的绘图时间，提高我们的绘图效率。可以通过以下方式启用自动约束命令：在菜单栏中选择"参数"→"自动约束"命令，如图5-45所示。

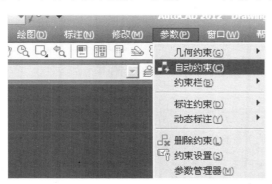

图5-45　自动约束

在菜单栏中选择"参数"→"约束设置"命令对自动约束进行设置，或者鼠标右键单击"🔁"按钮，从弹出的菜单中选择"设置 ..."，如图5-46所示。绘图时开启"推断约束"🔁，AutoCAD会根据图形的具体情况来为选定对象加载多个几何约束。

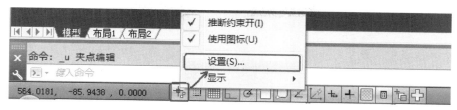

图5-46　约束设置

单击"约束设置"对话框中的"自动约束"选项卡，出现自动约束选项的所有约束类型、优先级别以及应用情况等，如图5-47所示。

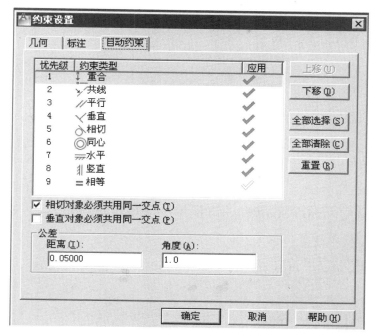

图5-47　"自动约束"选项卡

在对自动约束进行设置的过程中，对话框其他选项的功能如下：

- 优先级：控制约束的应用顺序。
- 约束类型：控制应用于对象的约束类型。
- 应用：控制将约束应用于多个对象时所应用的约束。
- "上移"：通过在列表中上移选定项目来更改其顺序。
- "下移"：通过在列表中下移选定项目来更改其顺序。
- "全部选择"：选择所有几何约束类型以进行自动约束。
- "全部清除"：清除所有几何约束类型以进行自动约束。
- "重置"：将自动约束设置重置为默认值。
- "相切对象必须共用同一交点"：指定两条曲线必须共用一个点（在距离公差内指定），以便应用相切约束。
- "垂直对象必须共用同一交点"：指定直线必须相交或者一条直线的端点必须与另一条直线或直线的端点重合（在距离公差内指定）。
- "公差"：设定可接受的公差值以确定是否可以应用约束。其中，距离公差应用于重合、同心、相切和共线约束；角度公差应用于水平、竖直、平行、垂直、相切和共线约束。

5.3 图块

图块是由一个或多个对象组成的对象集合，常用于绘制复杂、重复的图形。一旦对象组合成块，就可以根据绘制需要，将这组对象插入图中任意指定的位置，同时可在插入过程中对其进行缩放和旋转。这样可以避免重复绘制图形，从而节省绘图时间，提高工作效率。

5.3.1 定义图块属性

当绘制好图形后，用户可将该图形创建成块，并可以将其插入其他图纸文件中，下面将分别对创建图块并定义属性的操作步骤进行介绍。

在菜单栏中选择"绘图"→"块"→"创建..."命令，打开"块定义"窗口，如图5-48、图5-49所示。

利用"块定义"窗口可指定定义对象、基点以及其他参数，把对象图形定义为图块并命名。具体操作步骤如下。

在菜单栏中选择"绘图"→"块"→"创建..."命令打开"块定义"窗口，在"块定义"窗口中单击"对象"下的"选择对象"命令。在绘图区中，框选所需的图形，然后按"Enter"键或空格键返回"块定义"窗口，在"块定义"窗口中单击"基点"下的"拾取点"命令按钮。在对象图形中指定图块基点，然后按"Enter"键或空格键返回"块定义"窗口，在该窗口中定义一个图块名称，然后单击"确定"按钮完成块的创建。其过程如图5-50至图5-52所示。

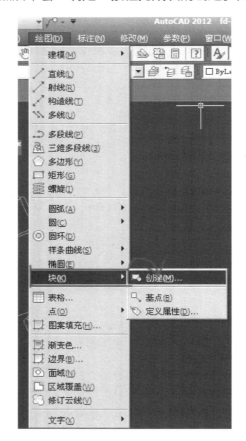

图5-48 创建图块

图5-49 "块定义"窗口

图5-50 选择对象

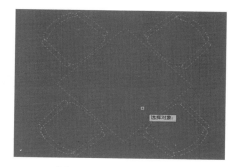

图5-51 拾取对象图形

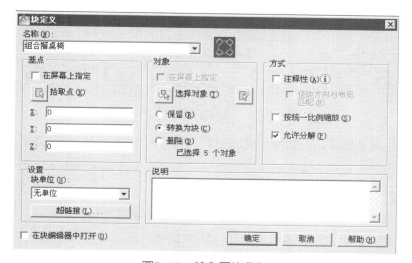

图5-52 输入图块名称

5.3.2 修改图块属性的定义

在"块属性管理器"中，用户可以通过它在块中编辑属性定义、从块中删除属性以及更改插入块时系统提示用户输入属性的顺序。可以通过以下方式启用块属性管理器命令：在菜单栏中选择"修改"→"对象"→"属性"→"块属性管理器"命令，如图5-53所示。

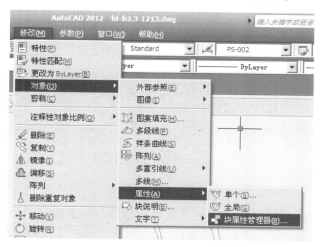

图5-53 块属性管理器

在打开的"块属性管理器"对话框中，用户可以通过它在块中编辑属性定义、从块中删除属性以及更改插入块时系统提示用户输入属性的顺序，如图5-54所示。

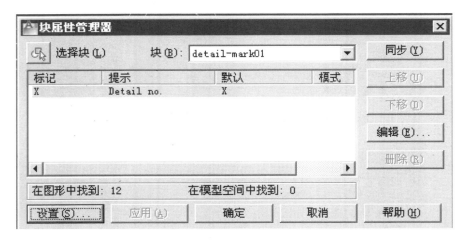

图5-54 "块属性管理器"对话框

- "选择块"：单击该按钮，切换到绘图窗口，在绘图窗口中可以选择需要操作的块。
- "块"：列出当前图形中含有属性的所有块的名称，用户可通过该下拉列表选择需要的块。
- "属性列表框"：显示了当前选择块的所有属性，包括属性的标记、提示、默认和模式等。
- "同步"：单击该按钮，可以在图形中更新已修改的属性特征。
- "上移和下移"：可以将在属性列表中选中的属性行向上或者向下移动一行，但对属性值为定值的行不起作用。
- "编辑..."：单击该按钮，可以打开"编辑属性"窗口，如图5-55所示。

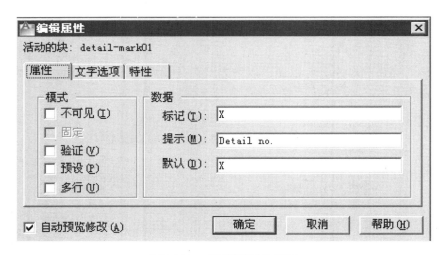

图5-55 "编辑属性"窗口

- "删除"：用于删除在属性列表中选中的属性定义。
- "设置..."：单击该按钮，可以打开"设置"窗口，在该窗口中可以设置"块属性管理器"对话框中属性列表框的显示内容，如图5-56所示。

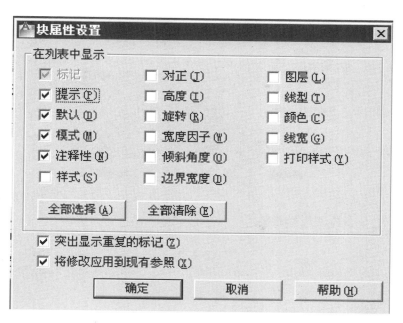

图5-56 块属性设置

5.3.3 编辑图块属性

块编辑器可以让用户对已创建的图块进行编辑。可以通过以下方式启用块编辑器命令：在菜单栏中选择"工具"→"块编辑器"命令，如图 5-57 所示。

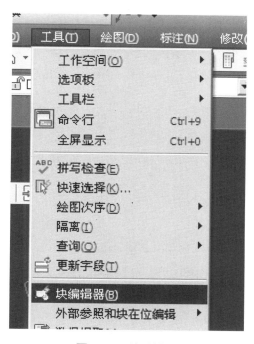

图5-57 块编辑器

执行"块编辑器"命令，弹出"编辑块定义"窗口。找到你要编辑的块名称，单击块名称，然后按"确定"键，如图 5-58 所示。

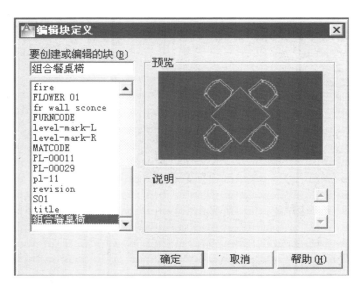

图5-58   编辑块定义

弹出"块编辑"界面后，用户可在其中看到"打开/保存""几何""标注""管理""操作参数""可见性以及关闭块编辑器"等选项栏。在"块编辑"界面中，用户可以对选择的图块进行编辑，如图5-59所示。

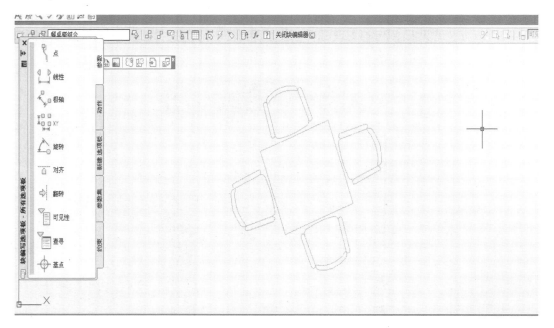

图5-59   "块编辑"界面

5.4   工具选项板

在AutoCAD中，工具选项板是窗口中的选项卡形式区域，它提供了用来组织、共享、放置块、图案填充以及其他工具的有效方法。工具选项板还可以包含三方开发人员提供的自定义工具。

5.4.1 打开工具选项板

可以通过以下方式打开工具选项板。

方式一：在菜单栏中选择"工具"→"选项板"→"工具选项板"命令，如图5-60所示。

方式二：在命令提示栏中输入"toolpalettes"命令，按"Enter"键或空格键执行。

方式三：按"Ctrl+3"组合键执行命令。

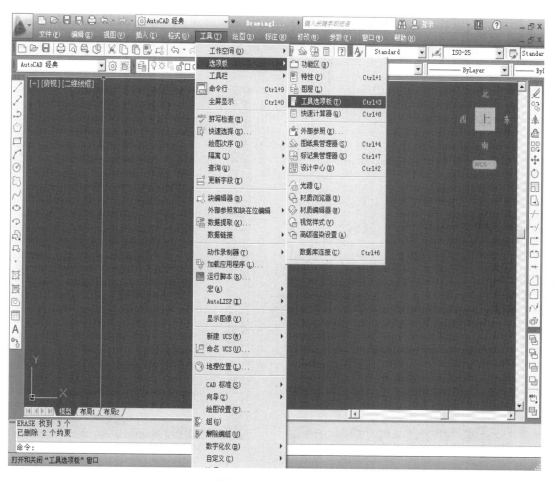

图5-60 工具选项板

5.4.2 工具选项板的显示控制

打开"工具选项板"后，可看见"工具选项板"中的所有选项板，包括命令、表格、图案填充、结构、土木工程、电力、机械、建筑、注释、约束以及建模等。用户可根据需要对其进行选择，如图5-61所示。

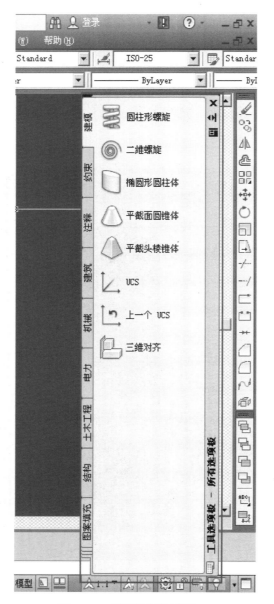

图5-61　开启工具选项板　　　　　　图5-62　特性按钮

　　此外，单击工具选项板窗口右上角的"特性"按钮 ▣，显示"特性菜单"，可以从中对工具选项板执行移动、改变大小、关闭、设置是否允许固定、自动隐藏、设置透明度、重命名等方面的操作，如图 5-62 所示。

5.4.3　新建工具选项板

　　在打开的工具选项板界面中，单击鼠标右键会出现一个选框，单击鼠标左键选择"新建选项板"选项，会出现一个"新建选项板"面板，输入要新建的名称，按"Enter"键，新建选项板就完成了，如图 5-63、图 5-64 所示。

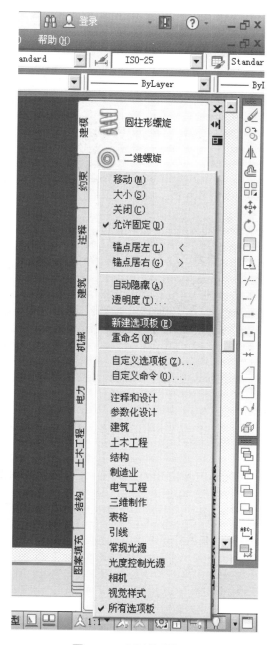

图5-63 新建选项板

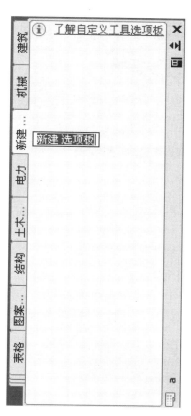

图5-64 输入选项板名称

5.4.4 向工具选项板中添加内容

向工具选项板中添加内容要利用"设计中心"对话框。可以通过以下方式启用设计中心命令。

方式一：在菜单栏中选择"工具"→"选项板"→"设计中心"命令，如图5-65所示。

方式二：在命令提示栏中输入"adcenter"命令，按"Enter"键或空格键执行。

方式三：按"Ctrl+2"组合键执行命令。

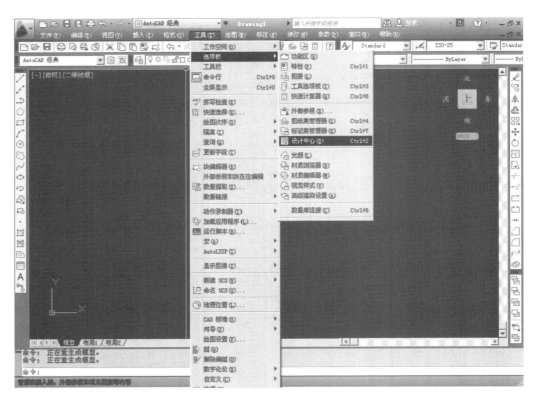

图5-65　开启设计中心

　　打开"设计中心"窗口，在"文件夹列表"中选择所需要的文件，将文件拖入刚创建的新建选项板中即可。

　　也可以使用另一种方法，下面将名为"材质"文件夹的内容创建为"材质"选项板，具体步骤如下。

　　在"选项板"面板上单击"设计中心"按钮，打开"设计中心"对话框。在"文件夹列表"中，查找文件保存的目录，右击"材质"文件夹，在弹出的菜单中选择"创建工具选项板"命令。选择"创建工具选项板"后，"材质"的内容就被添加到了"工具选项板"中，如图 5-66 所示。

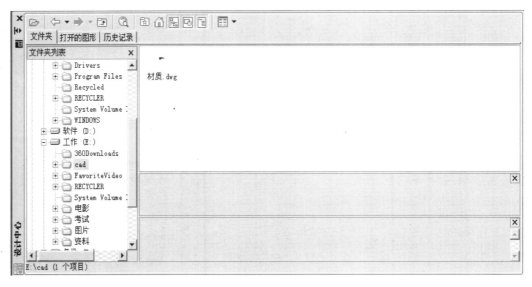

图5-66　设计中心

第6章
AutoCAD文字与表格

在使用 AutoCAD 绘图时,同样离不开文字对象。建立和编辑文字的方法与绘制一般图像对象不同,在 AutoCAD 中,使用表格功能可以创建不同类型的表格,还可以从其他软件中复制表格,以简化操作。本章将讲述创建文字、设置文本样式以及修改和编辑文本的方法和技巧。下面来看看文字及表格的创建和使用方法。

6.1 文本样式

在添加文字注释之前,应先对文字样式(如样式名、字体、字体的高度等)进行设置,才能得到统一、标准、美观的注释文字。在 AutoCAD 中,用户可根据需要进行设置,具体操作步骤如下。

方式一:在菜单栏中选择"格式"→"文字样式"命令,如图 6-1 所示。

方式二:在命令提示栏中输入"style"命令,按"Enter"键或空格键执行。

方式三:在"样式"工具栏中单击按钮 🗛 执行命令。

在弹出的"文字样式"窗口中,单击"新建"按钮,打开"新建文字样式"窗口。在"样式名"文本框中输入名称,单击"确认"按钮,如图 6-2 所示。

图6-1　文字样式

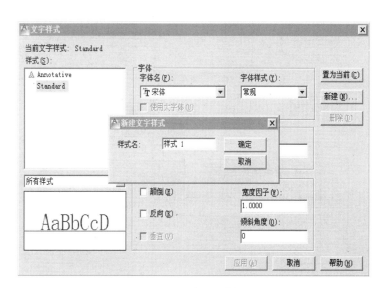

图6-2　新建文字样式

返回上一层窗口，在"样式"列表中会显示出新建的样式名，如图6-3所示。

图6-3 新建样式名

在"字体名"下拉列表框中，选择需要的字体名称，如图6-4所示。

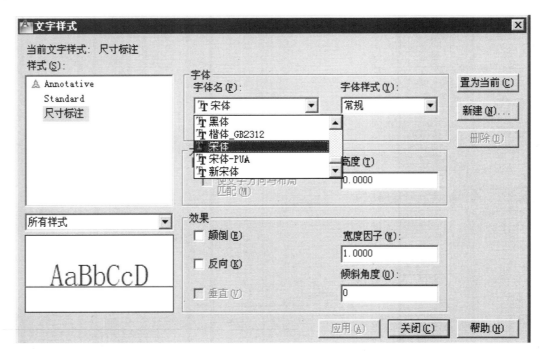

图6-4 选择字体名

在"字体样式"下拉列表框中，选择字体样式，如图6-5所示。

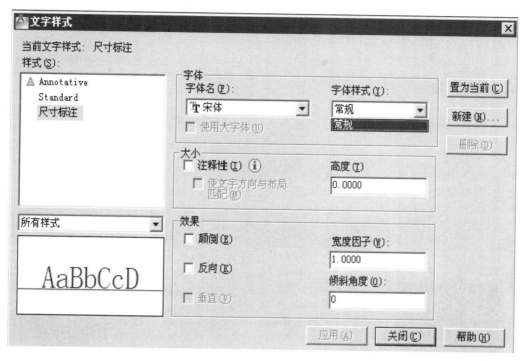

图6-5 选择字体样式

在"大小"选项框中设置"高度"值，输入300，并单击"应用"，如图6-6所示。

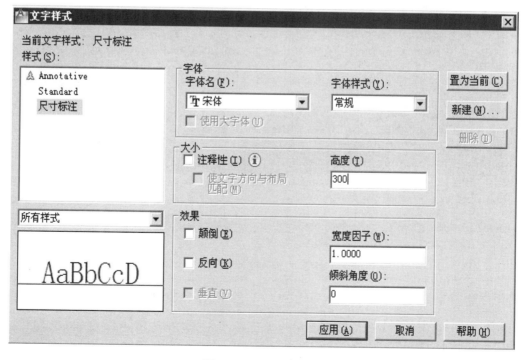

图6-6 设置文字大小

6.2　文本的标注

文本标注在图纸中起着重要的作用，也是不可缺少的一部分，主要用来说明一些非图形信息，如填充材质的性质、图纸的设计人员、图纸比例等。

6.2.1　单行文本的标注

使用"单行文字"命令可创建一行文字注释，按"Enter"键，可换行输入下一行文字，但每行文字都是独立的对象。创建单行文本的具体操作如下。

方式一：在菜单栏中选择"绘图"→"文字"→"单行文字"命令，如图 6-7 所示。

方式二：在命令提示栏中输入"text"或"te"命令，按"Enter"键或空格键执行。

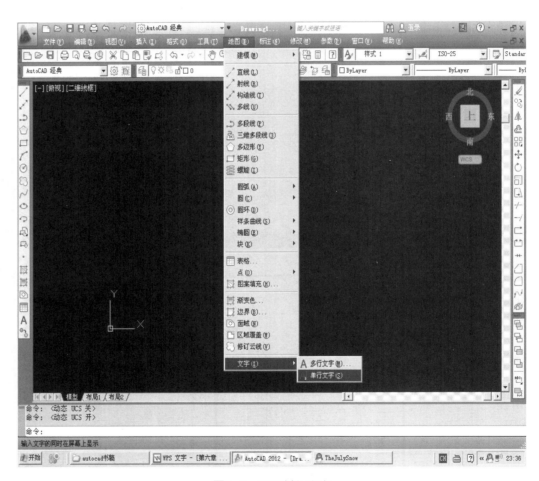

图6-7　开启单行文字

根据命令行提示，在绘图区中指定文字起点，并指定文字方向，如图 6-8 所示。

```
命令：TEXT
当前文字样式："Standard"　文字高度：2.5000　注释性：否
指定文字的起点或 [对正 (J) / 样式 (S)]：
```

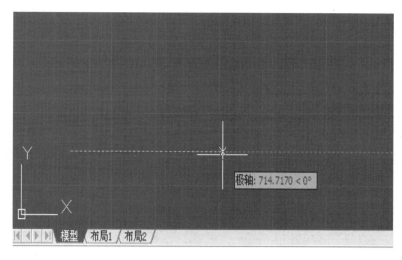

图6-8 指定文字起点及方向

在命令行中，指定文字高度"300"，按"Enter"键，输入旋转角度"0"，按"Enter"键，完成设置。输入文字后按"Enter"键确定，其结果如图 6-9 所示。

```
指定高度 <2.5000>: 300
指定文字的旋转角度 <0>: 0
```

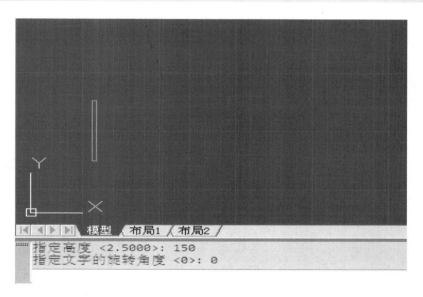

图6-9 文字设置完成

6.2.2 多行文本的标注

多行文本包含一个或多个文字段落，它可作为一个整体对象处理。在输入文字前需要先指定文字输入范围。多行文本一般有四个夹点，可以用夹点移动或旋转多行文本。创建多行文本的具体操作如下。

方式一：在菜单栏中选择"绘图"→"文字"→"多行文字"命令。

方式二：在命令提示栏中输入"mtext"或"t"命令，按"Enter"键或空格键执行。

输入命令后根据命令提示栏的提示指定文字起点，并框选出文字范围，如图 6-10 所示。

```
命令：T MTEXT 当前文字样式："Standard" 文字高度：300 注释性：否
指定第一角点：
指定对角点或 [高度(H)/对正(J)/行距(L)/旋转(R)/样式(S)/宽度(W)/栏(C)]：
```

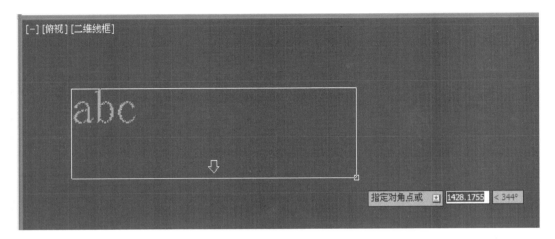

图6-10　选择文字范围

框选完成后，在文本编辑框中输入文字内容，然后单击空白区，完成输入，如图6-11所示。

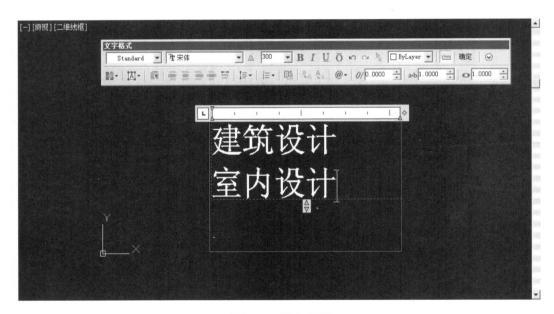

图6-11　输入文字

6.3　文本的编辑

输入文字后，用户可对当前文字进行修改编辑。选中所要修改的文字，在"文字编辑器"选项卡中，根据需要选中相关命令进行操作，具体操作步骤如下。

双击已创建的多行文字，进入文本编辑框中选择所有文字，如图6-12所示。

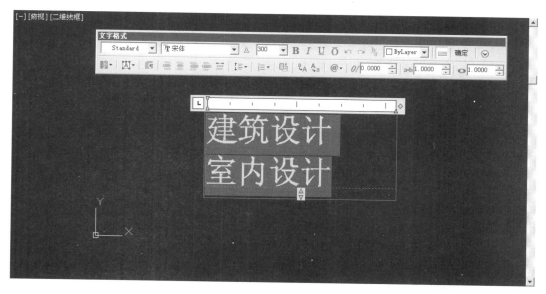

图6-12 选中文字

在"文字格式"窗口的文字高度方框中，输入高度值"150"，即可改变当前文字高度，按"Enter"键完成编辑，如图6-13所示。

图6-13 编辑文字高度

在文字格式列表框中，选择需要的文字格式即可，如图6-14所示。

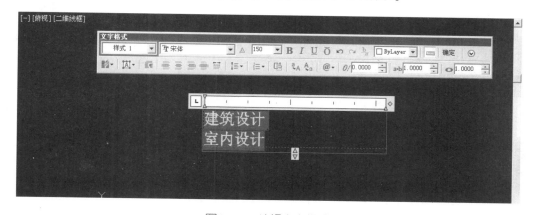

图6-14 编辑文字格式

更改完成后，单击绘图区任意空白处，即可完成样式的更改。

再次选中所有文字，在"文字编辑器"选项卡中，单击"粗体"按钮 **B**，设置文字效果为粗体。单击"斜体"按钮 _I_，将当前文字设置为斜体效果。

单击右上角的选项按钮，选择下拉菜单中的"背景遮罩"命令（见图6-15），打开"背景遮罩"窗口，在该窗中勾选"使用背景遮罩"（见图6-16）。

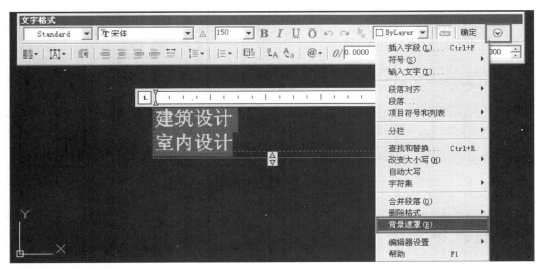

图6-15　开启背景遮罩

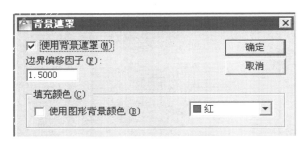

图6-16　勾选"使用背景遮罩"

将"填充颜色"设置为"红色"，单击"确定"按钮，完成文字底纹设置，如图6-17所示。

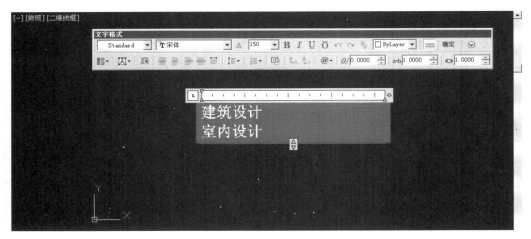

图6-17　设置遮罩颜色

选中内容标题，单击"行距"下拉按钮 ⠇▾，在下拉列表中选择合适的行距值，可完成标题与内容行间距的设置，如图 6-18 所示。

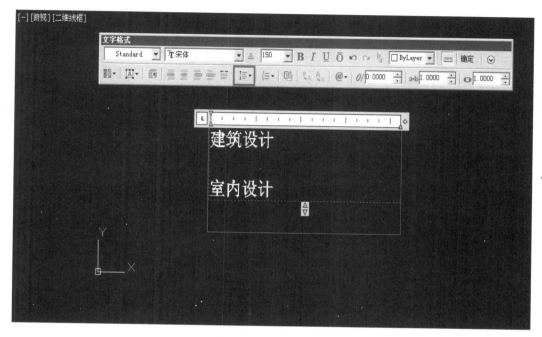

图6-18 设置行间距

设置完成后，单击绘图区空白处，完成多行文本编辑与设置操作。

6.4　表格

一张完整的图纸，通常由图样、文字说明以及材料列表三大块组成，缺一不可。而创建材料列表，则是为了更好地对一些材料进行说明，如灯具列表、门窗列表、开关列表以及材料明细等。

6.4.1　定义表格样式

表格样式控制表格的外观，用于统一表格的字体、颜色、文本、高度和行距。用户可以使用默认表格样式"Standard"，也可以创建自己的表格样式。创建表格样式的具体操作步骤如下。

方式一：在菜单栏中选择"格式"→"表格样式"命令，如图 6-19 所示。

方式二：在命令提示栏输入"tablestyle"命令，按"Enter"键或空格键执行。

方式三：在"样式"工具栏中选择"表格样式 ..."按钮 ▣。

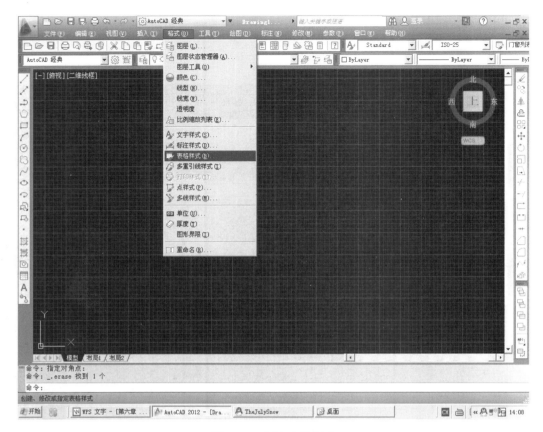

图6-19 开启表格样式

执行命令后弹出"表格样式"窗口，如图 6-20 所示。

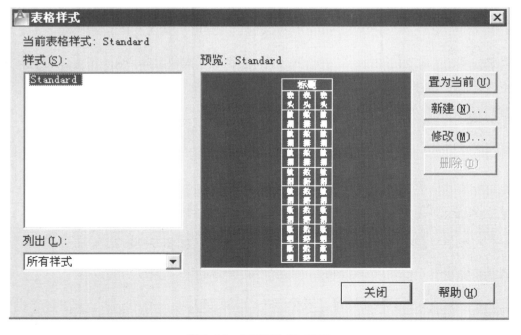

图6-20 "表格样式"窗口

单击"新建..."按钮，打开"创建新的表格样式"对话框，如图6-21所示。

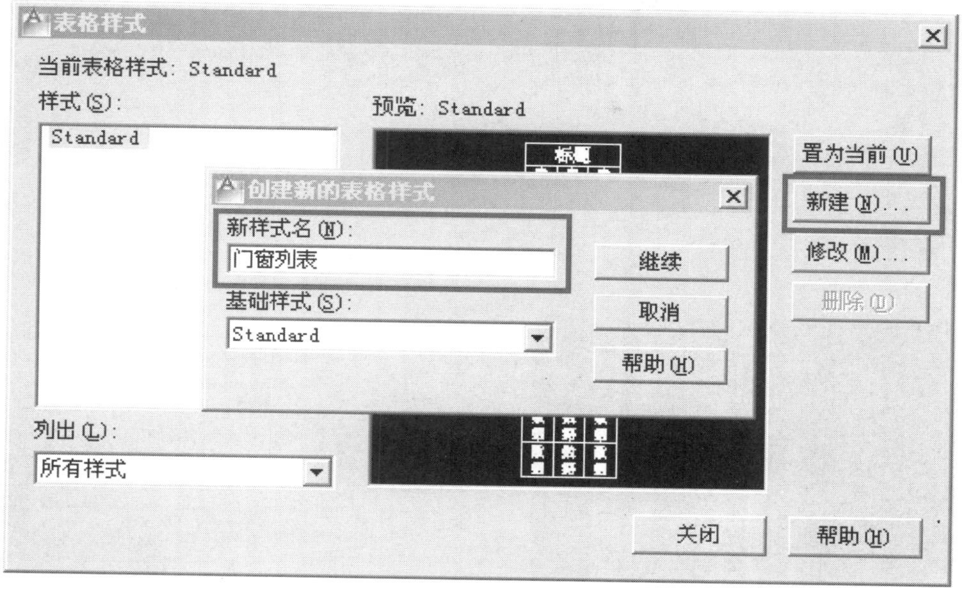

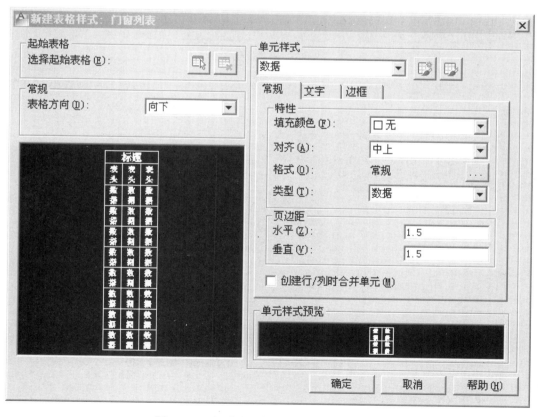

图6-21 "创建新的表格样式"对话框

输入新样式名，如"门窗列表"，单击"继续"按钮，打开"新建表格样式:门窗列表"窗口，如图6-22所示。

图6-22 "新建表格样式：门窗列表"窗口

在"单元样式"下拉列表中，可以设置标题、数据、表头所对应的文字、边框等属性，如图6-23所示。

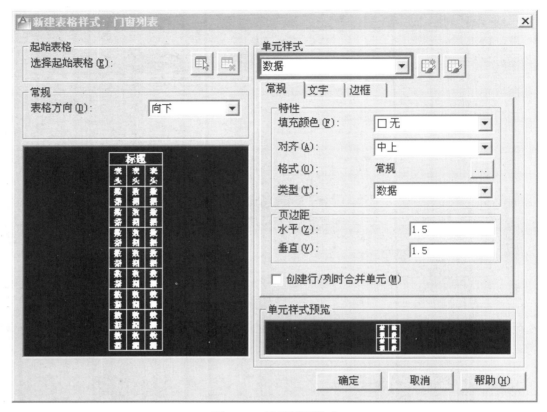

图6-23　设置单元样式

单击"确定"按钮，返回"表格样式"对话框，然后单击"关闭"按钮，完成表格样式的创建，如图 6-24 所示。

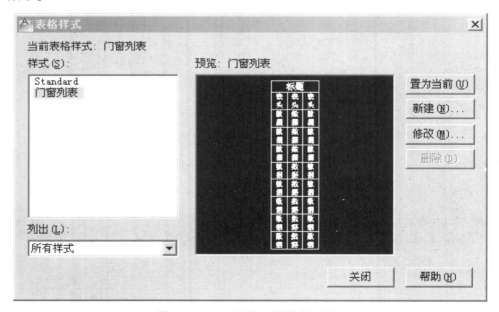

图6-24　完成新建表格样式的创建

6.4.2 创建表格

在完成新建表格样式定义后，用户可以创建表格，具体操作步骤如下。

方式一：在菜单栏中选择"绘图"→"表格..."命令，如图 6-25、图 6-26 所示。

方式二：在命令提示栏中输入"table"命令，按"Enter"键或空格键执行。

方式三：在"绘图"工具栏中选择"表格..."按钮 。

图6-25 表格

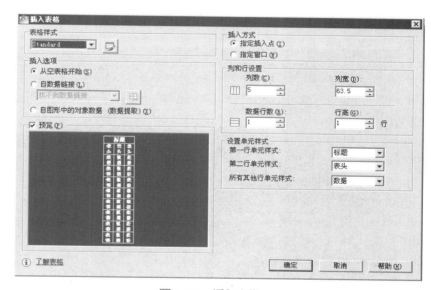

图6-26 插入表格

依照前面创建好的"新建表格样式：门窗列表"来进行表格的创建。在"插入表格"窗口的表格样式下拉列表中选择"门窗列表"样式，如图 6-27 所示。

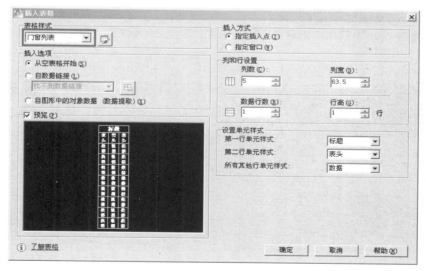

图6-27 插入表格样式

在"插入表格"窗口右侧的"列和行设置"选项区域中，设置列数、数据行数值和列宽、行高值，如图 6-28 所示。

图6-28   设置列和行

设置完成后，单击"确定"按钮，在绘图区域中指定表格插入点，插入空白表格，如图 6-29 所示。

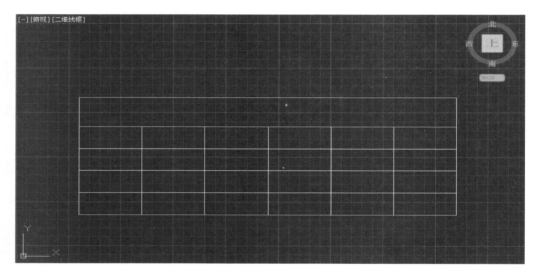

图6-29   插入空白表格

插入表格后，系统会自动选中表格标题栏，并进入编辑状态，输入表格标题内容，如图 6-30 所示。

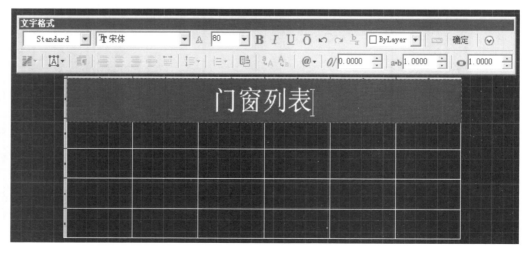

图6-30   输入表格内容

表格标题输入完成后，按"Enter"键，进入下一单元格编辑，如图6-31所示。

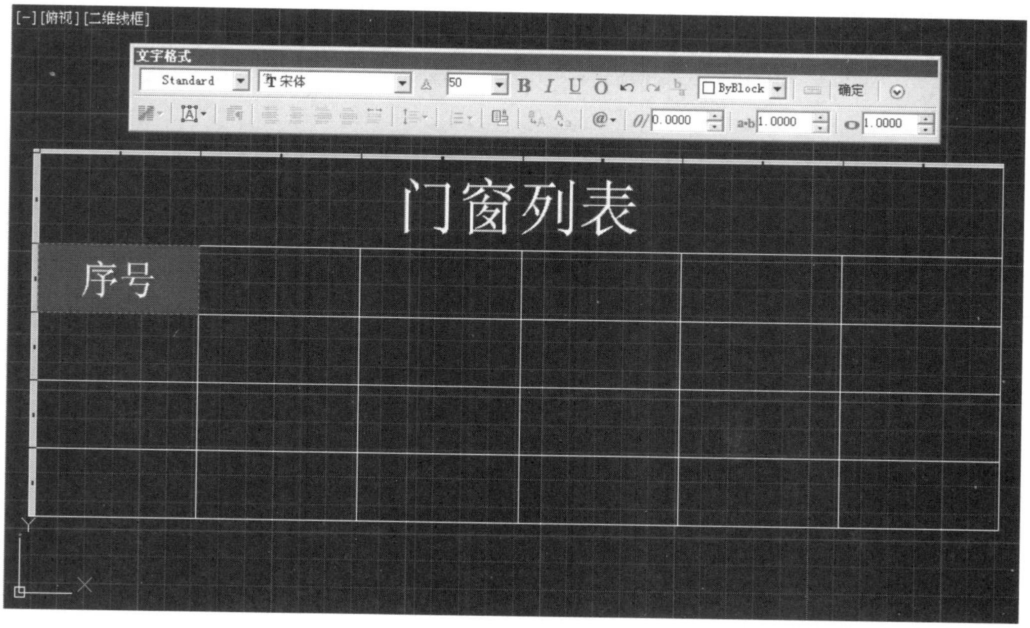

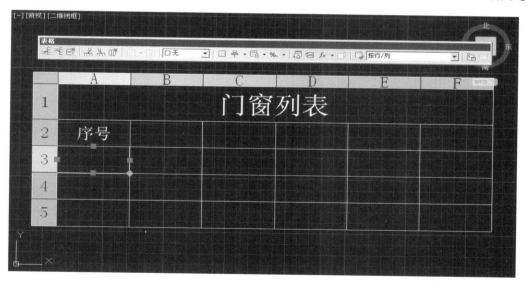

图6-31　进入下一单元格编辑

输入内容后，双击需要输入文字的下一个单元格，进行表格内容的输入。

6.4.3　编辑表格

表格创建完成后，用户可以对当前表格进行修改编辑。具体操作步骤如下。

（1）插入单元列：在绘图区域中，选中与插入列相邻的单元格或单元列，如图6-32所示。

图6-32　插入单元格

在"表格"选项栏的"列"面板中，单击"在右侧插入"按钮，完成单元列的插入，如图6-33所示。

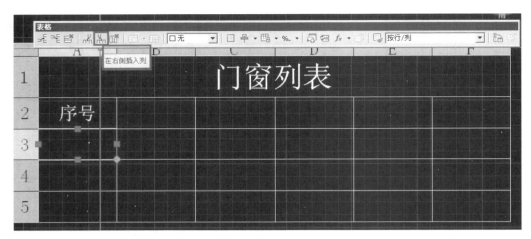

图6-33　在右侧插入列

(2) 删除单元列：在绘图区中选中所需删除的单元列，单击"删除列"按钮 ⬛，即可将选中的单元列删除，如图 6-34 所示。

图6-34　删除单元列

(3) 合并单元格：在绘图区中，选中要合并的单元格。单击"全部"按钮，即可将选中的单元格合并，如图 6-35 所示。

图6-35　合并单元格

（4）添加表格底纹：在绘图区中，选中需添加底纹的单元格，单击"单元背景色"下拉按钮，在下拉列表中，选择所需填充的颜色，即可完成表格底纹填充，如图6-36所示。

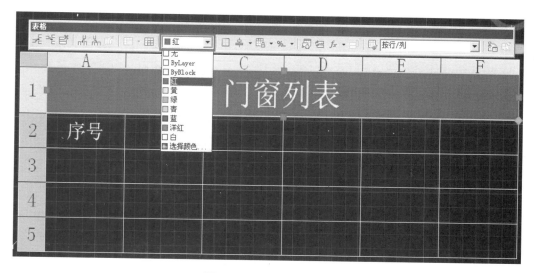

图6-36 添加表格底纹

（5）设置表格边框：选中表格所有内容，单击"单元边框"按钮，如图6-37所示。

图6-37 设置表格边框

打开"单元边框特性"对话框，根据需要选择合适的线宽和线型，如图6-38所示。

选择完成后，在"单元边框特性"对话框中，单击"外边框"按钮，最后单击"确定"按钮，即可完成表格边框线的设置，如图6-39所示。

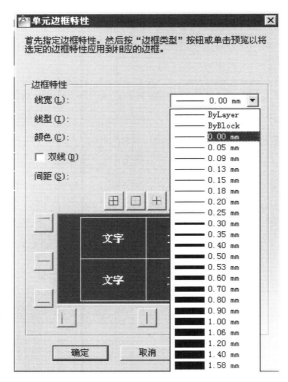

图6-38　设置边框线宽和线型

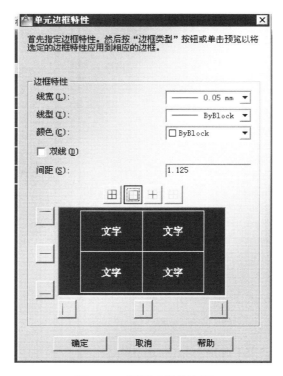

图6-39　设置表格外边框

第7章

AutoCAD尺寸标注

尺寸标注是对图形对象形状和位置的定量化说明，也是工程施工的重要依据，因而标注图形尺寸是绘图中不可缺少的步骤。

在建筑施工图中，一个完整的尺寸标注应由标注文字、尺寸线、尺寸界线和尺寸箭头四个要素组成，如图 7-1 所示。

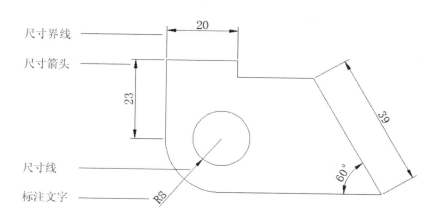

图7-1　标注组成

7.1　尺寸标注样式

标注样式是标注设置的命名集合，可用来控制标注的外观，如箭头样式、文字位置和尺寸公差等。与创建文字样式一样，在建筑制图前创建标注样式，制图过程中就可以快速指定标注的格式，提高制图效率。

7.1.1　新建或修改尺寸标注样式

新建"标注样式"可通过"标注样式和管理器"完成，在 AutoCAD 中启用"标注样式和管理器"有以下几种方式。

方式一：在菜单栏中选择"格式"→"标注样式"命令，如图 7-2 所示。

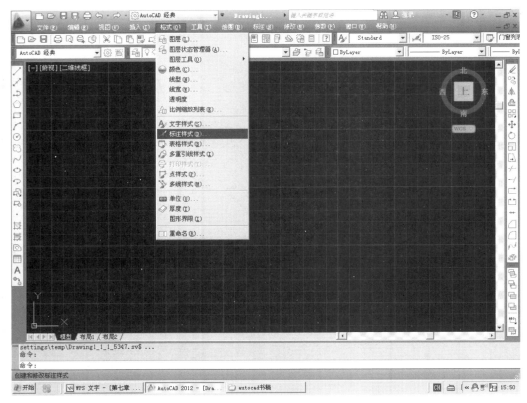

图7-2　开启标注样式

方式二：在菜单栏中选择"标注"→"标注样式"命令。

方式三：在命令提示栏中输入"dimstyle"或"d"命令，按"Enter"键或空格键执行。

方式四：在"标注"工具栏中选择"标注样式"按钮 ⤵。

执行命令后，弹出"标注样式管理器"窗口，如图7-3所示。

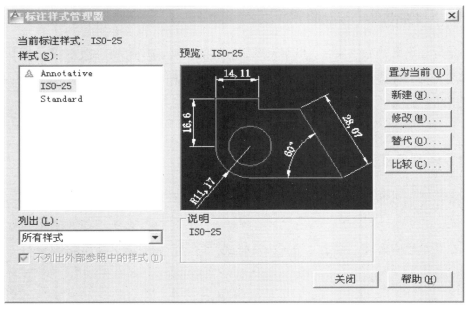

图7-3　"标注样式管理器"窗口

　　单击"新建"按钮，弹出"创建新标注样式"对话框，在"新样式名"文本框中输入新建标注样式名称，如"尺寸标注01"。在"基础样式"下拉列表框中选择一种基础样式，新样式将在该基础样式的基础上进行修改，如图7-4所示。

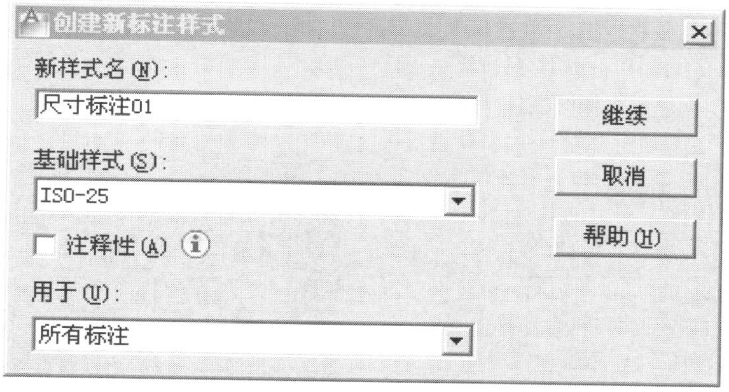

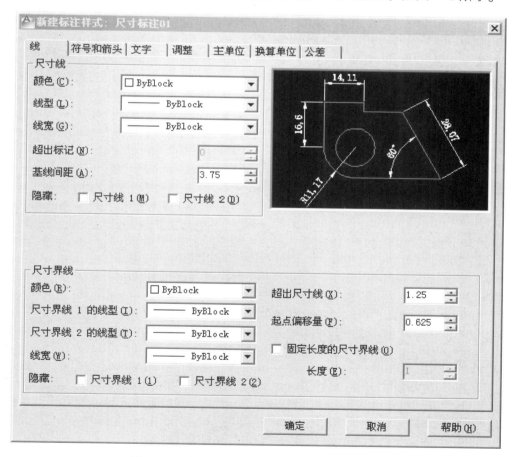

图7-4　"创建新标注样式"对话框

　　设置新标注样式。单击"继续"按钮进行详细设置，弹出"新建标注样式：尺寸标注01"对话框，在该对话框根据建筑专业制图规范对需要修改的标签逐个进行设置，如图7-5所示。

图7-5　"新建标注样式：尺寸标注01"对话框

接下来介绍新建的标注样式的具体设置。

7.1.2　线

在"新建标注样式：尺寸标注01"对话框中，单击"线"选项卡，可以设置尺寸线和尺寸界线的格式和位置，如图7-6所示。

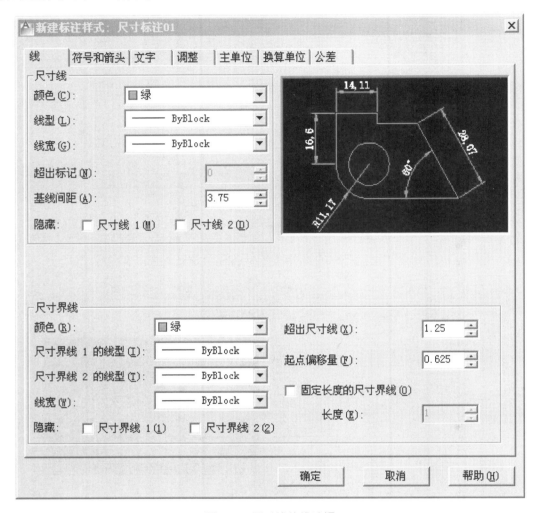

图7-6　尺寸线的线编辑

1.尺寸线

在"尺寸线"选项区域中，可以设置尺寸线的颜色、线宽、超出标记以及基线间距等属性。

颜色：用于设置尺寸线的颜色，默认情况下，尺寸线的颜色随块的颜色。

线型：用于设置尺寸线的线型。

线宽：用于设置尺寸线的宽度，默认情况下，尺寸线的线宽随块的线宽。

超出标记：当尺寸线的箭头采用倾斜、建筑标记、小点、积分等样式时，使用该文本框可以设置尺寸线超出延伸线的长度。

基线间距：进行基线尺寸标注时，可以设置各尺寸线之间的距离。

隐藏：通过选择"尺寸线1"或"尺寸线2"复选框，可以隐藏第一段或第二段尺寸线及其相应的箭头。

2.尺寸界线

在"尺寸界线"选项区域中,可以设置尺寸界线的颜色、线宽、超出尺寸线的长度和起点偏移量、隐藏控制等属性。

颜色:用于设置尺寸界线的颜色。

线宽:用于设置尺寸界线的宽度。

尺寸界线 1 的线型和尺寸界线 2 的线型:用于设置尺寸界线的线型。

超出尺寸线:用于设置尺寸界线超出尺寸线的距离。

起点偏移量:用于设置尺寸界线的起点与定义标注点的距离。

隐藏:通过单击"尺寸界线 1"或"尺寸界线 2"复选框,可以隐藏尺寸界线。

固定长度的尺寸界线:勾选该复选框,可以使用具有特定长度的尺寸界线标注图形,其中在"长度"文本框中可以输入尺寸界线的长度数值。

7.1.3 符号和箭头

在"新建标注样式:尺寸标注 01"对话框中,单击"符号和箭头"选项卡,可以设置箭头、圆心标记、弧长符号和半径折弯的格式与位置,如图 7-7 所示。

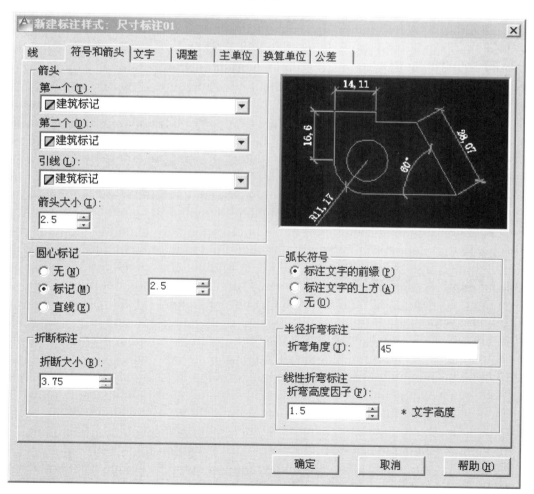

图7-7 设置标注符号和箭头

(1)箭头：在"箭头"选项区域中可以设置尺寸线和引线箭头的尺寸及尺寸大小等。通常情况下，尺寸线的两个箭头应一致，并在"箭头大小"文本框中设置其大小。

(2)圆心标记：在"圆心标记"选项区域中可以设置圆或者圆心标记类型，如"标记"、"直线"和"无"。其中，选中"标记"，可对圆或圆弧绘制圆心标记；选中"直线"，可对圆或圆弧绘制中心线；选中"无"，则没有任何标记，并在"大小"文本框中设置圆心标记的大小。

(3)弧长符号：在"弧长符号"选项区域可以设置符号显示的位置，包括"标注文字的前缀"、"标注文字的上方"和"无"三种方式。

(4)半径折弯标注：在"半径折弯标注"选项区的"折弯角度"文本框中，可以设置标注圆弧半径时标注线的折弯角度大小。

7.1.4 文字

在"新建标注样式：尺寸标注01"对话框中，单击"文字"选项卡，可以设置标注文字的外观、位置和对齐方式，如图7-8所示。

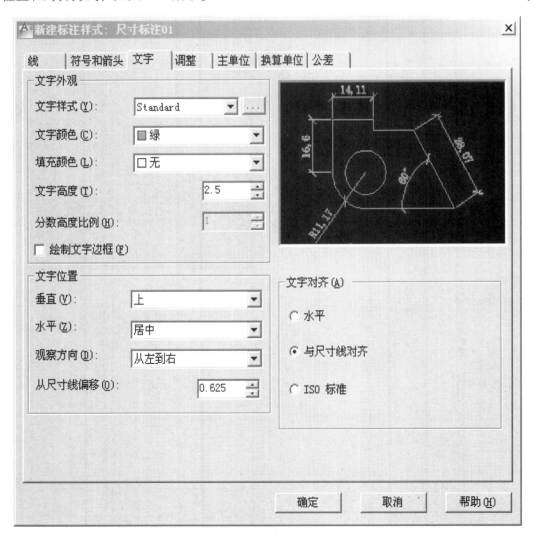

图7-8 设置标注文字

1. 文字外观

在"文字外观"选项卡区域中可以设置文字的样式、颜色、高度和分数高度比例，以及控制是否绘制文字边框等。

文字样式：用于选择标注的文字样式。也可以单击其后的按钮，系统弹出"文字样式"对话框，选择文字样式或新建文字样式。

文字颜色：用于设置文字的颜色。

填充颜色：用于设置标注文字的背景色。

文字高度：用于设置文字的高度。

分数高度比例：用于设置标注文字的分数相对于其他标注文字的比例，AutoCAD 将该比例值与标注文字高度的乘积作为分数的高度。

绘制文字边框：用于设置是否给标注文字加边框。

2. 文字位置

在"文字位置"选项卡区域中可以设置文字的垂直、水平位置以及从尺寸线的偏移量。

垂直：用于设置标注文字相对于尺寸线在垂直方向的位置，如"置中""上""外部"和"JIS"。其中，单击"置中"选项，可以把标注文字放在尺寸线中间；单击"上"选项，可以把标注文字放在尺寸线的上方；单击"外部"选项，可以把标注文字放在远离第一定义点的尺寸线一侧；选择"JIS"选项，按 JIS 规则放置标注文字。

水平：用于设置标注文字相对于尺寸线和尺寸界线在水平方向的位置，如"居中""第一条尺寸界线""第二条尺寸界线""第一条尺寸界线上方""第二条尺寸界线上方"。

从尺寸线偏移：设置标注文字与尺寸线之间的距离，如果标注文字位于尺寸线的中间，则表示断开处尺寸线端点与尺寸文字的间距；如果标注文字带有边框，则可以控制文字边框与其中文字的距离。

3. 文字对齐

在"文字对齐"选项卡区域中可以设置标注文字是保持水平还是与尺寸线平行。

水平：用于标注文字水平放置。

与尺寸线对齐：使标注文字方向与尺寸线方向一致。

ISO 标准：用于标注文字按 ISO 标准放置，当标注文字在尺寸界线之内时，它的方向与尺寸线方向一致，而在尺寸界线之外时将水平放置。

7.1.5   调整

在"新建标注样式：尺寸标注 01"对话框中，单击"调整"选项卡，可以设置标注文字的位置、尺寸线、尺寸箭头的位置，如图 7-9 所示。

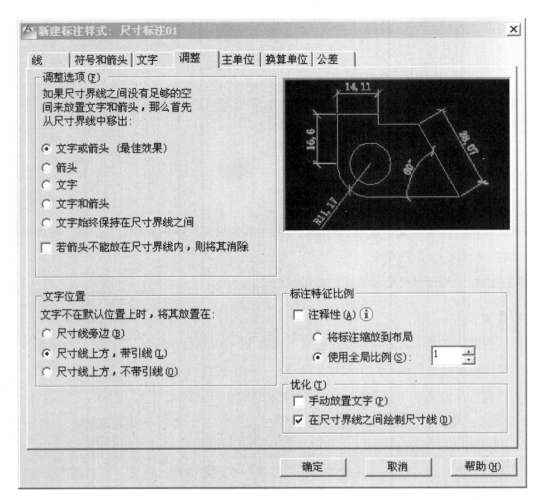

图7-9   标注调整设置

1. 调整选项

在"调整选项"选项卡区域中,可以确定当延伸线之间没有足够的空间同时放置标注文字和箭头时,应从延伸线之间移除对象。

文字或箭头(最佳效果):按最佳效果自动移出文字或箭头。

箭头:首先将箭头移出。

文字:首先将文字移出。

文字和箭头:将文字和箭头都移出。

文字始终保持在尺寸界线之间:将文本始终保持在尺寸界线之内。

若箭头不能放在尺寸界线内,则将其消除:如果选中该复选框,则可以取消箭头显示。

2. 文字位置

在"文字位置"选项卡区域中,可以设置当文字不在默认位置时的位置。

尺寸线旁边:选中该单选按钮,可以将文本放在尺寸线旁边。

尺寸线上方,带引线:选中该单选按钮,可以将文本放在尺寸线上方,并带上引线。

尺寸线上方,不带引线:选中该单选按钮,可以将文本放在尺寸线上方,并不带引线。

3. 标注特征比例

在"标注特征比例"选项卡区域中，可以设置标注尺寸的特征比例，以便通过设置全局比例来增加或减少各标注的大小。

注释性：单击该复选框，可以将标注定义成可注释性对象。

将标注缩放到布局：单击该复选框，可以根据当前模型空间视口与图纸之间的缩放关系设置比例。

使用全局比例：单击该单选按钮，可以对全部尺寸标注设置缩放比例，该比例不改变尺寸的测量值。

7.1.6 主单位

在"新建标注样式：尺寸标注 01"对话框中，单击"主单位"选项卡，可以设置主单位的格式与精度等属性，如图 7-10 所示。

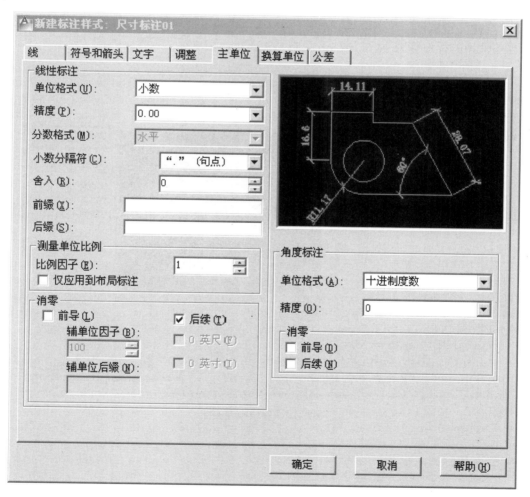

图7-10 标注主单位设置

1. 线性标注

在"线性标注"选项区域中，可以设置线性标注的单位格式与精度。

单位格式：设置除角度标注之外的其余各标注类型的尺寸单位。

精度：设置除角度标注之外的其他标注类型的尺寸精度。

分数格式：当单位格式是分数时，可以设置分数的格式，包括"水平""对角"和"非堆置"等三种方式。

舍入：用于设置除角度标注之外的尺寸测量的舍入值。

前缀和后缀：用于设置标注文字的前缀和后缀，在相应的文本框中输入字符即可。

测量单位比例：使用"比例因子"文本框可以设置测量尺寸的缩放比例，AutoCAD的实际标注值为测量值与该比例的积。选中"仅应用到布局标注"复选框，可以设置该比例关系仅应用于布局。

消零：用于设置是否显示尺寸标注中的"前导"和"后续"零。

2. 角度标注

在"角度标注"选项区域中，可以使用"单位格式"下拉列表框设置标注角度时的单位，使用"精度"下拉列表框设置标注角度的尺寸精度，使用"消零"选项区域设置是否消除角度尺寸的前导和后续。

"换算单位"选项卡和"公差"选项卡中的数据不做调整，最后单击"确定"按钮。界面回到"标注样式管理器"对话框，单击选择"尺寸标注01"样式，再单击"置为当前"按钮（将建筑标注样式设为当前使用的标注样式），最后单击"关闭"按钮，结束标注设置，如图7-11所示。

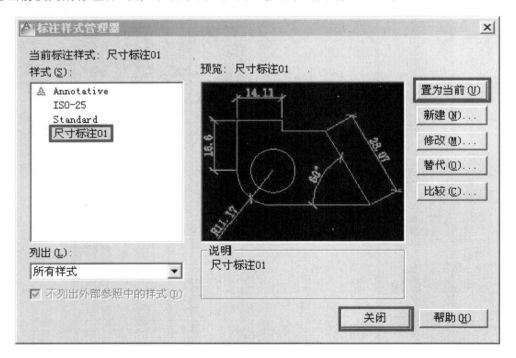

图7-11　完成标注设置

7.2　标注尺寸

7.2.1　线性标注

线性标注可以创建平面中垂直或水平两个点之间的距离值，通过指定点来实现。在AutoCAD中启用"线性标注"有如下几种方式。

方式一：在菜单栏中选择"标注"→"线性"命令。

方式二：在命令提示栏中输入"dimlinear"或"dli"命令，按"Enter"键或空格键执行。

执行该命令，鼠标变为十字光标显示，并在命令提示栏中提示指定第一个尺寸界线原点，将十字光标移动到第一个尺寸界线原点，单击鼠标左键指定第一个尺寸界线原点，如图7-12所示。

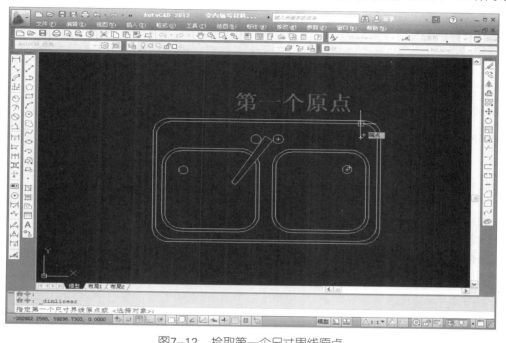

图7-12　拾取第一个尺寸界线原点

继续移动十字光标到第二个尺寸界线原点上，单击鼠标左键指定第二个尺寸界线原点，如图7-13所示。

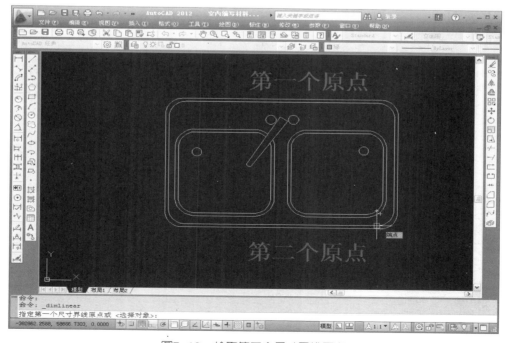

图7-13　拾取第二个尺寸界线原点

单击鼠标左键确认选择，移动鼠标指定尺寸线位置，生成标注；单击鼠标左键确认，完成线性标注命令，如图7-14所示。

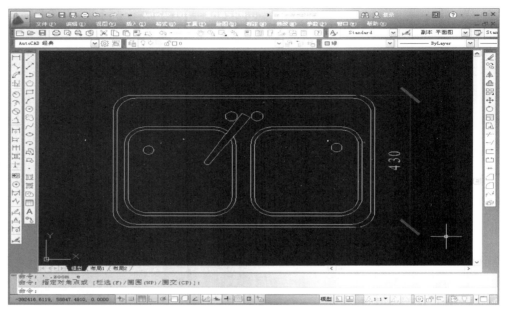

图7-14 确认尺寸标注

7.2.2 对齐标注

对齐标注可以创建平面中的任意两个点之间的距离测量值，并通过指定点来实现。在AutoCAD中启用"对齐标注"有如下几种方式。

方式一：在菜单栏中选择"标注"→"对齐"命令。

方式二：在命令提示栏中输入"dimalgned"或"dal"命令，按"Enter"键或空格键执行。

执行该命令后，鼠标变为十字光标显示，并在命令行中提示指定第一个尺寸界线原点，将十字光标移动到第一个尺寸界线原点，单击鼠标左键指定第一个尺寸界线原点，如图7-15所示。

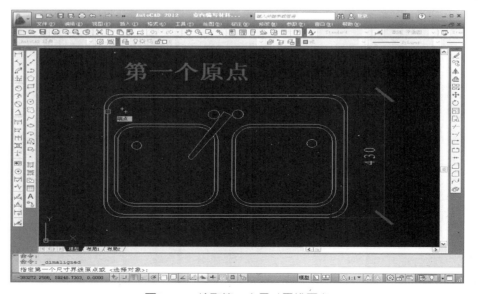

图7-15 拾取第一个尺寸界线原点

继续移动十字光标到第二个尺寸界线原点上，单击鼠标左键指定第二个尺寸界线原点，如图7-16所示。

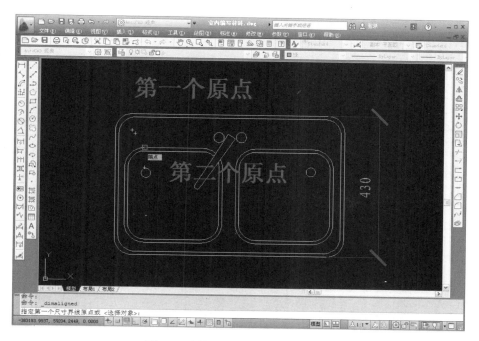

图7-16 拾取第二个尺寸界线原点

单击鼠标左键确认选择，移动鼠标指定尺寸线位置，生成标注；单击鼠标左键确认，完成对齐标注命令，如图7-17所示。

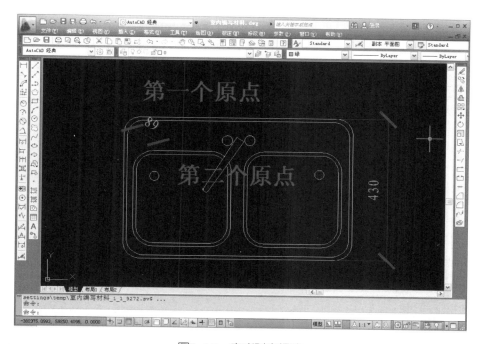

图7-17 完成对齐标注

7.2.3　半径标注

半径标注可以标注圆或圆弧的半径值。在 AutoCAD 中启用"半径"标注有如下几种方式。

方式一：在菜单栏中选择"标注"→"半径"命令。

方式二：在命令提示栏中输入"dimradius"或"dra"命令，按"Enter"键或空格键执行。

通过以上任意一种方式执行该命令，鼠标变为拾取框显示，并在命令行中提示指定圆弧线段或多段圆弧线，将拾取框移动到圆弧线段上，单击鼠标左键选择圆弧线段，如图 7-18 所示。

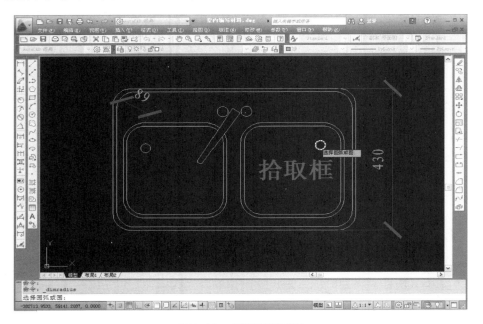

图7-18　拾取圆弧或圆

移动鼠标，指定尺寸线位置，生成标注；单击鼠标左键确认，完成半径标注命令，如图 7-19 所示。

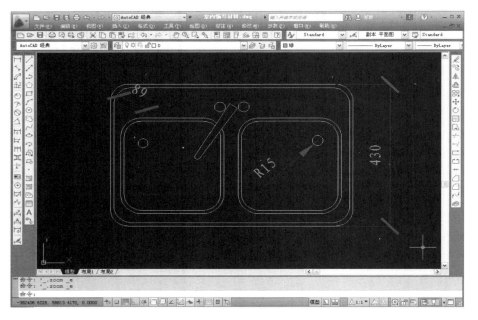

图7-19　完成半径标注

7.3　引线标注

快速引线可以创建引线和注释，而且可以设置多种格式，用来标注施工图中的材料。

7.3.1　利用leader命令进行引线标注

创建连接注释与几何特征的引线，是 AutoCAD 常用的引线标注命令。可以用以下方式启用"leader"命令：在命令提示栏中输入"leader"或"lea"命令，按"Enter"键或空格键执行命令。

执行命令后，鼠标变为十字光标显示，并在命令行中提示指定第一个引线点，将十字光标移动到需要注释的图形上，单击鼠标左键指定引线点，提示指定下一点，如图 7-20 所示。

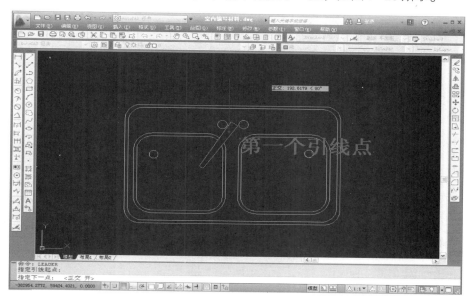

图7-20　拾取第一个引线点

垂直向上移动十字光标指定下一点，提示指定下一点，如图 7-21 所示。

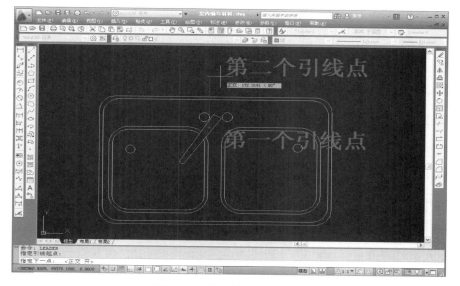

图7-21　拾取第二个引线点

　　水平向右移动十字光标指定下一点，此时根据命令行提示"注释（A）/格式（F）/放弃（U）"，根据图形的相应需求做出不同的选择。这里我们输入"A"，对图形进行注释。

```
命令：LEAD LEADER
指定引线起点：
指定下一点：
指定下一点或 [注释(A)/格式(F)/放弃(U)] <注释>：　A
```

　　提示输入注释文字的第一行，输入文字"高度250mm水喉"，按"Enter"键确认；再次按"Enter"键确认不输入第二行文字，最后完成"标注"命令，如图7-22所示。

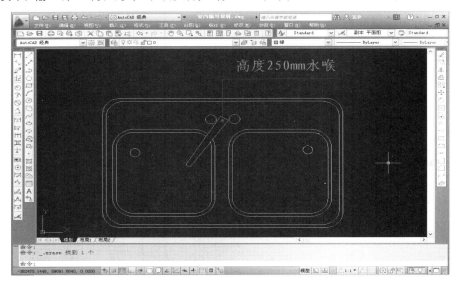

图7-22　完成引线标注

7.3.2　利用qleader命令进行引线标注

　　用 qleader 命令进行引线标注来创建引线和引线注释，是 AutoCAD 常用的引线标注命令。可以用以下方式启用"qleader"命令：在命令提示栏中输入"qleader"或"le"命令，按"Enter"键或空格键执行。

　　执行命令后，根据命令提示栏的提示输入"S"，弹出"引线设置"窗口，可以在其中对引线的注释、引线和箭头、附着等参数进行设置，如图 7-23 所示。

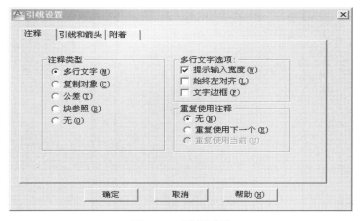

图7-23　引线设置

在命令行输入"qleader"命令，鼠标变为十字光标显示，并在命令行中提示指定第一个引线点，将十字光标移动到需要注释的图形上，单击鼠标左键指定引线点，提示指定下一点，如图 7-24 所示。

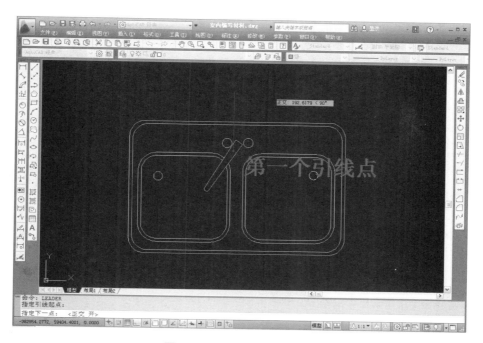

图7-24 拾取第一个引线点

垂直向上移动十字光标指定下一点，提示指定下一点，如图 7-25 所示。

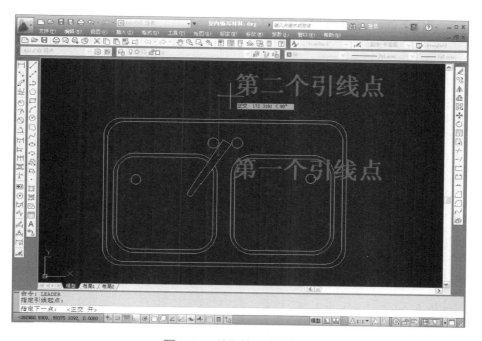

图7-25 拾取第二个引线点

水平向右移动十字光标指定下一点，提示指定文字宽度，如图 7-26 所示。

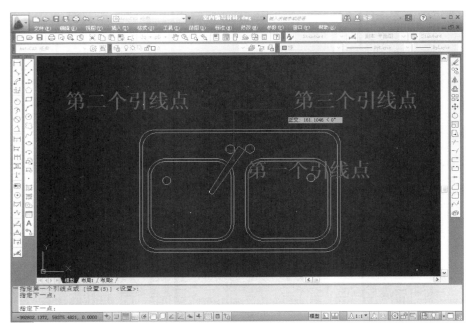

图7-26   拾取第三个引线点并指定文字宽度

输入数值"300"，按"Enter"键确认，提示输入注释文字的第一行，输入文字"高度 250mm 水喉"，按"Enter"键确认；再次按"Enter"键确认不输入第二行文字，完成引线标注命令，如图 7-27 所示。

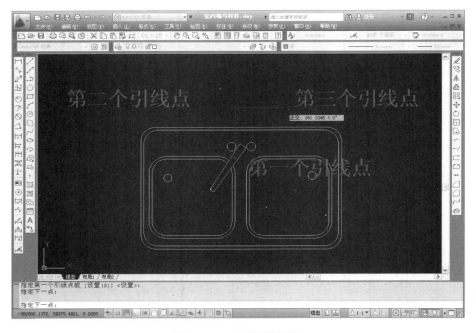

图7-27   完成引线标注

第8章

建筑制图基础

8.1 建筑制图基础知识

8.1.1 建筑制图概述

1. 建筑制图的概念

(1)建筑图纸是建筑设计人员用来表达设计思想、传达设计意图的技术文件。

(2)建筑图纸是方案投标、技术交流和建筑施工的要件。

(3)建筑图纸是根据正确的制图理论和方法,按照国家统一的建筑制图规范将设计思想和技术特征清晰、准确地表现出来。

(4)建筑图纸包括方案图、初设图、施工图等类型。

(5)建筑专业手工制图和计算机制图的依据:《房屋建筑制图统一标准》(GB/T 50002—2001)、《总图制图标准》(GB/T 50103—2001)、《建筑制图标准》(GB/T 50104—2001)等。

2. 建筑制图的方式

建筑制图有手工制图和计算机制图两种方式。手工制图又分为徒手绘制和工具绘制两种。手工制图体现出一种制图素养,直接影响计算机图面的质量,而其中的徒手绘制则是建筑师职场上的闪光点和敲门砖,不可偏废。但是,采用手工制图需要花费大量的精力和时间。计算机制图是指操作计算机制图软件画出所需图形,并形成相应的图形电子文件,可以进一步通过绘图仪和打印机将图形文件输出,形成具体图纸的过程。它快速、便捷,便于图纸的重复使用,可以大大提高设计效率。

3. 建筑制图程序

建筑制图的程序是跟建筑设计的程序相对应的。从整个设计过程来看,它遵循方案图、初设图、施工图的顺序。从各个阶段来看,一般遵循平面、立面、剖面、详图的顺序。

8.1.2 建筑制图的要求及规范

1. 图幅、标题栏及会签栏

(1)图幅即图面的大小,分为横式和立式两种。根据国家标准的规定,按图面的长和宽来确定图幅的等级。建筑常用的图幅有 A0、A1、A2、A3、A4 等,各图幅的尺寸如下:

A0:1189mm×841mm;

A1:841mm×594mm;

A2:594mm×420mm;

A3:420mm×297mm;

A4:297mm×210mm。

(2)标题栏包括设计单位名称、工程名称区、签字区、图名区及图号区等内容。现在不少设计单位采用自己个性化的标题栏格式，但是仍必须包括这几项内容。

(3)会签栏是为各工种负责人审核后签名用的表格，它包括专业、姓名、日期等内容（对于不需要会签的图纸，可以不设此栏）。

2. 线型要求

建筑图纸主要由各种线条构成，不同的线型表示不同的对象和不同的部位，代表着不同的含义。为了图面能够清晰、准确、美观地表达设计思想，工程实践中采用了一套常用的线型，并规范了它们的使用范围。

3. 尺寸标注

尺寸标注的一般原则如下。

(1)尺寸标注应力求准确、清晰、美观大方。同一张图纸中，标注风格应保持一致。

(2)尺寸线应尽量标注在图样轮廓线以外，从内到外依次标注从小到大的尺寸，不能将大尺寸标在内、小尺寸标在外。

(3)最大的尺寸线与图样轮廓线之间的距离不应小于10mm，两条尺寸线之间的距离一般为7~10mm。

(4)尺寸界线朝向图样的端头距图样轮廓之间的距离应大于或等于2mm，不宜直接与之相连。

(5)在图线拥挤的地方，应合理安排尺寸线的位置，但不宜与图线、文字及符号相交；可以考虑将轮廓线作为尺寸界线，但不能作为尺寸线。

(6)室内设计图中连续重复的构、配件等，当不宜标明定位尺寸时，可以在总尺寸的控制下，不用数值而用"均分"或"EQ"字样表示定位尺寸。

4. 文字说明

在一幅完整的图纸中，用图线方式表现得不充分或无法用图线表示的地方，就需要进行文字说明。文字说明是图纸内容的重要组成部分，制图规范对文字标注中的字体、字号、字体与字号搭配等方面做了一些具体规定。

(1)一般原则：字体端正、排列整齐、清晰准确、美观大方，避免过于个性化的文字标注。

(2)字体：一般标注推荐采用仿宋体，大标题、图册封面、地形图等的汉字，也可以书写成其他字体，但应易于辨认。

(3)字号：标注的文字高度要适中。同一类型的文字采用同一字号。较大的字号用于概括性的说明内容，较小的字号用于细致的说明内容。

5. 常用图示标志

(1)详图索引符号及详图符号。

"详图索引符号"：平、立、剖面图中，在需要另设详图表示的部位标注一个索引符号，以表明该详图的位置，这个索引符号即详图索引符号。

"详图符号"即详图的编号，用粗实线绘制。

(2)引出线：由图样引出一条或多条线段指向文字说明，该线段就是引出线。

(3)内视符号：内视符号标注在平面图中，用于表示室内立面图的位置及编号，建立平面图和室内立面图之间的联系。

6. 常用材料符号

建筑图中常用建筑材料图表示材料，在无法用图例表示的地方，也可以采用文字说明。

7. 常用绘图比例

下面列出常用绘图比例，读者可根据实际情况灵活使用。

(1)总图：1 ：500，1 ：1000，1 ：2000。

(2)平面图：1 ：50，1 ：100，1 ：150，1 ：200，1 ：300。

(3)立面图：1 ：50，1 ：100，1 ：150，1 ：200，1 ：300。

(4)剖面图：1 ：50，1 ：100，1 ：150，1 ：200，1 ：300。

(5)局部放大图：1 ：10，1 ：20，1 ：25，1 ：30，1 ：50。

(6)配件及构造详图：1 ：1，1 ：2，1 ：5，1 ：10，1 ：15，1 ：20，1 ：25，1 ：30，1 ：50。

8.1.3　建筑制图的内容及编排顺序

1. 建筑制图内容

建筑制图的内容包括总图、平面图、立面图、剖面图、构造详图、透视图、设计说明、图纸封面和图纸目录等方面。

2. 图纸编排顺序

图纸编排顺序一般应为：目录、总图、建筑详图、结构图、给排水图、暖风空调图、电气图等。对于建筑专业，其顺序为：目录、施工图设计说明、附表（装修做法表、门窗表等）、平面图、立面图、剖面图、构造详图等。

9.1　总平面图绘制简介

　　总平面图亦称"总体布置图"，一般按规定比例绘制，表示建筑物、构筑物的方位、间距以及道路网、绿化、竖向布置和基地临界情况等。图上有指北针，有的还有风玫瑰图。

　　建筑总平面图是表明新建房屋所在有关基础范围内的总体布置，它反映新建、拟建、原有和拆除的房屋、构筑物等的位置和朝向，室外场地、道路、绿化等的布置，地形、地貌、标高等，以及原有环境的关系和邻界情况等。

　　建筑总平面图也是房屋及其他设施施工的定位、土方施工以及绘制水、暖、电等管线总平面图和施工总平面图的依据。

9.2　总平面图绘制内容

　　建筑总平面图的绘制要遵守《总图制图标准》(GB/T 50103—2001)的基本规定。建筑总平面图表达的内容如下。

　　(1)新建建筑的平面形状、外包尺寸、层数、主要出入口等。新建房屋，用粗实线框表示，并在线框内，用数字表示建筑层数。

　　新建建筑物的定位：总平面图的主要任务是确定新建建筑物的位置，通常是利用原有建筑物、道路等来定位的。

　　新建建筑物的室内外标高：在总平面图中，用绝对标高表示高度数值，单位为"米"(m)。

　　(2)新建建筑物与原有的建筑物、构筑物、道路或围墙等的距离。

　　原有建筑用细实线框表示，并在线框内，也用数字表示建筑层数。计划拟建建筑物用虚线表示。拆除建筑物用细实线表示，并在其细实线上打叉。

　　(3)用地范围、室外场地、道路、绿化、管道等的布置情况。

　　(4)附近的地形地物，如等高线、道路、水沟、河流、池塘、土坡等。首层室内地面、室外地坪、道路的绝对标高，土方的填挖与地面坡度、雨水排除方向等。

　　(5)用指北针表示建筑的朝向；风向频率玫瑰图。

　　(6)标注图名、比例。按照《建筑制图标准》(GB/T 50104—2001)，绘制建筑总平面图时宜在1：500、1：1000、1：2000 三种比例中选择。

　　(7)由于总平面图采用较小比例绘制，各建筑物和构筑物在图中所占面积较小，所以根据总平面图的作用，无需绘制得很详细。以上内容并不是在所有总平面图上都是必需的，可根据具体情况加以选择。

9.3 总平面图图例

如图9-1、图9-2所示,展示的是一个相对简单的总平面图的案例。图9-1所示为带网格的,图9-2所示为不带网格的。

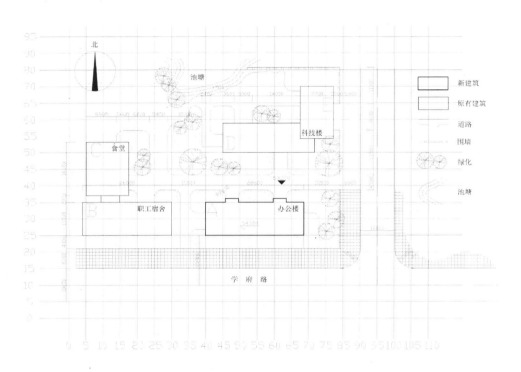

图9-1 带网格的总平面图

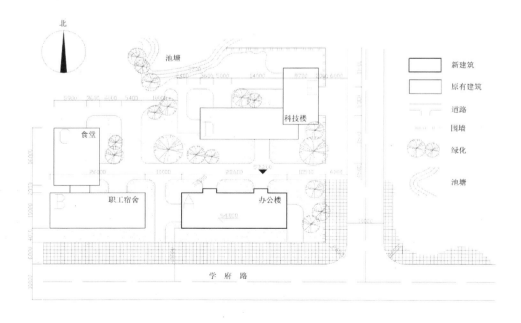

图9-2 不带网格的总平面图

9.4 总平面图绘制步骤

9.4.1 设置绘图环境

首先，将 AutoCAD 2012 界面设置为 "AutoCAD 经典"，如图 9-3 所示。

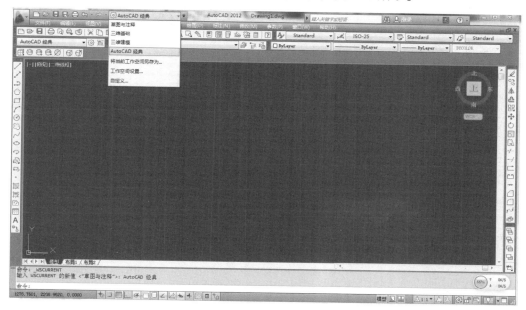

图9-3 经典模式

1. 绘图单位设置

建筑工程中，长度类型设置为小数，精度设置为 0；角度的类型设置为十进制度数，角度以逆时针方向为正，方向以东为基准角度。

在菜单栏中选择 "格式" → "单位 ..." 命令，如图 9-4 所示，或在命令提示栏中输入 "units" 或 "un"，将弹出 "图形单位" 对话框，如图 9-5 所示。用户可在该对话框中进行绘图单位的设置。

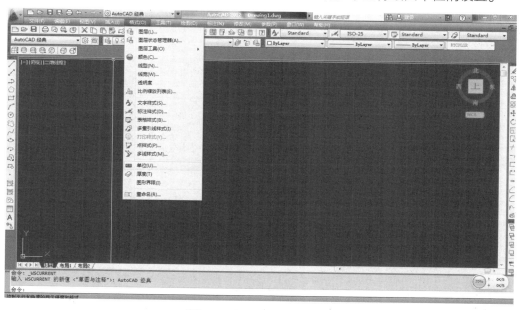

图9-4 开启 "单位" 设置

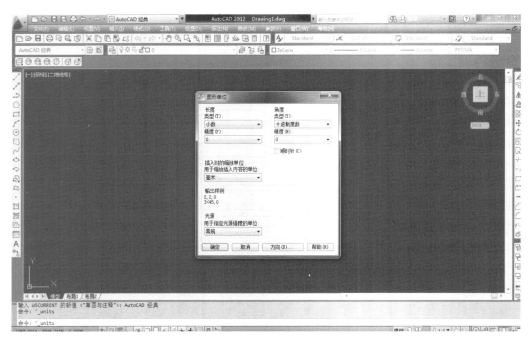

图9-5　"图形单位"对话框

2. 图层设置

建筑总平面图的轴线、建筑、道路、植物、文字、标注等不同的图形，所具有的属性是不一样的。为了便于管理，把具有不同属性的图形放在不同的图层上进行处理。

首先创建图层。在菜单栏中选择"格式"→"图层…"命令，或在命令提示栏中输入"layet"或"la"，弹出"图层特性管理器"对话框。

再根据首层平面，建立如下图层：轴线、网格、建筑、道路、植物、标注、文字、填充等八个图层，并对其一一进行设置，操作步骤如图9-6至图9-9所示。

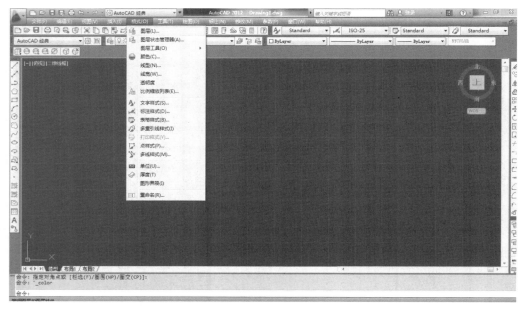

图9-6　开启"图层"命令

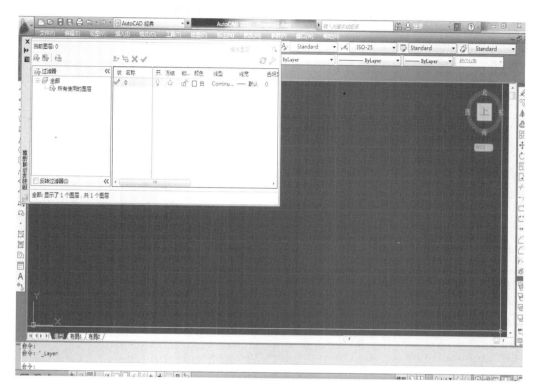

图9-7 图层管理

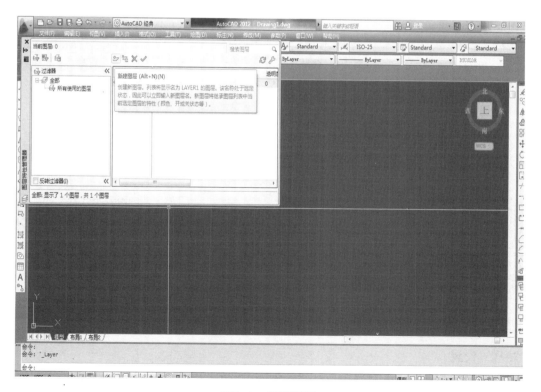

图9-8 新建图层

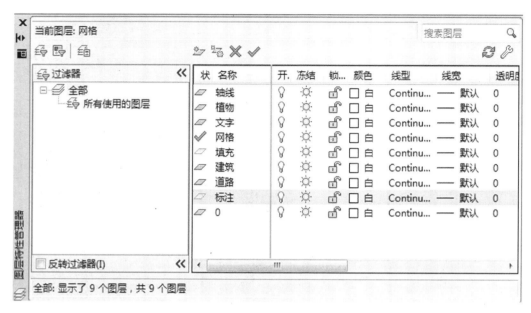

图9-9　完成图层创建

3.线型设置

线型设置包括对线型、颜色、线宽的设置，如图 9-10 所示。

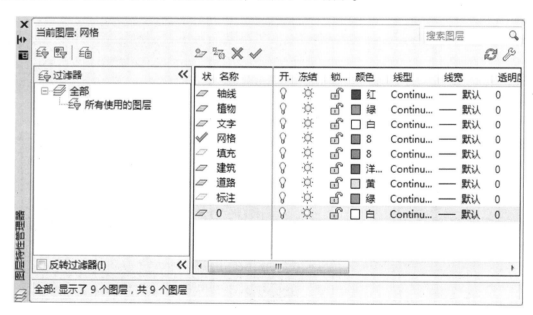

图9-10　设置各图层的线宽、线型和颜色

4.标注样式设置

尺寸标注是建筑工程图中的重要组成部分。但 AutoCAD 的默认设置不能完全满足建筑工程制图的要求，因此用户需要根据建筑工程制图的标准对其进行设置。用户可利用"标注样式管理器"设置自己需要的尺寸标注样式。

在菜单栏中选择"格式"→"标注样式…"命令，或在命令提示栏中输入"dimstyle"或"d"，如图9-11至图9-13所示。

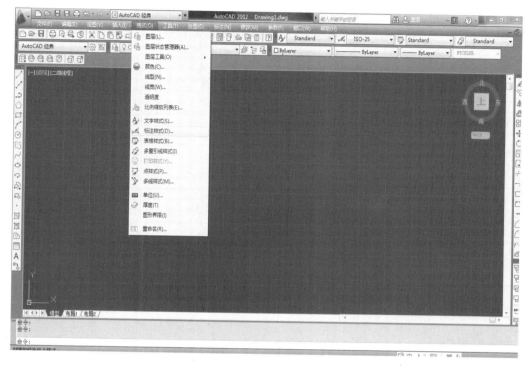

图9-11　开启标注样式管理器

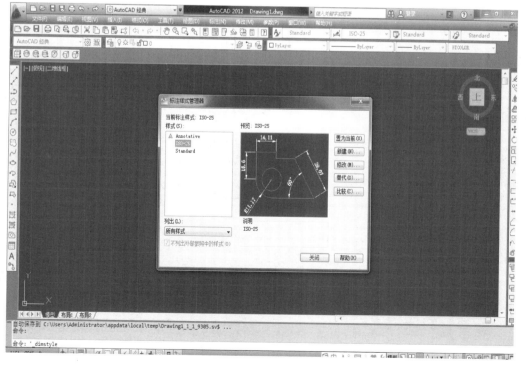

图9-12　标注样式管理器

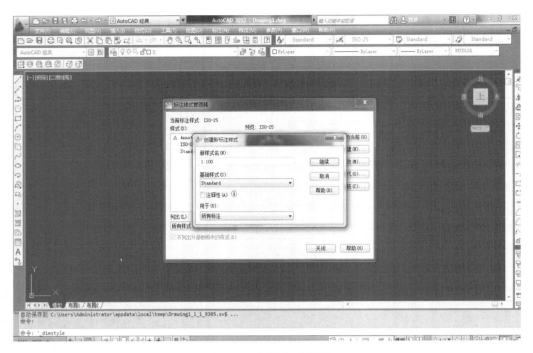

图9-13　标注样式设置

（1）"线"选项卡。

在"线"选项卡中设置尺寸线、尺寸界线的格式。一般按默认设置"颜色"和"线宽"值，"基线间距"设置为"800"，"超出标记"设置为"0"。通过"尺寸线"选项组还可设置在标注尺寸时隐藏第一条尺寸线或者第二条尺寸线。对"尺寸界线"的设置具体为：把"颜色"和"线宽"设为默认值，"超出尺寸线"设置为"100"，"起点偏移量"设置为"300"，如图 9-14 所示。

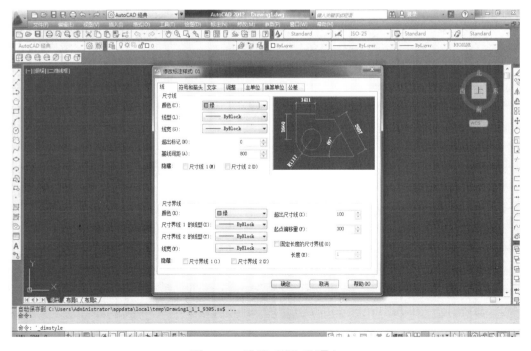

图9-14　设置"线"选项卡

(2) "符号和箭头"选项卡。

在"符号和箭头"选项卡中修改"箭头"形状为"建筑标记"形状,"引线"选择默认为"实心闭合",设置"箭头大小"为"150"。在"圆心标记"选项组中选择"标记"方式来显示圆心标记,设置"大小"为"200",如图9-15所示。

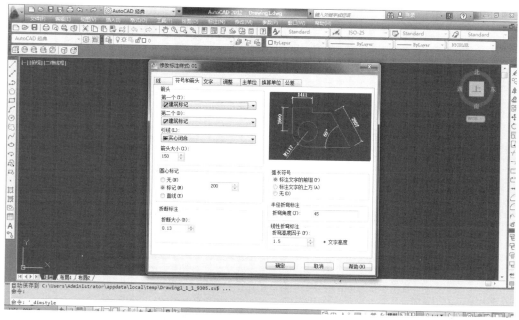

图9-15 设置"符号和箭头"选项卡

(3) "文字"选项卡。

在"文字"选项卡中,设置字体为"txt.shx","文字颜色"为默认;"文字高度"为"250.0000";不选"绘制文字边框"选项。在"文字位置"选项组中设置"从尺寸线偏移"为"150"。在"文字对齐"选项中选择"与尺寸线对齐",如图9-16至图9-18所示。

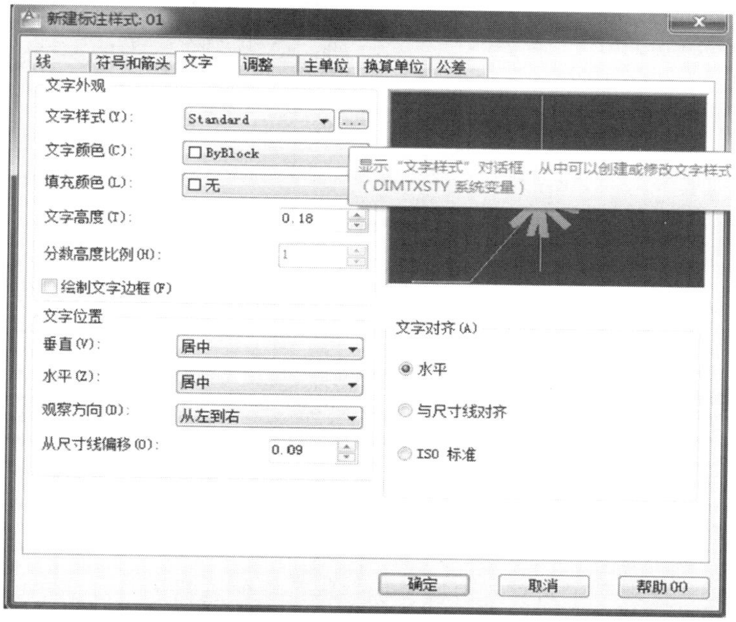

图9-16 文字设置

图9-17　文字样式设置

图9-18　完成文字设置

(4)"调整"选项卡。

用户还可在"调整"选项卡中对文字位置、标注特征比例进行调整。在本例中"使用全局比例"设置为"1",如图9-19所示。

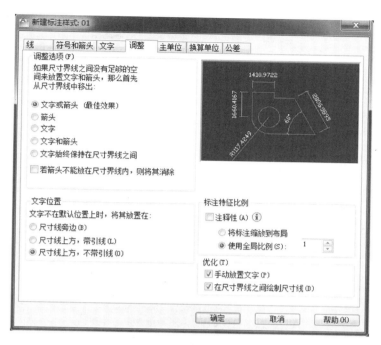

图9-19 调整设置

(5)"主单位"选项卡。

用户在"主单位"选项卡中设置"精度"为"0",如图9-20所示。

图9-20 主单位设置

5. 文字样式设置

建筑工程图中,一般都有一些关于房间功能、图例及施工工艺的文字说明,可将这些文字说明放在"文字标注"图层。

在菜单栏中选择"格式"→"文字样式"命令，或在命令提示栏中输入"style"或"st"命令，弹出"文字样式"对话框，通过该对话框设置文本格式。在本例中，样式名设为"H300"，字体设为大字体"whgtxt.shx"，字高设为"300.0000"，若没有"whgtxt.shx"字体，则可将此字体文件拷贝到AutoCAD 的字库中，如图 9-21、图 9-22 所示。

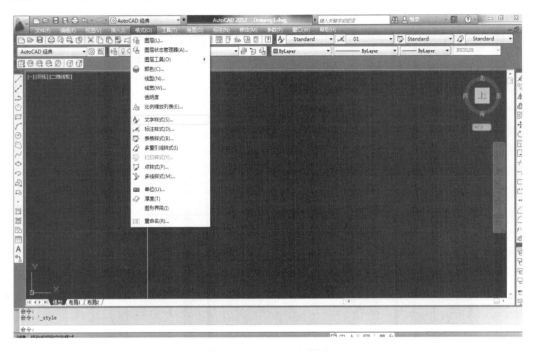

图9-21　开启文字样式

图9-22　文字样式设置

6. 模板文件的创建

绘图环境设置完成后,可将此文件保存为一个建筑平面图模板,以备今后使用,具体操作如下。

在菜单栏中选择"文件"→"另存为"命令,弹出"图形另存为"对话框。在该对话框中,选择文件类型选项"AutoCAD 图形样板(*.dwt)",输入文件名为"建筑模板"。单击"保存"按钮,出现"样板说明"对话框,在说明选项中注明"建筑用模板",单击"确认"按钮,完成建筑模板的创建,如图 9-23、图 9-24 所示。

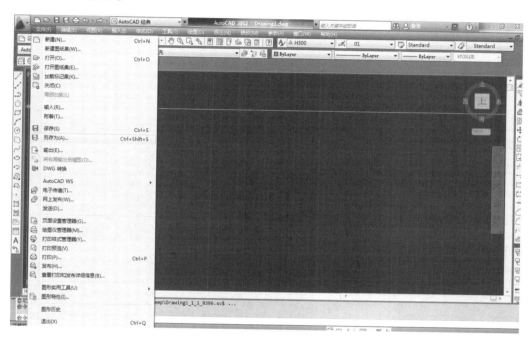

图9-23 开启另存为

图9-24 设置图形模板

9.4.2 绘制轴线网

建筑总平面图绘制一般从定位轴线网开始。确定了轴线网格就确定了整个区域的平面规划布局及建筑物、道路关系的定位。

将"轴线"层置为当前图层，打开正交方式，使用直线（line）命令，在绘图区域点取适当点作为轴线基点，绘制一条水平直线和一条垂直直线，水平直线和垂直直线的长度可根据所绘制图纸的总的占地面积的长、宽的长度而定。整个轴线网也是以这两条定位轴线为基础生成的。例如，本例中的水平轴线和垂直轴线的总长度分别约为 120000 和 93000，那么在绘制基础轴线的时候就应该略长于这两条线的长度，可以将轴线绘制为 125000 和 98000，如图 9-25、图 9-26 所示。

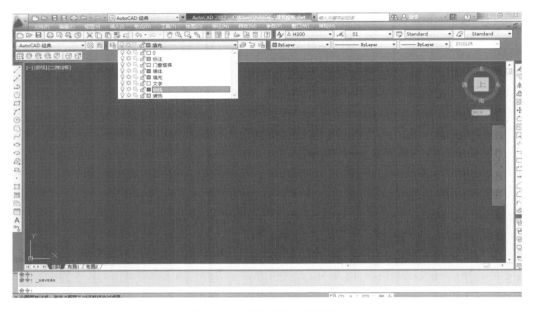

图9-25　设置轴线为当前图层

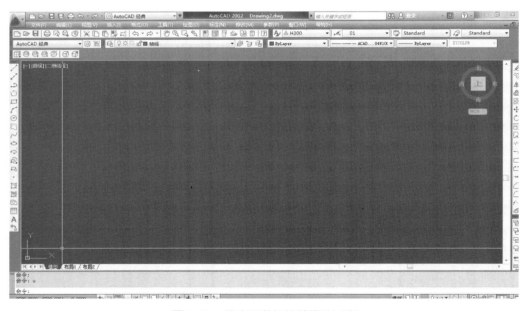

图9-26　确定两条初始轴线及长度

　　绘制轴线时，如果屏幕上出现的线型为实线，则可以在菜单栏中选择"格式"→"线型"命令，弹出"线型管理器对话框"，单击该对话框中的"显示细节"按钮，在"全局比例因子"中进行设置，如设置为"100"，即可将点画线显示出来，还可以用线型比例命令"ltscale"进行调整。

　　在"全局比例因子"中设置的值越大，线的间隙越大。用户可根据需要选用设定值，如图 9-27、图 9-28 所示。

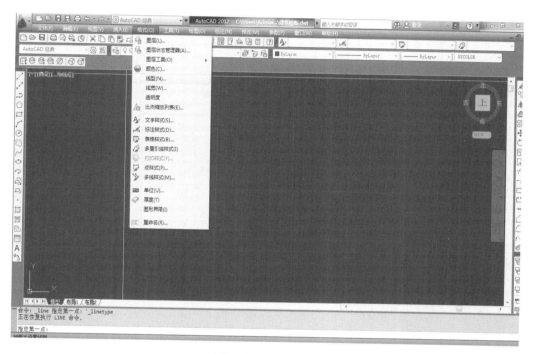

图9-27 线型设置

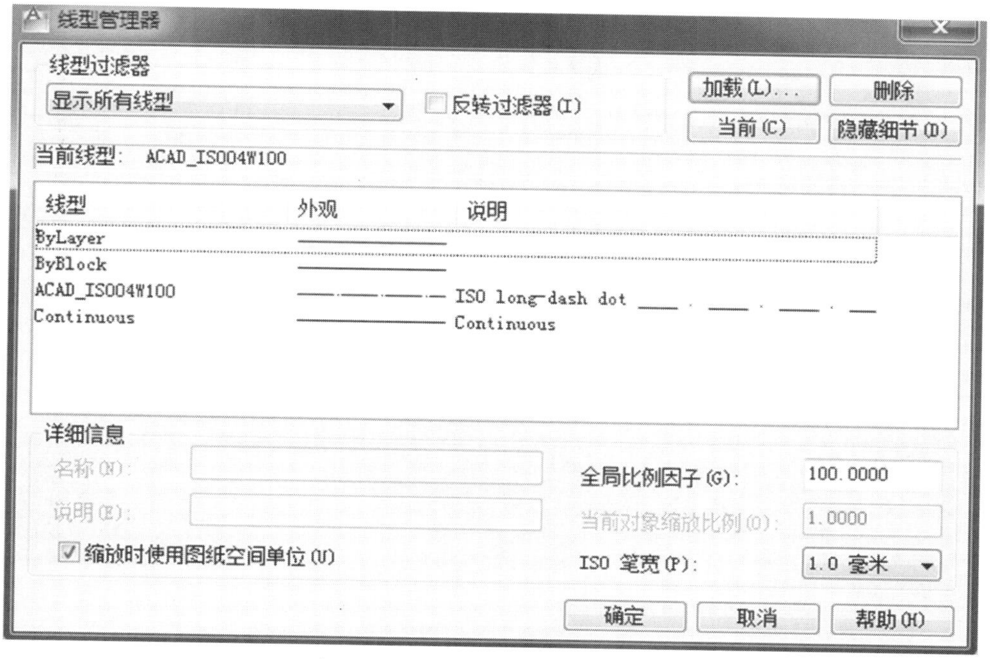

图9-28 设置全局比例因子

　　绘制轴网的轴线间距可根据总平面图的规模大小（占地面积）而定。例如，本例中的总平面的规模不大，拟定间距 5m 即可。

1. 绘制轴线网——水平轴线的绘制

　　通过使用"偏移"（o）或者"拷贝"（co）命令绘制其他轴线，操作步骤如下。

　　执行"偏移"或"拷贝"命令，将水平轴线向上连续"偏移"或"拷贝"，偏移或拷贝值设为"5000"，如图 9-29 所示。

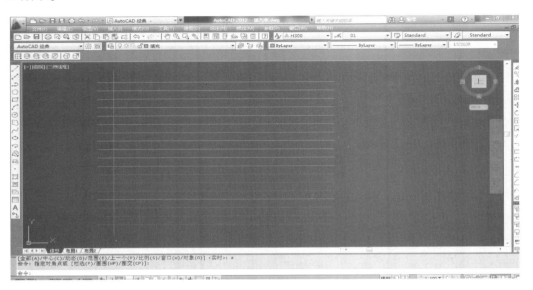

图9-29　绘制水平轴线

2. 绘制轴线网——垂直轴线的绘制

　　执行"偏移"或"拷贝"命令，将垂直轴线向右连续"偏移"或"拷贝"，偏移或拷贝值设为"5000"，如图 9-30 所示。

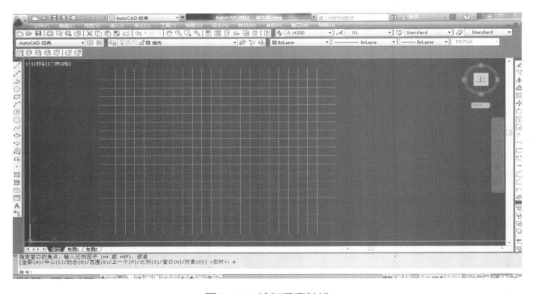

图9-30　绘制垂直轴线

为了绘制内容的定位更方便，要给水平和垂直的轴网按照拟定的间距值标上相应的数值，如图9-31所示。

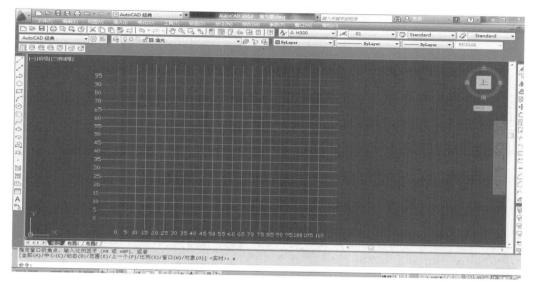

图9-31　用数字间距给轴线定位

9.4.3　绘制建筑

以网格作为底图，也就是绘制的参考线，定位出各建筑的位置关系。在绘制建筑、道路等其他内容之前，需要重新调出"图层特性管理器"，将绘制完毕的"网格"底图图层锁定。锁定"网格"图层后，该图层将不能被编辑，再绘制或修改其他内容时，也不会受到影响。操作步骤如图9-32所示。

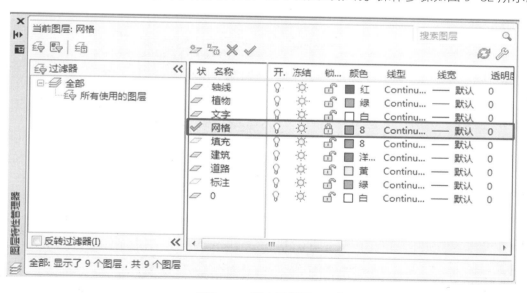

图9-32　锁定网格图层

将当前图层设置为"建筑"图层。执行"多段线"命令，或者在命令提示栏中输入"pl"，分别将建筑A、B、C、D、E在网格上找到定位，按照图纸的尺寸要求绘制出来。

如果遇到完整矩形，也可以执行"矩形"命令，或者在命令提示栏中输入"rec"，完成绘制，如图9-33、图9-34所示。

图9-33　将"建筑"设置为当前图层

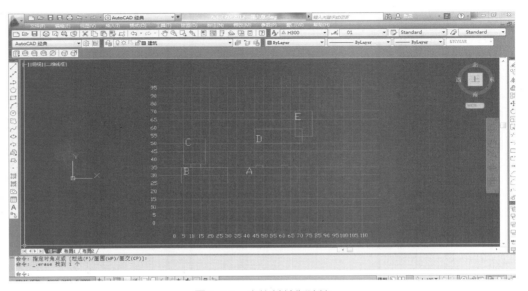

图9-34　定位并绘制建筑

如果在绘制过程中不能显示该图层内容，则可以通过调整图层顺序达到正常显示的效果。选择不能正常显示的对象，单击鼠标右键，弹出"修改"对话框，选择"绘图次序"→"前置"，即可完成设置，如图9-35所示。

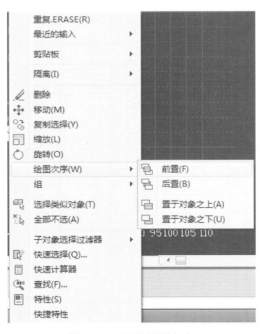

图9-35　调整绘图次序

　　再通过执行"修剪"命令，或者在命令提示栏中输入"tr"，将绘图过程中的重合部分进行修剪整理，得到如图 9-36 所示的建筑定位图。

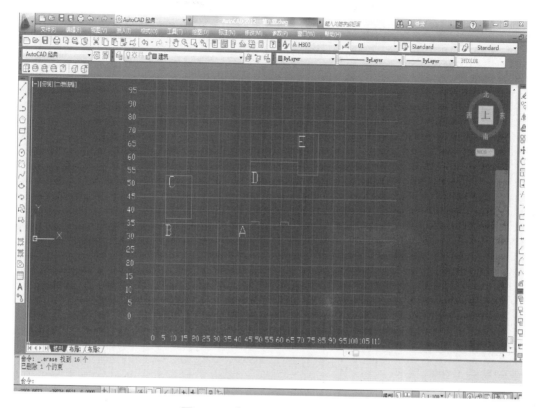

图9-36　线型整理后的建筑图形

9.4.4　绘制道路

　　在"图层特性管理器"中，将当前图层设置为"道路"图层，如图 9-37 所示。

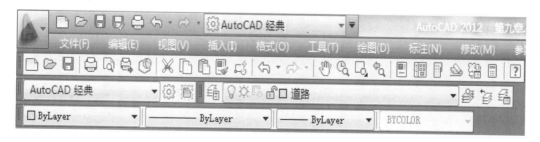

图9-37　将"道路"设置为当前图层

　　以绘制好的建筑为定位参考，以建筑的各边作为辅助线。如果建筑的边线不能单独"复制"或者"偏移"，则可以执行"直线"命令，也可在命令栏直接输入"l"，同时按下"F3"键，开启"对象捕捉"，沿建筑边缘绘制辅助线，如图 9-38 所示。

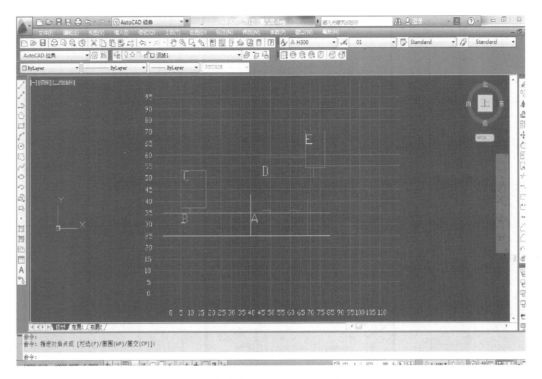

图9-38 绘制道路辅助线

执行"偏移"命令（"o"）、"直线"命令（"l"）将图纸上其他的道路关系绘制出来，并尽可能删掉不需要的辅助线，如图9-39所示。

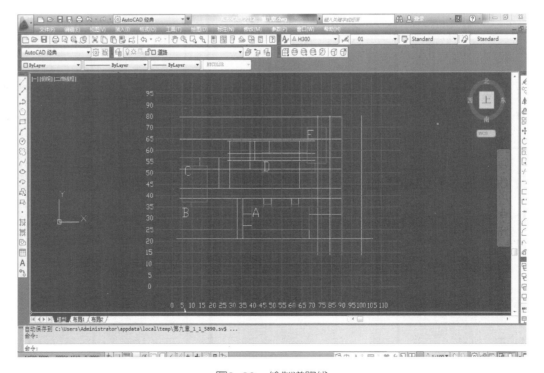

图9-39 绘制道路线

执行"剪切"命令，或在命令栏直接输入"tr"，将道路关系修剪完整，如图9-40所示。

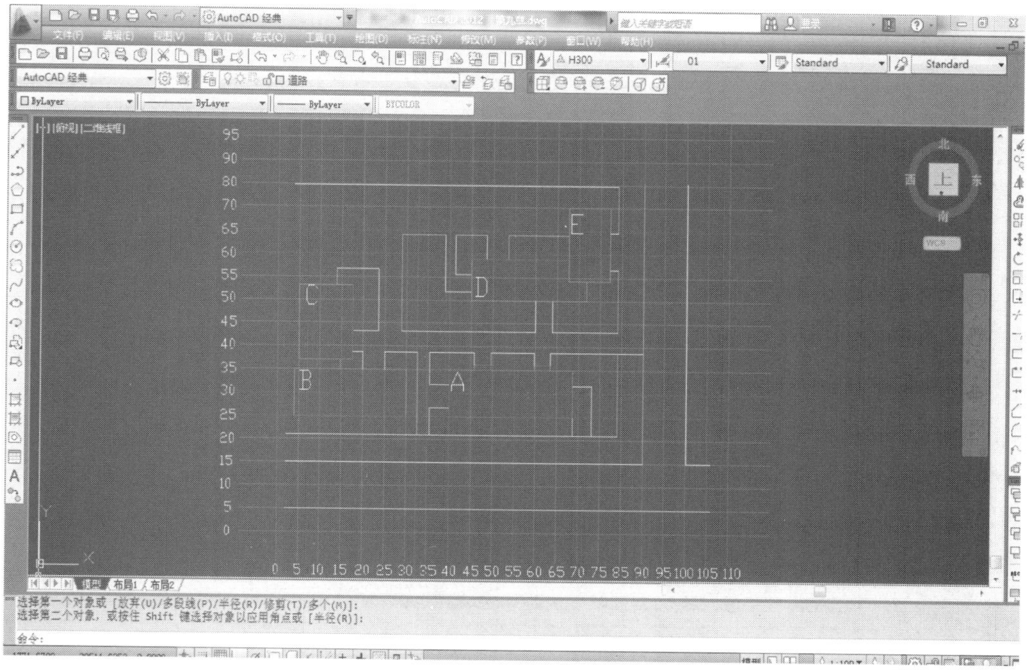

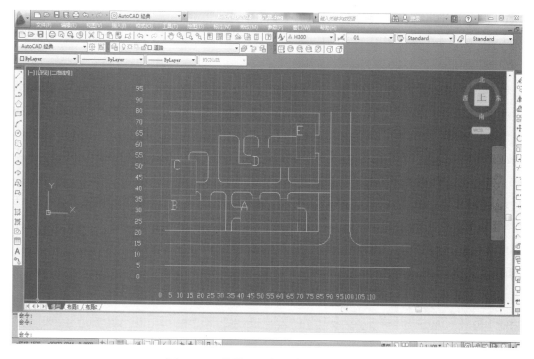

图9-40 修剪整理道路线型

执行"倒角"命令，或在命令栏直接输入"F"，将道路的拐角按照转弯半径的大小要求修剪成圆角。本案例中的建筑出入口的道路转弯半径为"2000"，主干道的道路转弯半径为"6000"，如图9-41所示。

图9-41 使用"圆角"命令修整道路

执行"多段线"命令，或在命令栏中直接输入"pl"，绘制出不规则的道路边缘，如图 9-42 所示。

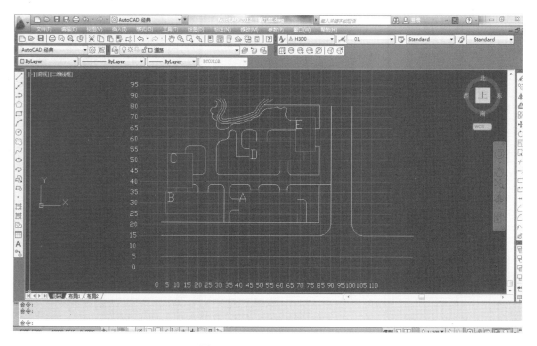

图9-42　绘制不规则道路

9.4.5　绘制地面铺装

由于总平面图的基本格局已经绘制完毕，接下来需要绘制细节部分。为了避免网格线对其他命令造成的干扰，可以在"图层特性管理器"中关闭网格图层的开关，如图 9-43、图 9-44 所示。

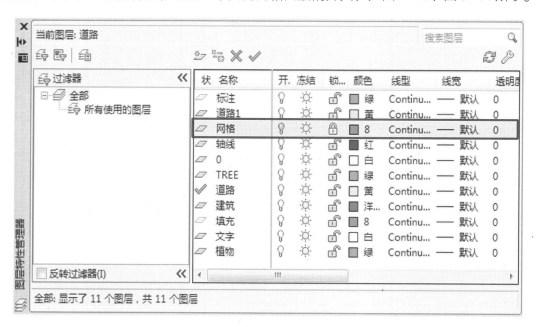

图9-43　关闭网格图层

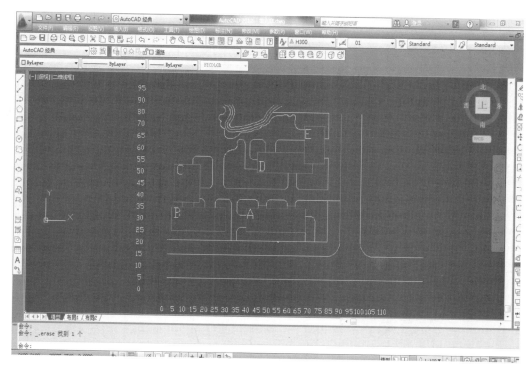

图9-44　关闭网格图层后的样子

将需要填充区域的边缘线补充完整，如图 9-45 所示。

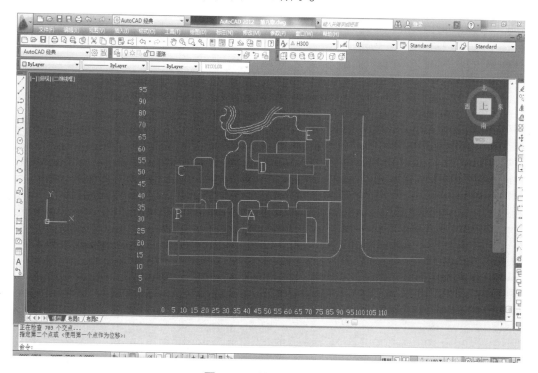

图9-45　整理修补图层

在"图层特性管理器"中，将"填充"图层设置为当前图层，如图 9-46 所示。

图9-46　将"填充"图层设置为当前图层

　　执行"填充"命令，或在命令栏输入"bh"，弹出"图案填充和渐变色"对话框，在该对话框中可进行相应设置。将"图案"设置为"ANSI37"，"角度"设置为"45"，"比例"设置为"300.0000"。填充完毕后，删除不需要的辅助线条，如图 9-47、图 9-48 所示。

图9-47　填充图案设置

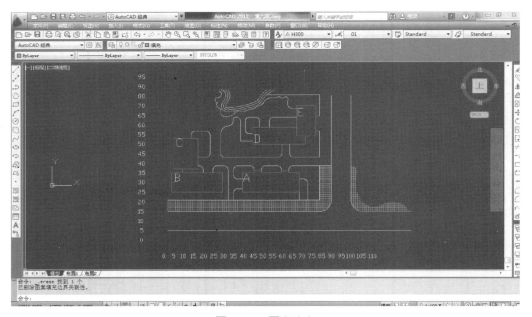

图9-48　图案填充

9.4.6 绘制植物

在"图层特性管理器"中,将"植物"图层设置为当前图层,如图9-49所示。

图9-49 将"植物"图层设置为当前图层

通常情况下,我们会直接从植物图库中直接调出所需要的图形。用户可以直接从网上下载平面植物图库,下载后"复制"(即"Ctrl+C"组合键)所需要的对象,然后"粘贴"(即"Ctrl+V"组合键)到当前绘制的文件中。

选择植物对象,将其置于"图层特性管理器"当中的"植物"图层下,如图9-50所示。

图9-50 复制植物图块到植物图层

执行"创建块"命令,或在命令栏输入"block",弹出"块定义"对话框,在该对话中将名称设置为"树01"。然后单击"选择对象",再选择预创建成块的对象,如图9-51、图9-52所示。

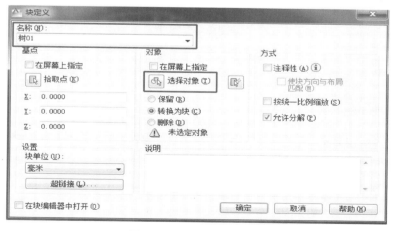

图9-51 "块定义"设置

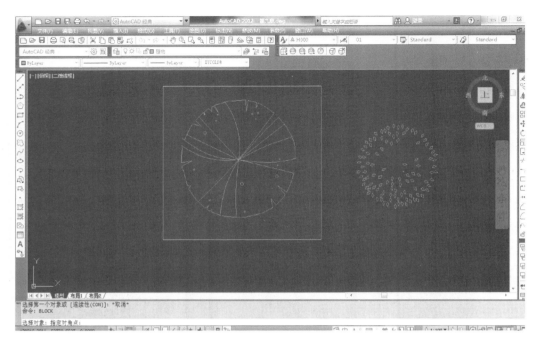

图9-52   选取对象

单击鼠标右键，再次弹出"块定义"对话框，单击"拾取点"，在块的对象中心单击鼠标左键，第三次弹出"块定义"对话框，再单击"确定"按钮，如图 9-53 至图 9-55 所示。

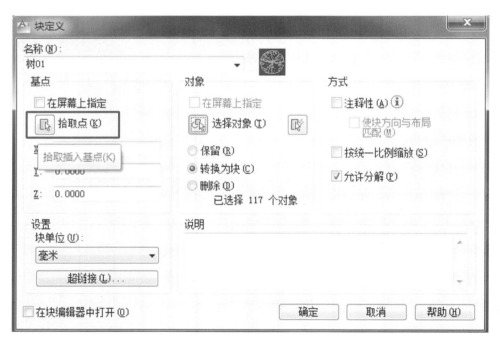

图9-53   拾取点

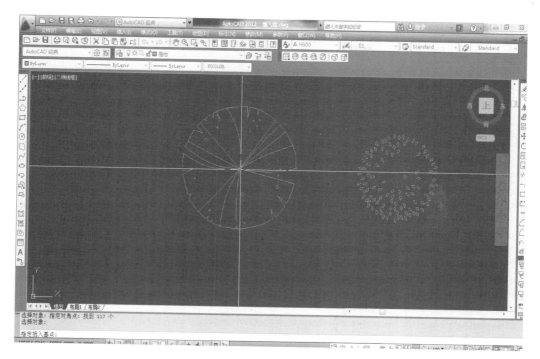

图9-54　给图形指定基点

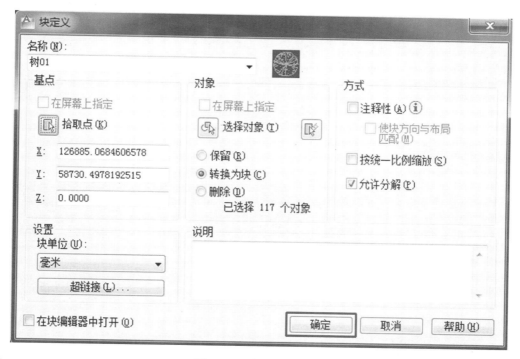

图9-55　完成块的创建

按照上述方法，将其他的平面树形，依次定义为块。

调整植物大小：本案例中植物的直径分别为"8000"和"5000"。以植物图块的边缘任意一点为起点，绘制一条长为"8000"的直线，如图9-56所示。

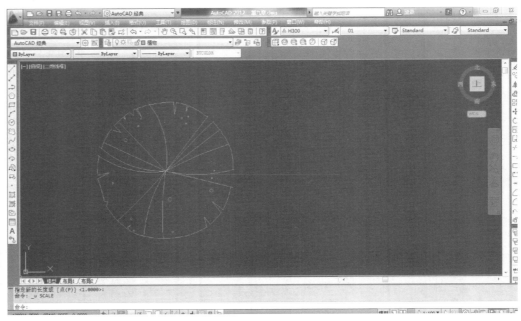

图9-56　绘制参考线

再执行"缩放"命令，或在命令栏中输入"sc"，结合运用"缩放"命令中的"参照"子命令，将树的图块放大或者缩小到直径为"8000"的大小，如图 9-57 至图 9-59 所示。

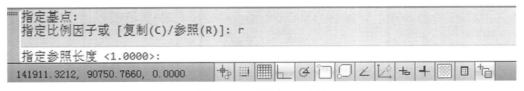

图9-57　指定参照长度

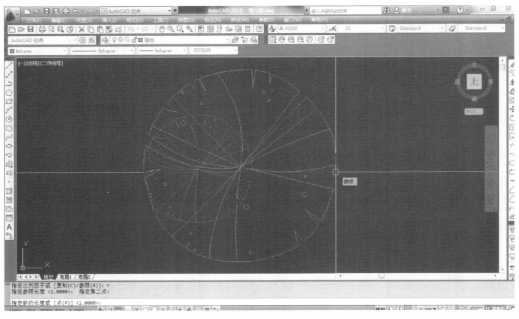

图9-58　拾取参照点

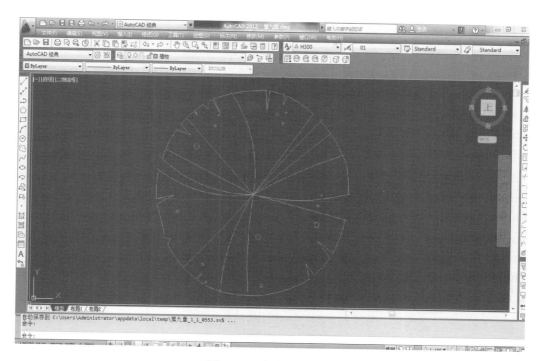

图9-59 完成图形缩放

最后，删掉之前所绘制的辅助线。

按照相同的方法，再调整出一种直径为"5000"的平面植物，如9-60所示。

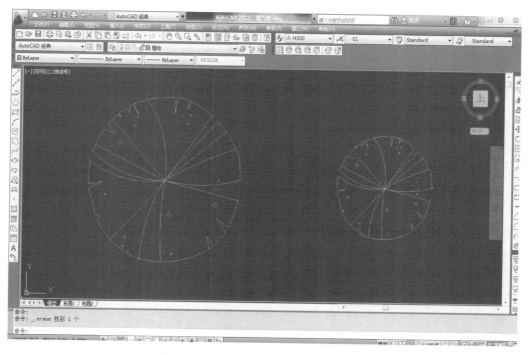

图9-60 创建直径为"5000"的植物

执行"复制"命令，或在命令栏中输入"co"，将植物图块复制移动到相应的位置，如图9-61所示。

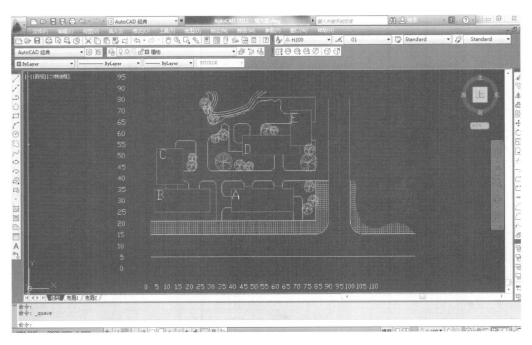

图9-61 将植物布置在总平面图中

执行"点"命令，绘制出草坪部分。注意，绘制草坪时要注意点之间的疏密关系及渐变关系，如图 9-62 所示。

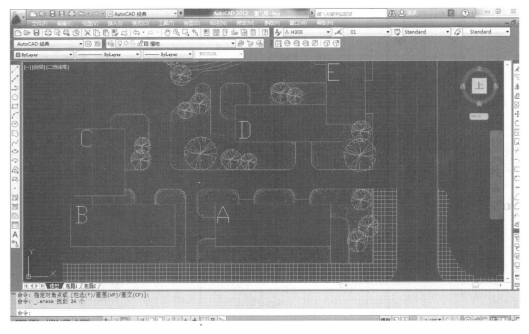

图9-62 绘制草坪

9.4.7 标注及文字注释

在"图层特性管理器"中，将当前图层设置为"标注"图层，如图 9-63 所示。

图9-63 设置标注为当前图层

在菜单栏中选择"标注"→"线性"命令和"连续"命令,将图面上的主要定位尺寸标注出来,如图 9-64 所示。

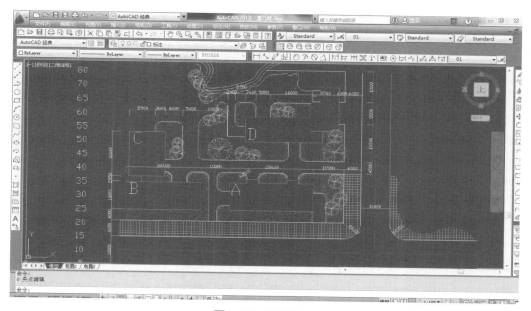

图9-64 标注尺寸

执行"文字"命令,完成总平面图上的文字注释部分,如图 9-65 所示。

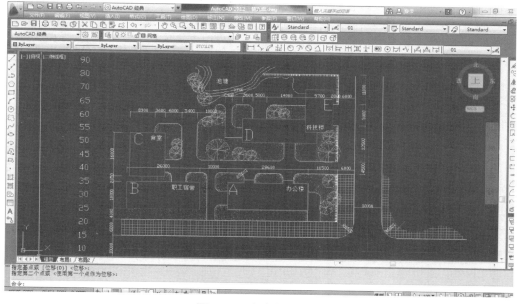

图9-65 完成文字注释

9.4.8 整理完善图纸

最后，整理总平面图，绘制指北针、标高、墙体、加粗新建筑、绘制图例等。完善图面后的效果如图 9-66、图 9-67 所示。

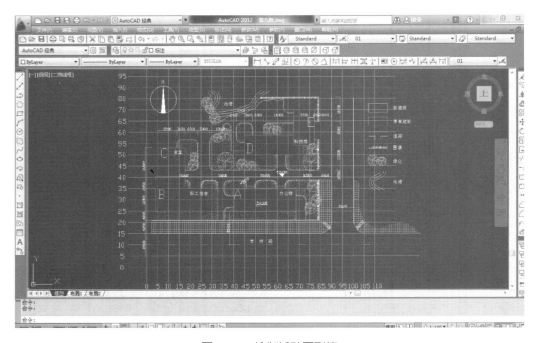

图9-66 绘制辅助图形等

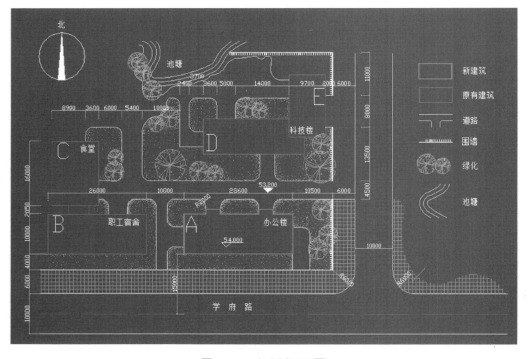

图9-67 完成总平面图

10.1　建筑平面图绘制简介

建筑平面图是建筑设计和施工图中最重要的组成部分，它是以水平投影的方法将建筑物的墙、柱、门窗、楼梯、地面及内部功能布局映射到图纸上，能准确反映出建筑物的平面形状、大小、位置、用途等。

10.1.1　建筑平面图内容

在绘制建筑平面图时，用户应注意以下基本内容。

1. 图形比例

标准的建筑图纸，在 AutoCAD 中都是以 1 ∶ 1 进行绘制的，在成图之后，则需要根据建筑物的大小及图纸表达的要求进行不同图幅的比例设置。根据国家制图的有关标准规定，一般应采用 1 ∶ 50、1 ∶ 100、1 ∶ 150、1 ∶ 200 及 1 ∶ 300 的比例绘制，门窗、楼梯、卫生设备以及细部构件均采用"国标"的图例绘制。

2. 建筑轴线

建筑轴线是施工、放线的重要依据，平面图中的承重墙、柱子、横梁等主要承重构件都是通过轴线来确定位置的。在"国标"中规定，建筑轴线应采用细点画线来表示，为了看图和查阅的方便，需要在轴线的顶端绘制直径为 8cm 的细实线圆圈，在圈内标注轴线的编号，水平方向上的编号应采用阿拉伯数字，从左到右依次注明；垂直方向上的编号应采用大写字母，从下往上依次注明。

3. 线型

建筑平面图中的线型应粗细有别，层次分明。通常被剖切的墙、柱等截面轮廓线用粗实线绘图，门、窗户、楼梯、卫生设施以及家具等应采用中实线或细实线绘制，尺寸线、尺寸界线、索引符号以及标高符号等应采用细实线绘制。

4. 尺寸标注及文字标注说明

建筑平面图中尺寸标注除了建筑的长、宽等大小尺寸外，在施工图深度的平面图中，图内还应包括切面及投影方向可见的构筑物以及必要的尺寸、标高等，此外，建筑平面图应该标注房间的名称或编号，还有门窗的编号。如果要表示室内立面在平面图上的具体位置，应在平面图上标明视点位置、方向及立面等编号。一般建筑平面图中所注的尺寸以毫米为单位，标高以米为单位，其中标注的尺寸分为外部尺寸和内部尺寸。

10.1.2　建筑平面图类型

建筑平面图按工种一般可分为建筑施工图、结构施工图和设备施工图。用于施工的房屋建筑平面图，根据层数不同将建筑平面图分为以下几种。

一层平面图（首层）：表示房屋建筑底层的布置情况，在此层还需反应室外可见的台阶、散水、花台等，此外，应标注指北针。

楼层平面图：表示房屋建筑中间及最上一层的布局情况，楼层平面图还需画出本层的室外阳台和下一层的雨棚、遮阳板等。

屋顶平面图：屋顶平面图是房屋的上方，向下作屋顶外形的水平投影而得到的投影图。用它表示屋顶情况，如屋面排水的方向、坡度、雨水管的位置及其他建筑配件的位置。

10.1.3　建筑平面图的绘制步骤

首先对绘图环境进行设置（图层、颜色、线型、文字样式、标注样式等），接下来依次绘制建筑定位轴线和编号、墙体、门窗、楼梯等主要建筑元素，最后对图纸进行尺寸标注和必要的文字说明（图名、比例）。下面以学生宿舍楼的一层平面图为例具体说明。

10.2　建筑平面图

10.2.1　设置绘图参数

启动 AutoCAD 2012，将系统模式设置为"AutoCAD 经典"，如图 10-1 所示。

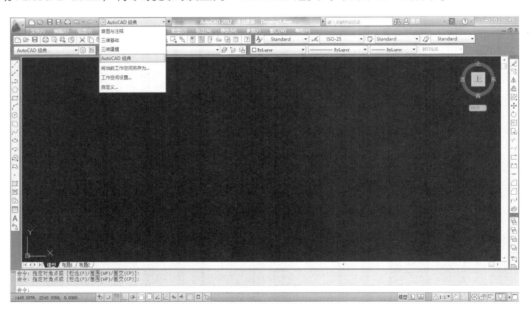

图10-1　设置经典模式

1.单位设置

在菜单栏中选择"格式"→"单位"命令,或在命令提示栏中键入"units"或"un"命令,弹出"图形单位"对话框,在该对话框中设置长度的类型为"小数"、精度为"0";设置角度的类型为"十进制度数"、精度为"0";设置插入时的缩放单位为"毫米",其他设为默认值,设置完成后,单击"确定"按钮即可,如图 10-2 所示。

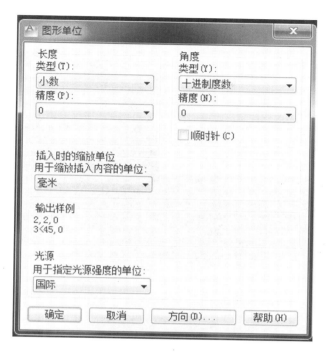

图10-2　单位设置

2. 图层设置

在建筑平面图中，需要创建轴线、轴号、墙体、门窗、楼梯、标注等图形，在菜单栏中选择"格式"→"图层"命令，或在命令提示栏中输入"layer"或"la"，或直接单击图层工具栏快捷方式，在弹出的"图层特性管理器"对话框中依次对其进行新建与命名，如图 10-3 至图 10-5 所示。

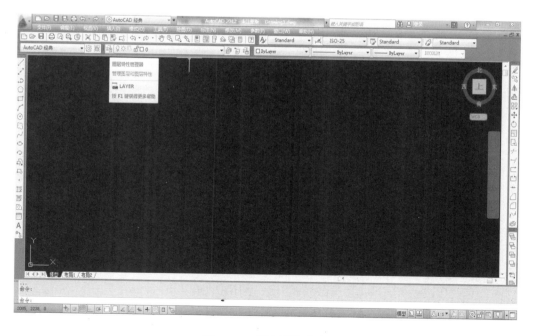

图10-3　开启图层命令

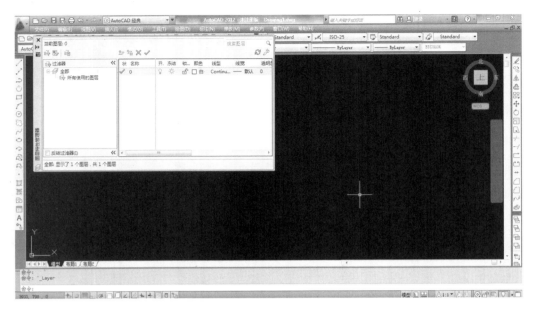

图10-4　图层管理器

图10-5　预先创建各图层

　　一张图纸应该清晰、一目了然、层次分明，能够根据线的粗细和颜色来区分不同类型的图元。接下来，针对不同图层进行线型设置。

　　一般情况下：

　　点画线—红色—0.1mm—用于轴线；

　　看线—黄色—0.24mm—用于门窗、楼梯；

　　符号线—绿色—0.18—用于索引、标注、引出、剖切；

　　材质线—青色—0.15—玻璃、材质分界线；

　　墙线—洋红—0.5—墙（平面）、剖面线；

　　文字—白色—0.15~0.18—单独设置文字图层；

填充—深灰／浅灰—0.08—图案填充。

在"图层特性管理器"中只用设置线的类型和颜色即可。

以轴线为例，对颜色的设置：单击颜色小方格，弹出"选择颜色"对话框，选择红色，如图 10-6 所示。对线型的设置：单击线型"Continuous"，在弹出的"选择线型"对话框中单击"加载"后，在"加载或重载线型"中选择"ACAD_ISO04W100"选项，如图 10-7 所示。

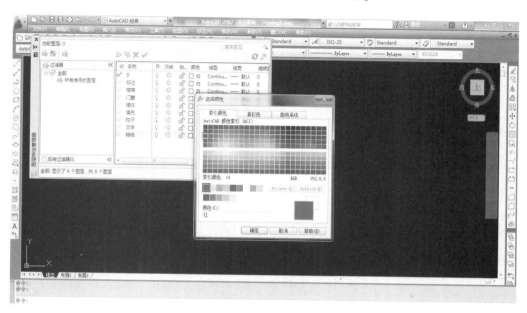

图10-6　设置图层颜色

图10-7　设置线型样式

所有图层基本设置完成，如图10-8所示。

图10-8　完成图层设置

3. 标注样式设置

用户可通过"标注样式管理器"对话框来进行相关设置，单击菜单栏"格式"→"标注样式"命令，在弹出的对话框中，系统默认的标注样式是"ISO-25"，用户可根据需要新建标注样式，在弹出的"创建新标注样式"对话框中输入新名称，基础样式选择"Standard"，单击"继续"按钮，如图10-9所示。

图10-9　新建标注样式

在弹出的"新建标注样式：01"对话框中，切换到"线"选项卡，设置尺寸线、尺寸界线的格式与特性，一般按默认设置"线型"和"线宽"值，颜色设置为"绿色"，"超出标记"设置为"0"，"基线间距"设置为"800"，"超出尺寸线"设置为"100"，"起点偏移量"设置为"300"，如图10-10所示。

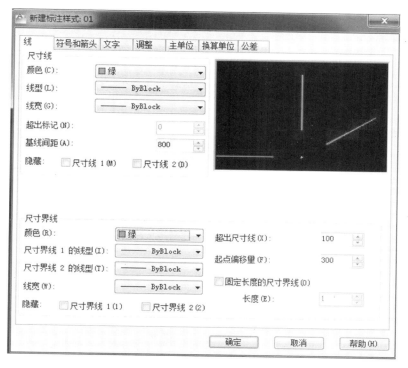

图10-10　标注设置——线

切换到"符号和箭头"选项卡，"箭头"形状选择为"建筑标记"，"引线"默认为"实心闭合"，"箭头大小"设置为"150"，在"圆心标记"选项组中选择"标记"方式来显示圆心标记，设置"大小"为"200"，其余为默认值，如图10-11所示。

图10-11　标注设置——符号和箭头

切换到"文字"选项卡,"文字颜色"设置为"白","文字高度"设置为"250","文字位置"选项组中的"垂直"设置为"上","水平"设置为"居中","从尺寸线偏移"值设置为"150",在"文字对齐"选项组中选择"与尺寸线对齐",其他为默认值,如图10-12所示。

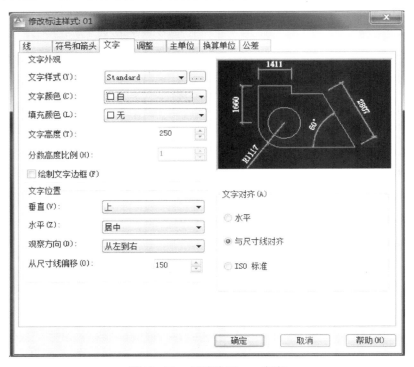

图10-12 标注设置——文字

切换到"调整"选项卡,对"文字位置"、"标注特征比例"进行调整,如图10-13所示。

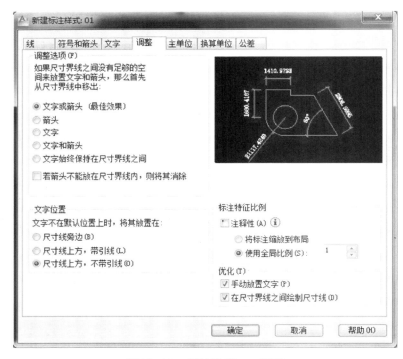

图10-13 标注设置——调整

切换到"主单位"选项卡，精度设为"0"，其余保持默认值，如图 10-14 所示。

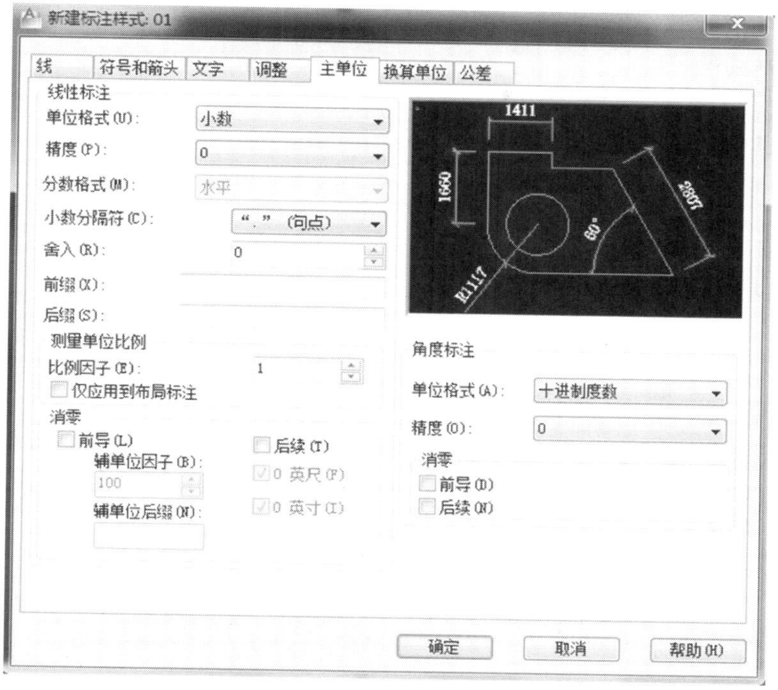

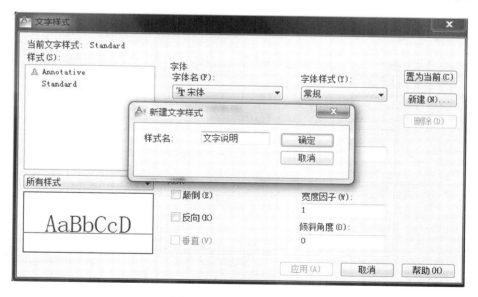

图10-14 标注设置——主单位

4. 文字样式设置

在建筑平面图中，轴号、尺寸标注与关于房间功能、施工工艺的说明文字所采用的文字样式不相同，因此需要根据具体情况进行相关设置。

单击菜单栏的"格式"→"文字样式"命令，通过弹出的"文字样式"对话框，单击"新建"按钮，输入样式名称。单击"确定"按钮后，再进行字体、大小、高度等的调整，如图 10-15、图 10-16 所示。

图10-15 新建文字样式

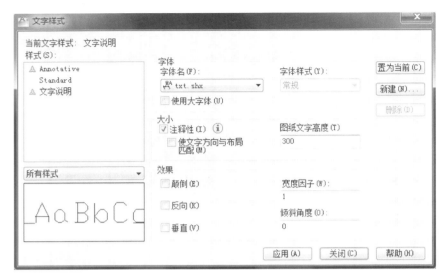

图10-16　文字样式设置

相关绘图参数设置完成后，就可以开始绘图了。

10.2.2　设置辅助轴线

在建筑平面图中，轴线主要用于确定房屋各承重构件的位置，是建筑定位的最根本依据。

首先绘制轴线。单击"图层"工具栏，将"轴线"图层设为当前图层，按"F8"键打开"正交"模式，使用"直线"命令，在绘图区域点取适当点作为轴线基点，绘制一条水平直线和一条垂直直线，水平直线和垂直直线的长度要略大于所绘图纸的总长度和总宽度尺寸。本案例中的水平轴线和垂直轴线的总长度分别约为58500和15600，用户在绘制时可以延长为64000和21000。

当屏幕上出现的红色线显示为实线，与线型设置的点画线不匹配时，可以在菜单栏中选择"格式"→"线型"命令或在命令提示栏中输入"lt"，弹出"线型管理器"对话框，单击该对话框中的"显示细节"按钮，在"全局比例因子"中将其值设置为"1000"，即可将点画线显示出来，如图10-17所示。

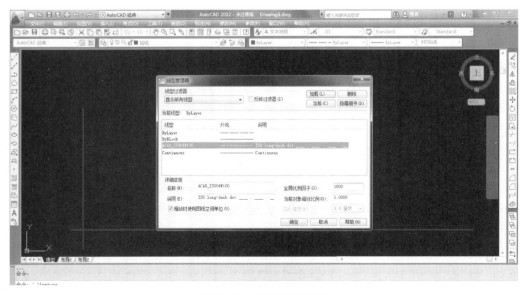

图10-17　设置线型比例

单击"修改"工具栏上的"偏移"按钮或直接在命令行键入"o"，将横向轴线和纵向轴线按照建筑图样进行偏移，即可完成整个轴网框架，如图 10-18 所示。

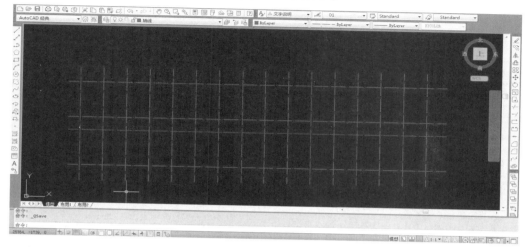

图10-18 完成轴线绘制

10.2.3 绘制墙体

在建筑平面图中绘制墙体主要是通过"多线"命令来实现的，具体操作步骤如下。

在"图层"工具栏，将"墙体"图层设置为当前图层，先按"F8"键打开"正交"、按"F3"键打开"对象捕捉"，再在菜单栏中选择"绘图"→"多线"命令或在命令提示栏中输入"ml"命令并设置多线样式，如图 10-19 所示。

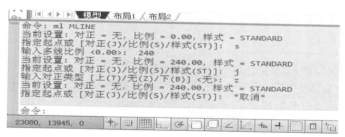

图10-19 设置多线样式

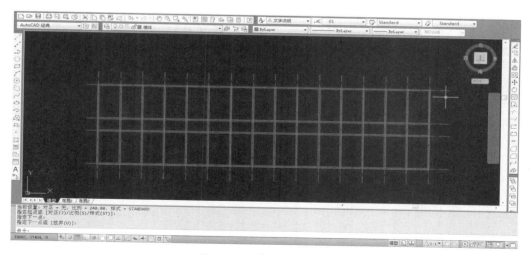

图10-20 绘制墙体框架

利用上述方式依次绘制出墙体的大框架，如图 10-20 所示。单击"修改"工具栏上的"分解"按钮或在命令提示栏中输入"x"，对墙体进行分解，再次单击"修改"工具栏上的"修剪"按钮或在命令行输入"tr"，对墙体中不符合要求的地方进行修剪，某些需要添加的地方采用"直线"命令或"延伸"命令进行调整，如图 10-21 所示。

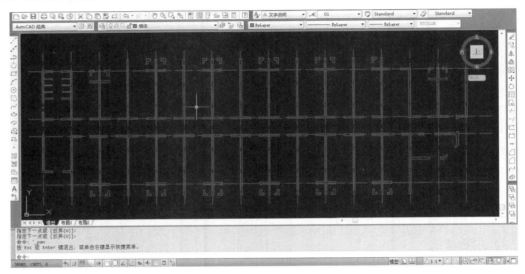

图10-21　完成墙体绘制

整个墙体完成后，在"图层"工具栏将"柱子"图层设置为当前图层，利用"绘图"工具栏上的"矩形"工具绘制方形柱子，填充白色，针对同样大小的柱子采用创建块、插入块的方式完成，如图 10-22 所示。

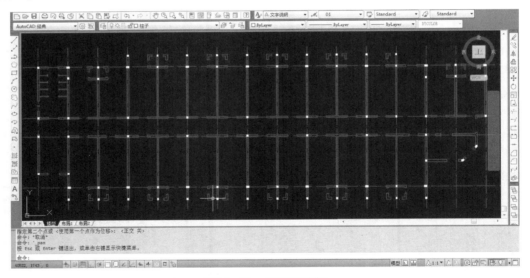

图10-22　柱子的绘制

10.2.4　绘制门窗楼梯

在建筑平面图里，门窗都具有其固定的尺寸，因此用户在绘制门窗时，可直接将其创建成块，并在需要的位置调整比例后插入即可。

1. 绘制并插入门

本案例中主要有两种类型的门：双扇门和推拉门。在"图层"工具栏将"门窗"图层设置为当前图层，在"绘图"工具栏使用"直线"工具绘制 600mm 的线段，利用"圆"命令以线段的两个端点为中心和端点绘制圆，利用"编辑"工具栏的"修剪"命令将绘制好的圆形修改成单扇门的平面图，再利用"镜像"命令将其复制，如图 10-23 所示。

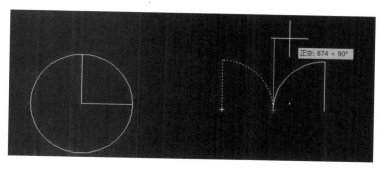

图10-23 利用直线和圆命令绘制门

利用"直线"命令完成推拉门的绘制，如图 10-24 所示。

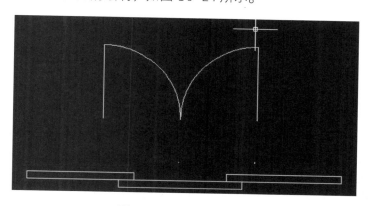

图10-24 推拉门的绘制

单击"绘图"工具栏的"创建块"命令，在弹出的"块定义"对话框中设置门图形为块，单击"确定"按钮，如图 10-25 所示。

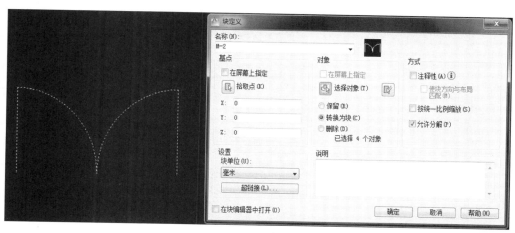

图10-25 将门定义为图块

在菜单栏中选择"绘图"→"块"→"定义属性"命令，在弹出的"属性定义"对话框中设置门的属性值，如图 10-26 所示。

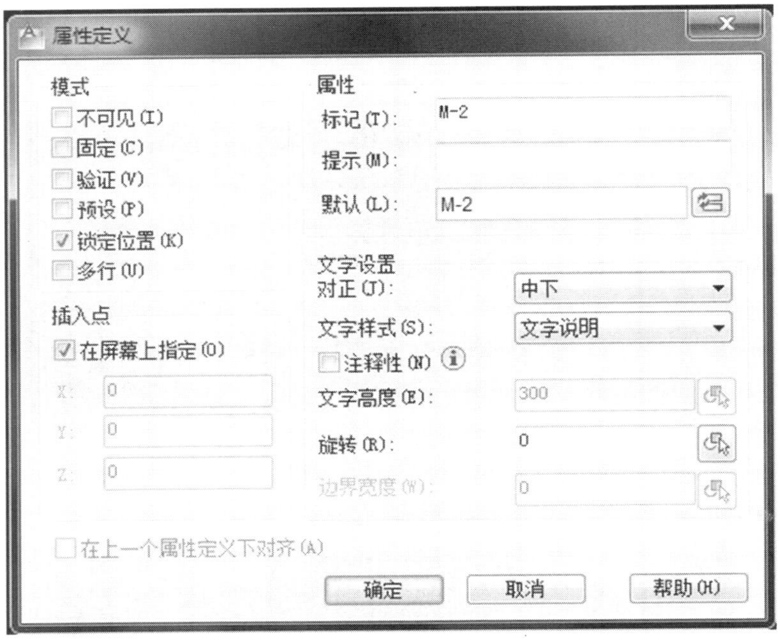

图10-26　设置图块属性

单击"创建块"，将门图块和块的属性值创建成一个整体，单击"绘图"工具栏上的"插入块"按钮，在弹出的"插入"对话框中输入图块名并设置插入比例，单击"确定"按钮，如图 10-27 所示。

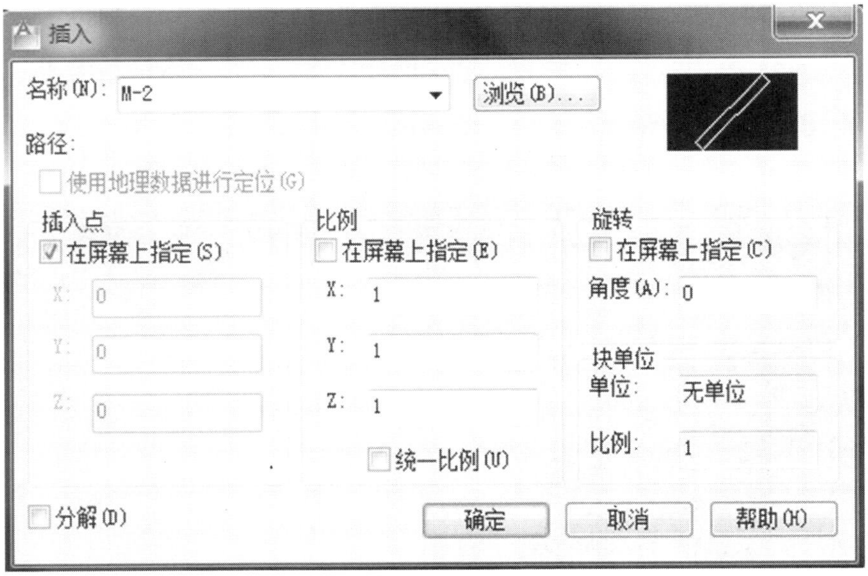

图10-27　插入图块

把组建完成的块分类插入到图形中，如图 10-28、图 10-29 所示。

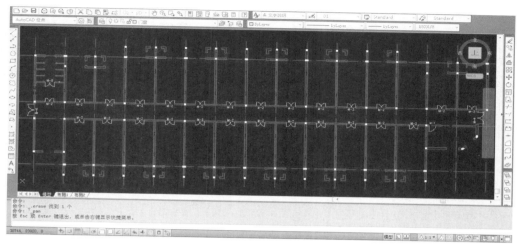

图10-28 插入门1

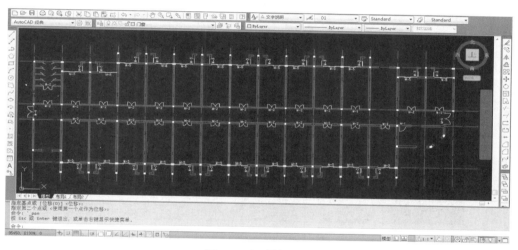

图10-29 插入门2

2. 绘制并插入窗户

参照前面介绍门的方法，将所绘制的窗户定义成块，插入到所需要的位置，如图 10-30 所示。

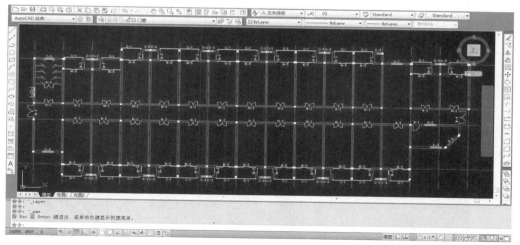

图10-30 插入窗

3. 绘制楼梯

楼梯是房屋各层之间交通连接的设施，一般设置在建筑物的出入口附近，也有一些楼梯设置在室外。

在建筑平面图中，底层平面图是从第一个平台下方剖切，将第一步楼梯断开（一般采用 30°、45° 的折断线表示），因此只画一半，用箭头表示上或下的方向，以及一层和二层之间的踏步数量。建筑楼梯的每个踏面宽度一般为 300mm，踢面高度为 150mm。

本案例中一共有两种楼梯，一种是从室内到室外的连接通道；另一种是室内楼层间的交通通道。在"图层"工具栏单击"楼梯"为当前图层，单击"绘图"工具栏上的"直线"命令，绘制楼梯的起步线，如图 10-31 所示。单击"修改"工具栏上的"阵列"，输入行数、列数、间距，即可绘制出楼梯的踏步线，如图 10-32 所示。因为这是一种从室内通向室外的楼梯，需要绘制一个向下的箭头，打开"正交"，单击"绘图"工具栏的"多段线"命令，直线画一小段后，设置"宽度"（W），指定起点宽度为 60mm，端点宽度为 1mm，箭头绘制完成，如图 10-33 所示。

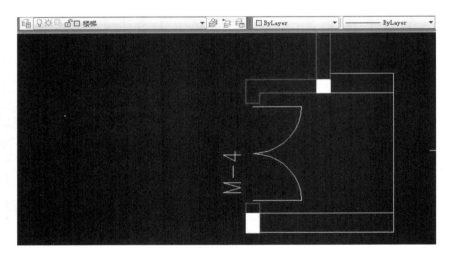

图10-31　绘制楼梯起步线

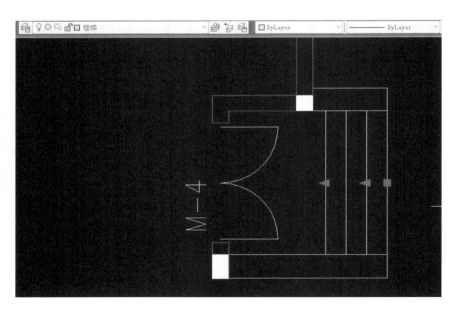

图10-32　绘制楼梯踏步线

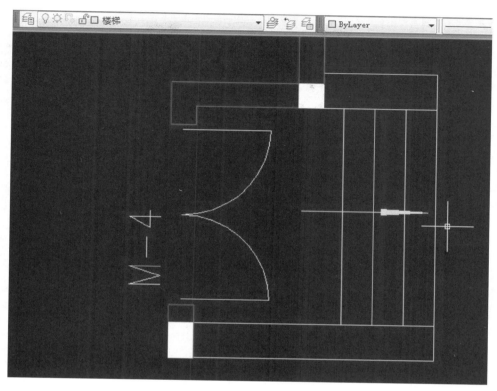

图10-33 绘制方向箭头

室内底层楼梯需要注意楼梯的扶手和楼梯的折断线的绘制，如图 10-34 所示。

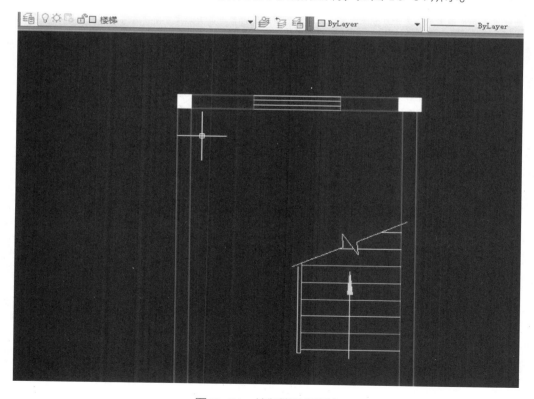

图10-34 绘制楼梯折断线

将绘制完成的楼梯移动到图形中合适的位置，如图 10-35 所示。

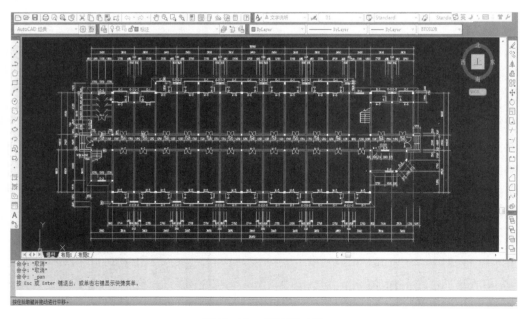

图10-35　放置楼梯

10.2.5　尺寸标注和文字说明

在建筑平面图上，尺寸分为外部尺寸和内部尺寸两种。其中外部尺寸应该标注三道尺寸，而内部尺寸主要标注房屋内的尺寸。本例在设置绘图参数时已对标注样式和文字样式都进行了相关调整，因此，现在只用从里到外标注即可。

在菜单栏中选择"标注" → "线性"命令和"连续"命令，将图面上的尺寸标注出来，如图 10-36 所示。

图10-36　标注尺寸线

绘制指北针、标高、墙体、加粗新建筑、绘制图例等辅助图形，如图 10-37 所示。

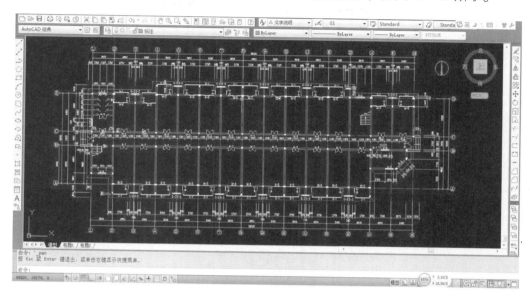

图10-37 完成辅助图形绘制

执行"文字"命令，将总平面图上的文字注释部分完成，如图 10-38 所示。

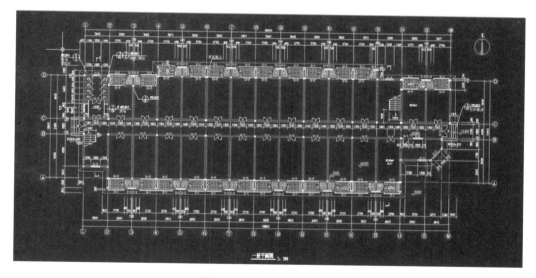

图10-38 完成文字注释

第11章

建筑立面图绘制

11.1 建筑立面图绘制简介

一般建筑物都有前、后、左、右四个面，建筑立面图是在建筑物平面的铅垂投影面上所做的投影，主要用来说明建筑立面的造型和立面装修的做法情况。

11.1.1 建筑立面图的内容

建筑立面图是建筑施工图中重要的样图，也是指导施工的基本依据。

建筑立面图的内容主要包括以下内容。

(1) 表达房屋外墙面上可见的全部内容，如散水、台阶、雨水管、门窗、雨篷、阳台等，以及屋顶的构造形式。

(2) 表明建筑物外形高度方向的三道尺寸。最外面的一道为建筑物的总高度，它是从室外地面到檐口女儿墙的高度；中间一道为分层高度，它是下一层楼面到上一层楼面的高度；最后一道为门窗的高度及其与地面的相对位置。

(3) 建筑物两端的轴线编号。

(4) 表明各部位的标高。

(5) 书写图名与比例。

(6) 标注详图索引符号和必要的文字说明。

(7) 各部分构造、装饰节点详图索引，装饰物的形状、用料和具体做法。

11.1.2 建筑立面图的命名方式

建筑立面图的命名方式一般有以下三种。

(1) 按房屋的朝向：建筑物的朝向比较明显，可分为南立面图、北立面图、东立面图、西立面图，这种方式一般适用于建筑平面图规整、简单且朝向相对正南、正北偏转不大的情况。

(2) 按立面图中首位轴线编号：根据建筑立面图两端的轴线编号命名，如①～⑤立面图，A~E立面图，这种方式命名准确、便于查找，特别适用于平面复杂的情况。

(3) 按房屋立面的主次：通常规定房屋主要入口或反映建筑物外貌特征所在的面称为正面，当观察者面向房屋的正面时，从前往后所得的正投影为正立面图，从后往前所得的投影为背立面图，从左往右所得的投影为左侧立面图，从右往左所得的投影为右侧立面图。这种方式一般适用于建筑平面正方、简单且入口位置明确的情况。

11.1.3 建筑立面图的绘图步骤

总体来说，立面图是在平面图的基础上引出定位辅助线来确定立面图样的水平位置和大小的，然后根据高度方向的设计尺寸确定立面图样的竖向位置及尺寸,从而绘制出一系列图样。通常,立面图绘制的步骤如下。

(1)绘图环境设置。

(2)确定定位辅助线,包括墙、柱定位轴线,楼层水平定位辅助线及其他立面图样的辅助线。

(3)立面图样绘制,包括墙体外轮廓及内部凹凸轮廓、门窗(幕墙)、入口台阶及坡道、雨棚、窗台、檐口、栏杆、外露楼梯、各种脚线等内容。

(4)尺寸标注及文字注写。

11.2　建筑立面图

11.2.1　设置绘图参数

启动 AutoCAD 2012,将系统模式设置为"AutoCAD 经典",如图 11-1 所示。

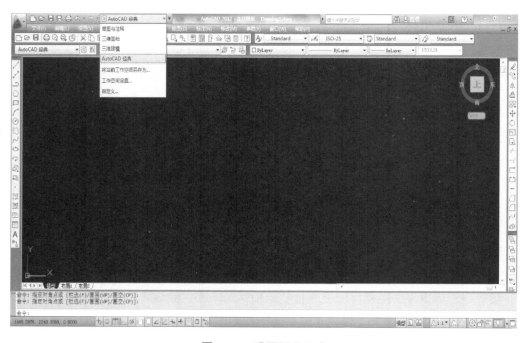

图11-1　设置经典模式

1. 单位设置

在菜单栏中选择"格式"→"单位"命令,或在命令行提示栏中输入"units"或"un",弹出"图形单位"对话框,长度类型为"小数",精度为"0";角度的类型为"十进制度数",精度为"0";插入时的缩放单位为"毫米",其他为默认值,设置完成后,单击"确定"即可,如图 11-2 所示。

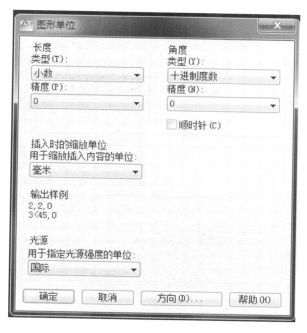

图11-2　设置单位

2. 图层设置

在建筑立面图中，需要创建轴线、轴号、墙体、门窗、楼梯、标注等图形，在菜单栏中选择"格式"→"图层"命令，或在命令提示栏中输入"layer"或"la"，或直接点击"图层"工具栏快捷方式，在弹出的"图层特性管理器"对话框中，一一对其进行新建与命名，如图11-3至图11-5所示。

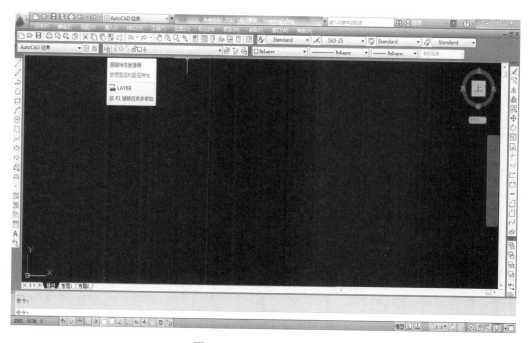

图11-3　开启图层管理器

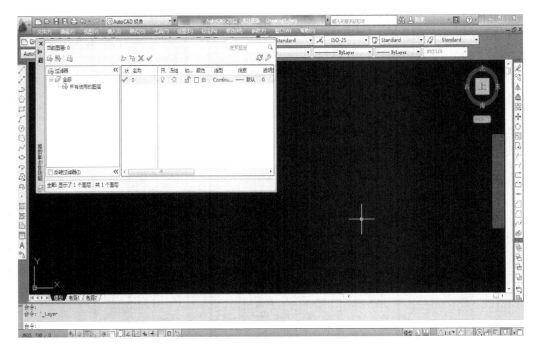

图11-4　图层管理器

图11-5　新建图层

在建筑立面图中，线型的颜色与平面图有所不同。

一般情况下，轴线为红色；墙线为黄色；门窗为青色；标注为绿色；文字为白色。

在"图层特性管理器"中设置线的类型和颜色。以轴线为例，对颜色的设置：点击颜色小方格，弹出"选择颜色"会话框，选择"红"色，如图11-6所示；对线型的设置：点击线型"Continuous"，在弹出的"选择线型"对话框中单击"加载…"后，在"加载或重载线型"中选择"ACAD_ISO04W100"选项，如图11-7所示。

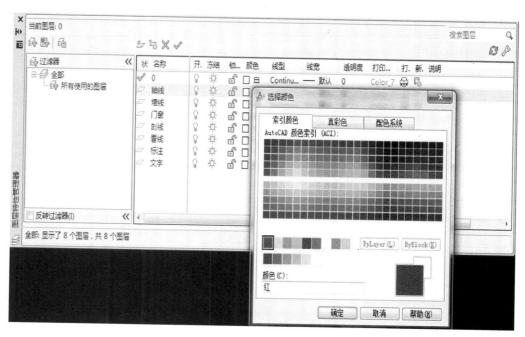

图11-6　设置图层颜色

图11-7　设置图层线型

所有图层基本设置完成，如图 11-8 所示。

图11-8 完成图层设置

11.2.2 设置标注样式

用户可通过"标注样式管理器"对话框来进行相关设置,在菜单栏中选择"格式"→"标注样式"命令,在弹出的"创建新标注样式"对话框中,系统默认的标注样式是"ISO-25",用户可根据需要"新建",在弹出的"创建新标注样式"对话框中输入新名称,设置基础样式为"Standard",单击"继续",如图11-9所示。

图11-9 创建标注样式

在弹出的"新建标注样式"中,切换到"线"选项卡,设置尺寸线、尺寸界线的格式与特性,一般按默认设置"线型"和"线宽"值,颜色为"绿"色,"超出标记"设置为"0","基线间距"设置为"800","超出尺寸线"设置为"100","起点偏移量"设置为"300",如图11-10所示。

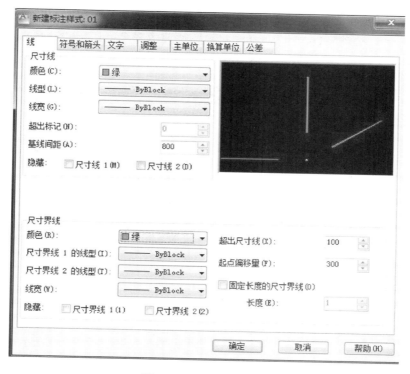

图11-10 标注线设置

切换到"符号与箭头"选项卡,"箭头形状"为"建筑标记","引线"默认为"实心闭合","箭头大小"为"150",在"圆心标记"选项组中选择"标记"方式来显示圆心标记,设置"大小"为"200",其余为默认值,如图 11-11 所示。

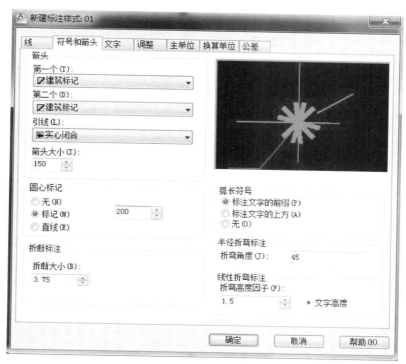

图11-11 标注符号和箭头设置

切换到"文字"选项卡,"文字颜色"为"白","文字高度"为"250",文字位置"垂直"为上,"水平"居中"从尺寸线偏移"150,在"文字对齐"选项中选择"与尺寸线对齐",其他为默认值,如图11-12所示。

图11-12　标注文字设置

切换到"调整"的选项卡,对文字位置、标注特征比例进行调整,如图11-13所示。

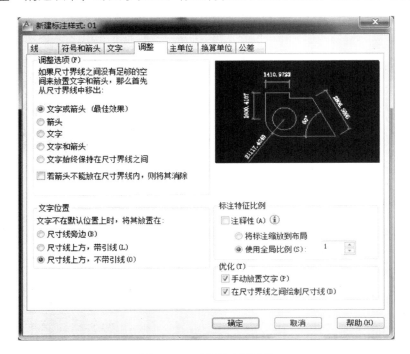

图11-13　标注调整设置

切换到"主单位"的选项卡，精度为"0"，其余保持默认值，如图11-14所示。

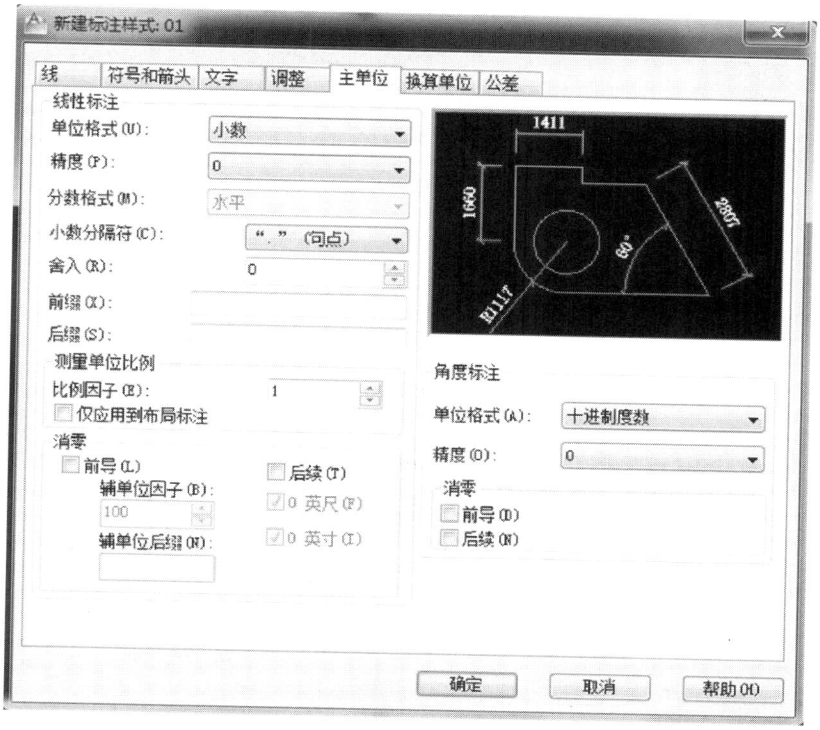

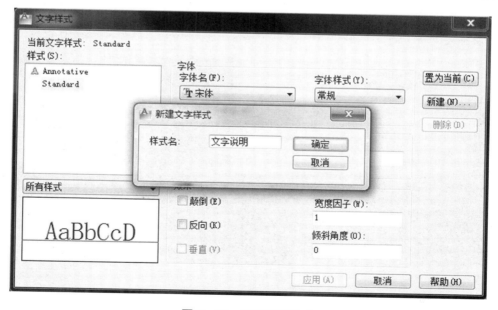

图11-14 标注主单位设置

在建筑立面图中，轴号、尺寸标注与建筑物外墙面的用料、具体做法的文字说明所采用的文字样式不相同，因此需要根据具体情况进行相关设置。

在菜单栏中选择"格式"→"文字样式"命令，通过弹出的"文字样式"对话框，单击"新建"，输入样式名称。"确定"后再进行字体、大小、高度等的调整，如图11-15、图11-16所示。

图11-15 新建文字样式

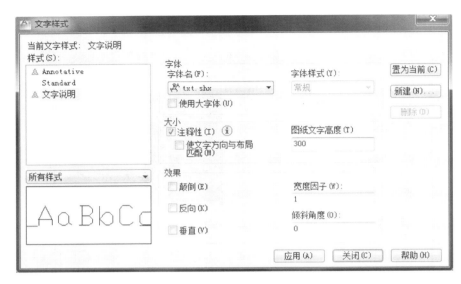

图11-16　新建文字样式设置

相关绘图参数设置完成后，就可以开始绘图了。

11.2.3　绘制正立面图

本案例延续第10章的建筑平面图绘制其正立面图，背立面图、侧立面图的绘图方法与正立面图一样，因而不再演示。

1. 绘制轴线

建筑立面图中的定位轴线和建筑平面图中的定位轴线是相对应的。打开建筑平面图，将文字、尺寸标注等内容的图层暂时隐藏，利用"绘图"工具栏的"直线"命令，按"F3"键打开"正交"，在标准层的平面图对应的一方绘制一条地平线，将"轴线"图层设置为当前图层，利用"直线"命令绘制出与地平线相垂直的建筑外墙对应线，如图11-17、图11-18所示。

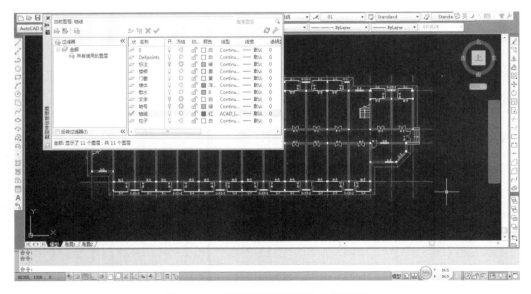

图11-17　将轴线图层设置为当前图层

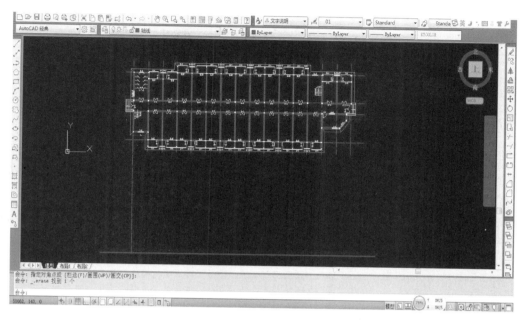

图11-18　设置初始轴线

　　单击"修改"工具栏上的"偏移"，按照平面图中的外轮廓墙体、门窗等位置依次绘制出水平轴线，如图11-19所示。

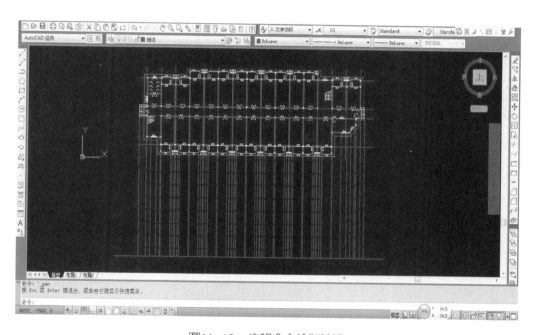

图11-19　偏移命令绘制轴线

　　水平方向的轴线绘制完成后，就可以绘制垂直方向的分割线。根据平面图上的标高显示，勒脚高度为600mm，建筑层高为3000mm，用户据此来进行偏移，如图11-20所示。

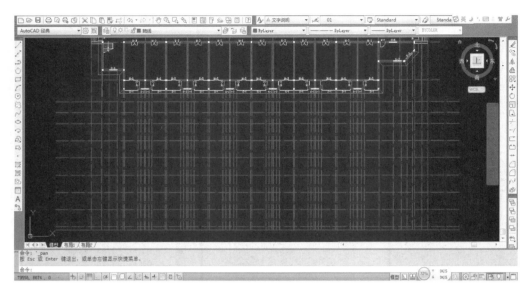

图11-20　绘制垂直分割线

2. 绘制墙体

单击"绘图"工具栏上的"多段线"命令绘制墙体界线和屋顶，"直线"命令在墙体界线内绘制墙体，如图 11-21 所示。

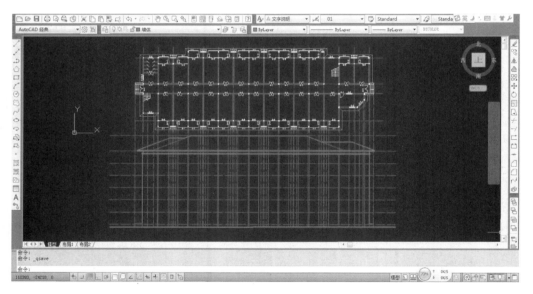

图11-21　绘制外墙线

3. 绘制门窗

在建筑立面图中，门和窗是不可缺少的部分，其高度一般根据楼层高度而定，利用"矩形"命令绘制不同规格的门窗。利用"绘图"工具栏的"矩形"命令和"修改"工具栏的"偏移"命令绘制窗户，完成后创建块。单击"修改"工具栏中的"阵列"命令，设置相关参数，如图 11-22 至图 11-25 所示。

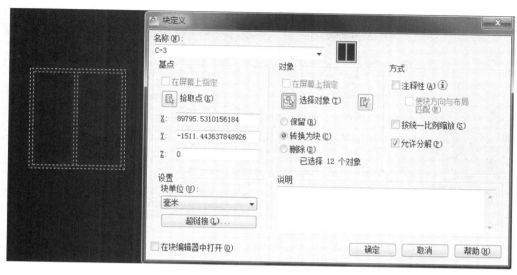

图11-22　将窗定义为块

```
命令: _arrayrect 找到 1 个
类型 = 矩形  关联 = 是
为项目数指定对角点或 [基点(B)/角度(A)/计数(C)] <计数>: b
指定基点或 [关键点(K)] <质心>:
为项目数指定对角点或 [基点(B)/角度(A)/计数(C)] <计数>: c
输入行数或 [表达式(E)] <4>: 5
输入列数或 [表达式(E)] <4>: 1
指定对角点以间隔项目或 [间距(S)] <间距>: s
指定行之间的距离或 [表达式(E)] <2250>: -3000
按 Enter 键接受或 [关联(AS)/基点(B)/行(R)/列(C)/层(L)/退出(X)] <退出>:
```

图11-23　用阵列命令复制窗

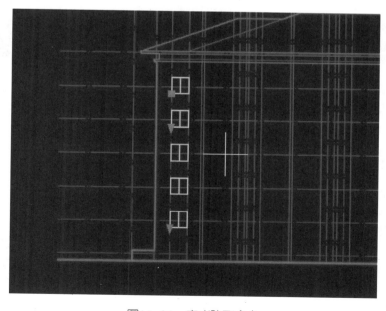

图11-24　完成阵列命令

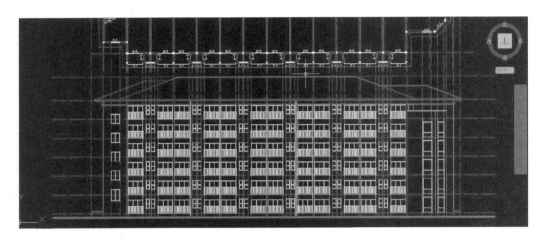

图11-25 完成所有图形的阵列

门窗、阳台采用同一方式完成。

11.2.4 尺寸标注和文字说明

建筑立面图中尺寸标注和文字注写的方法与建筑平面图一样，其最终效果如图 11-26 所示。

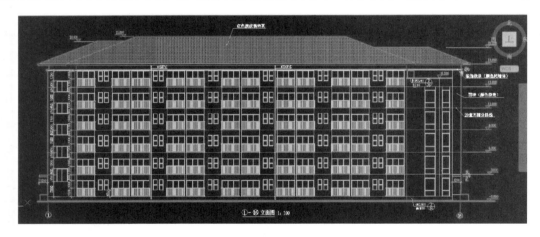

图11-26 完成立面图绘制

第12章

建筑剖面图绘制

12.1 建筑剖面图绘制简介

建筑剖面图，简称剖面图，它是假想用一铅锤剖切面将房屋剖切开后移去靠近观察者的部分，作出剩下部分的投影图。建筑剖面图是进一步反映建筑物内部的结构或构造方式图，如屋面（楼、地面）形式、分层情况、材料、做法、高度尺寸以及各部位的联系等。它与平、立面图互相配合用于计算工程量，指导各层楼板和屋面施工、门窗安装和内部装修等。剖切面的数量应根据建筑物的实际复杂程度和建筑物自身的特点来确定。

12.1.1 建筑剖面图的图示内容

建筑剖面图的图示内容包括以下几个方面。

（1）必要的定位轴线以及轴线编号。

（2）剖切到的屋面、楼面、墙体、梁等的轮廓以及材料做法。

（3）建筑物内部分层情况以及竖向、水平方向的分隔。

（4）即使没有被剖切到，但在剖视方向可以看到的建筑物构、配件。

（5）屋顶的形式以及排水坡度。

（6）标高以及必须标注的局部尺寸。

（7）必要的文字注释。

12.1.2 剖切位置及投射方向的选择

建筑剖面图的剖切位置来源于建筑平面图，一般选择在建筑物内部构造复杂或者具有代表性的位置，使之能够反映建筑物的内部构造特征。然后用一个假想的垂直剖切面，在剖切位置将房屋剖开，拿走左面部分，对剩余部分作侧面正投影，即类似于建筑平面图的形成，从左向右看，视线始终垂直于侧墙面，所看到的图形即是剖面图。剖切平面一般应平行于建筑物的长向或者宽向方向，并且宜通过门、窗洞。

12.1.3 剖面图的绘制步骤

绘制建筑剖面图的一般步骤如下。

（1）绘制地坪线、定位轴线、各楼层面线、楼面或者根据轴线绘制出所有被剖切到的墙体断面轮廓及未被剖切到的可见的墙体轮廓。

（2）绘制剖面图门窗洞口位置、楼梯平台、女儿墙、檐口及其他可见的轮廓线。

（3）绘制出各种梁的轮廓线以及断面。

（4）绘制楼梯、室内的设备、室外台阶以及其他可见的细节构件和楼面材质。

（5）标注尺寸以及标高，添加索引符号和必要的文字说明等内容。

12.2　绘制建筑剖面图

12.2.1　设置绘图参数

启动 AutoCAD，将系统模式设置为"AutoCAD 经典"，如图 12-1 所示。

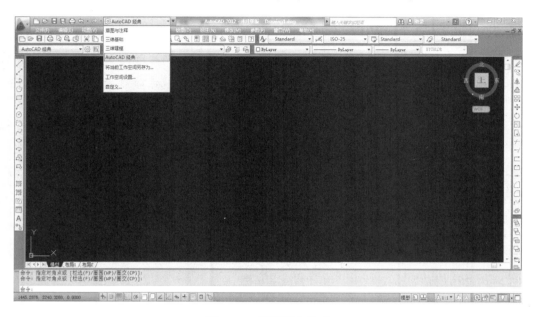

图12-1　设置经典模式

1. 单位设置

在菜单栏中选择"格式"→"单位"命令，或在命令行提示栏中输入"UNITS"或"UN",弹出"图形单位"对话框，长度类型为"小数"，精度为"0"；角度的类型为十进制度数，精度为"0"；插入时的缩放单位为"毫米"，其他为默认值，设置完成后，单击"确定"即可，如图 12-2 所示。

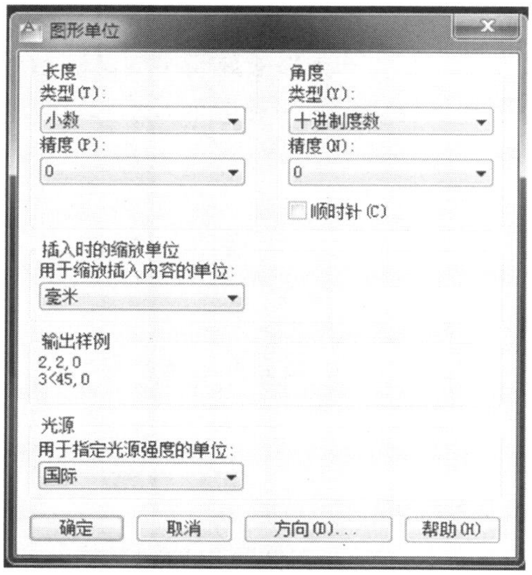

图12-2　设置单位

2.图层设置

在建筑立面图中，需要创建轴线、轴号、墙体、门窗、楼梯、标注、文字注释等图形，在菜单栏中选择"格式"→"图层"命令，或在命令提示栏中输入"layer"或"la"，或直接点击"图层"工具栏快捷方式，在弹出的"图层特性管理器"对话框中——对其进行新建与命名，如图12-3至图12-5所示。

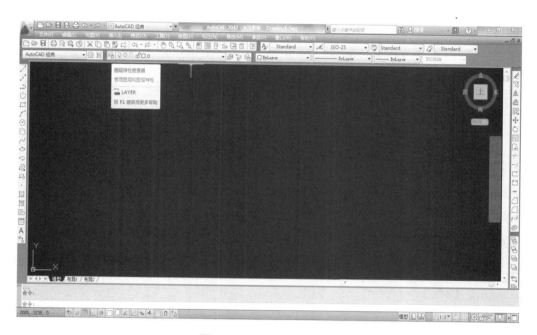

图12-3　开启图层管理器

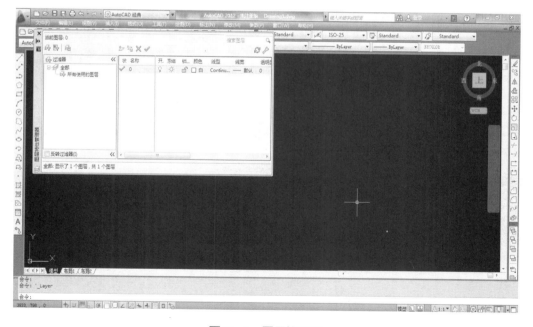

图12-4　图层管理器

图12-5　新建图层

在建筑立面图中，线型的颜色与平面图有所不同。

一般情况下：轴线为红色；墙线为黄色；门窗为青色；标注为绿色；文字为白色。

在"图层特性管理器"中设置线的类型和颜色。以轴线为例，对颜色的设置：点击颜色小方格，弹出"选择颜色"会话框，选择红色，如图12-6所示；对线型的设置：点击线型"Continuous"，在弹出的"选择线型"对话框中单击"加载..."后，在"加载或重载线型"中选择"ACAD_ISO04W100"选项，如图12-7所示。

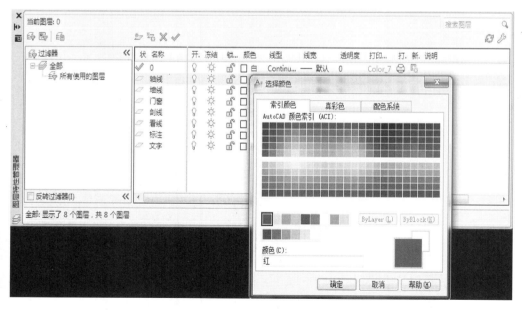

图12-6　设置图层颜色

图12-7　设置图层线型

所有图层基本设置完成，如图 12-8 所示。

图12-8　完成图层设置

　　用户可通过"标注样式管理器"对话框来进行相关设置，在菜单栏中选择"格式"→"标注样式"命令，在弹出的"创建新标注样式"对话框中，系统默认的标注样式是"ISO-25"，用户可根据需要"新建"，在弹出的"创建新标注样式"对话框中输入新名称，设置基础样式为"Standard"，单击"继续"，如图 12-9 所示。

图12-9　创建标注样式

在弹出的"新建标注样式"中，切换到"线"选项卡，设置尺寸线、尺寸界线的格式与特性，一般按默认设置"线型"和"线宽"值，颜色为"绿"色，"超出标记"设置为"0"，"基线间距"设置为"800"，"超出尺寸线"设置为"100"，"起点偏移量"设置为"300"，如图12-10所示。

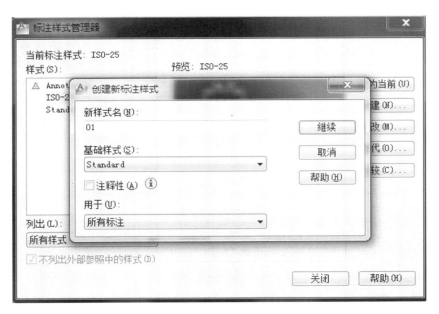

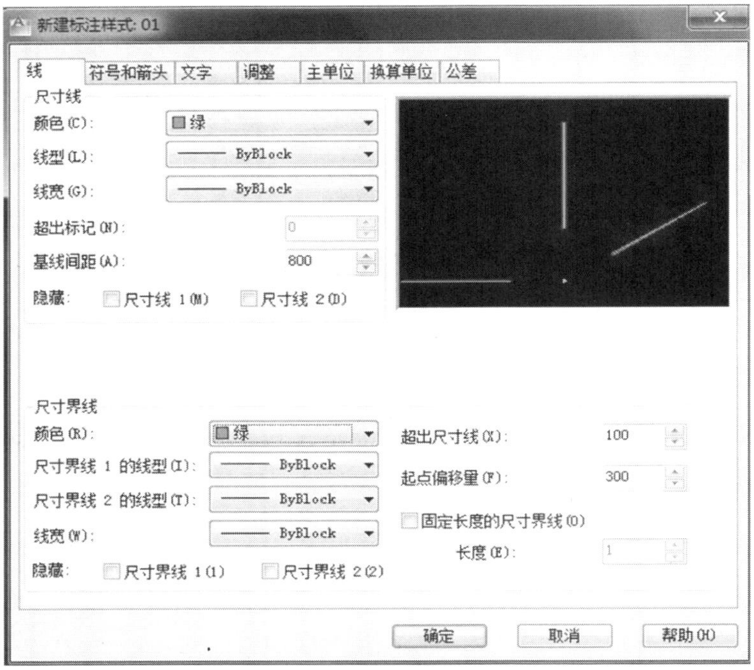

图12-10　标注线设置

切换到"符号与箭头"选项卡，"箭头形状"为"建筑标记"，"引线"默认为"实心闭合"，"箭头大小"为"150"，在"圆心标记"选项组中选择"标记"方式来显示圆心标记，设置"大小"为"200"，其余为默认值，如图12-11所示。

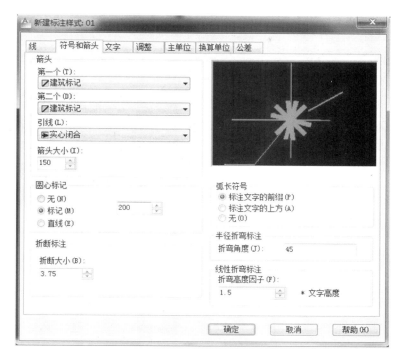

图12-11 标注符号和箭头设置

切换到"文字"选项卡,"文字颜色"为"白","文字高度"为"250",文字位置"垂直"为上,"水平"居中"从尺寸线偏移"150,在"文字对齐"选项中选择"与尺寸线对齐",其他为默认值,如图 12-12 所示。

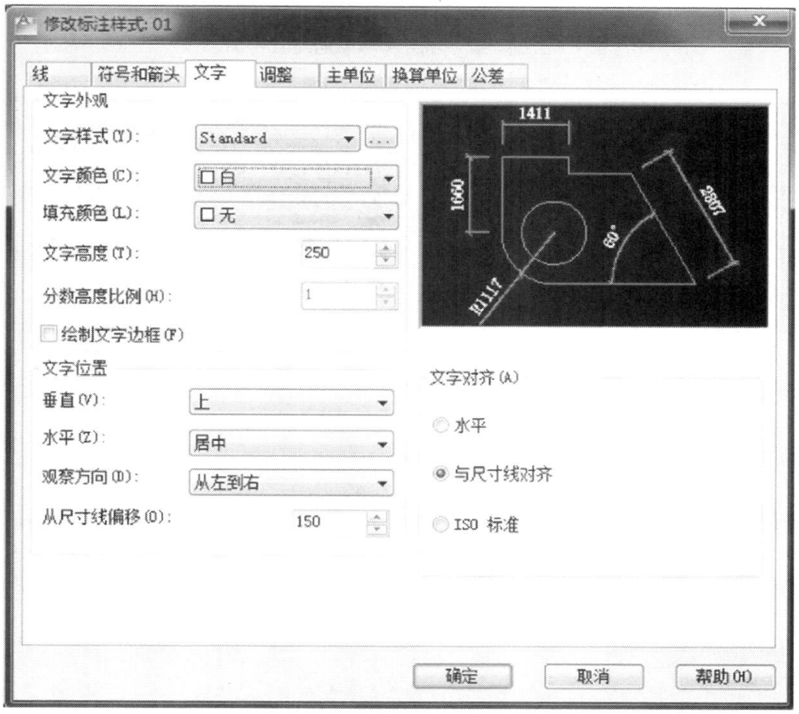

图12-12 标注文字设置

切换到"调整"的选项卡，对文字位置、标注特征比例进行调整，如图 12-13 所示。

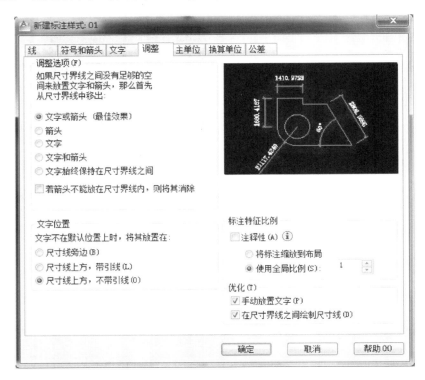

图12-13　标注调整设置

切换到"主单位"的选项卡，精度为"0"，其余保持默认值，如图 12-14 所示。

图12-14　标注主单位设置

在建筑立面图中，轴号、尺寸标注与建筑物外墙面的用料、具体做法的文字说明所采用的文字样式不相同，因此需要根据具体情况进行相关设置。

在菜单栏中选择"格式"→"文字样式"命令，通过弹出的"文字样式"对话框，单击"新建"，输入样式名称。确定后再进行字体、大小、高度等的调整，如图 12-15、图 12-16 所示。

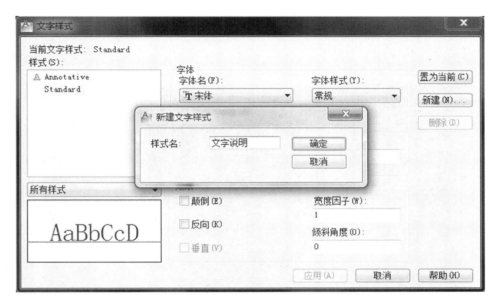

图12-15 新建文字样式

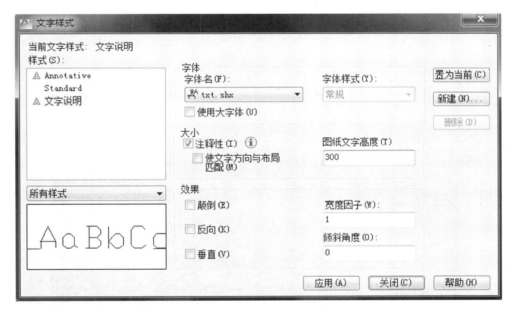

图12-16 新建文字样式设置

相关绘图参数设置完成后，就可以开始绘图了。

12.2.2 绘制剖面图

建筑剖面图主要包括绘制地坪线、墙体、楼板、门窗、楼梯、梁及其他构件。

1. 绘制地坪线

建筑地坪线就是地面水平线。地坪线以下的建筑结构不用详细画出，在建筑剖面图上分别绘制出建筑室内、外的地坪线即可。

选择图层，在"图层特性管理器" （LA）下拉列表中选择墙线图层作为当前图层。

绘制室内、外地坪线，在"绘图"工具栏单击"多段线"命令 ，或在命令提示栏中输入"pl"，根据建筑内部结构画出室内、外地坪线，并适当增加宽度，绘制好的地坪线如图12-17所示。

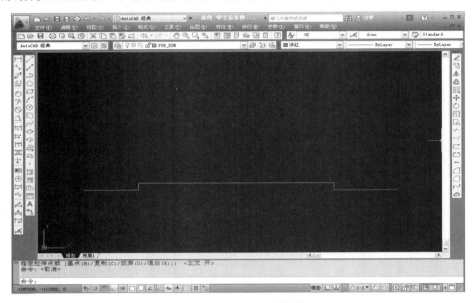

图12-17　完成地坪线绘制

绘制室内、外地坪台阶，在"绘图"工具栏单击"直线"按钮 ，或在命令提示栏中输入"l"绘制台阶基线。然后，在"修改"工具栏单击"偏移"按钮 ，或在命令提示栏中输入"o"，偏移出台阶踏步尺寸，再在"修改"工具栏单击"修剪"按钮 ，或在命令提示栏中输入"tr"修改台阶，最后完成台阶的绘制，如图12-18所示。

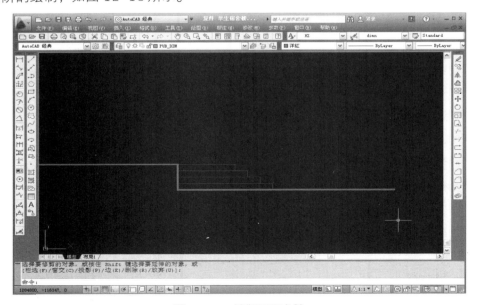

图12-18　绘制地面台阶

2. 绘制墙体及楼板

墙体是建筑剖面图上左、右两侧的承重结构。在剖面图中不用考虑墙体的具体材料，所以不用考虑填充问题；楼板就是各层的地板和楼梯间的休息平台，其分布具有一定的规律性。墙体和楼板的绘制步骤如下。

选择图层，在"图层特性管理器" 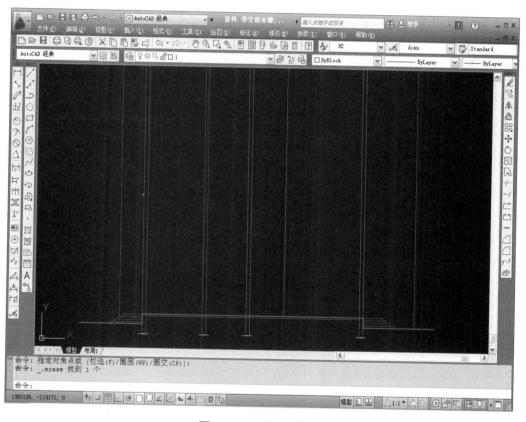（LA）下拉列表中选择墙线图层作为当前图层。

绘制墙体，剖面图墙体线大致分为两类：一类是被剖切到的线，这类线需要用加粗线表示，第二类是未被剖切到的看线，这类线用细实线表示。所以绘制剖切到的墙体时要使用"多段线"命令绘制，在绘制的过程中根据命令提示栏的提示设置线型的全局宽度。在"绘图"工具栏单击"直线"命令，直接绘制未被剖切到的墙体轮廓线，完成对墙体的绘制，如图12-19所示。

图12-19　墙体的绘制

绘制楼板，建筑剖面图中被剖切到的楼板可以用一组平行线来表示。在"绘图"工具栏中单击"直线"按钮或在命令提示栏中输入"l"，绘制楼板；然后，在"修改"工具栏中单击"偏移"按钮，或在命令提示栏中输入"o"偏移出楼板厚度，再单击"修剪"按钮或在命令提示栏中输入"tr"，修改穿过楼板的内墙线，完成对楼板的绘制，如图12-20所示。

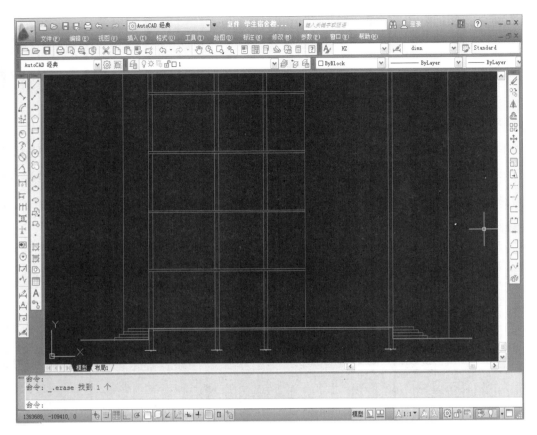

图12-20   绘制楼板和墙体

3. 绘制屋顶

教材中选用坡屋顶建筑，屋顶为斜板，在剖面图中用两条平行线表示即可。一般的坡屋顶建筑，会在屋面檐口处设置排水沟，以方便雨水有序地排放。屋顶的绘制步骤如下。

选择图层，在"图层特性管理器" （LA）下拉列表中选择墙线图层作为当前图层。

绘制屋面板，同样在绘制屋顶时也会遇到我们前面在绘制墙体时所讲的被剖切线与看线的粗细问题。所以绘制剖切到的屋面板时要使用"多段线"按钮 绘制，在绘制的过程中根据命令提示栏的提示设置线型的全局宽度，再在"修改"工具栏中单击"偏移"按钮 ，或在命令提示栏中输入"o"偏移出屋面板的厚度；在"绘图"工具栏单击"直线"按钮 ，或在命令提示栏中输入"l"，直接绘制未被剖切到的屋面轮廓线，完成对墙体的绘制。

绘制排水沟，在"绘图"工具栏中单击"多段线"按钮 ，或在命令提示栏中输入"pl"，在屋面檐口处绘制出简单的排水沟；然后，在"修改"工具栏中单击"修剪"按钮 ，或在命令提示栏中输入"tr"，剪去多余的线条以及穿过屋顶的楼板和墙线，完成对整个坡屋顶的绘制，如图12-21所示。

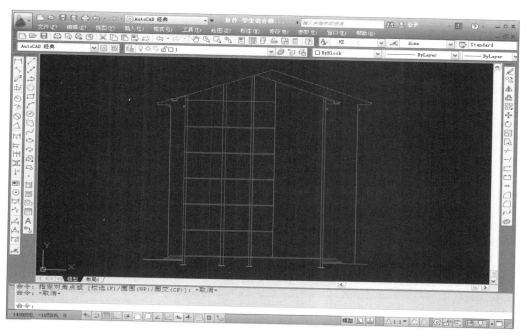

图12-21 完成屋顶绘制

4. 绘制门窗及其他构件

在建筑剖面图中，门窗主要分为两类：一类是未被剖切到的门窗，其绘制方法和建筑立面图中的门窗绘制方法相同；另一种是被剖切的门窗，其中窗户的绘制方法和平面图中的基本相似，而门的绘制方法与平面图中的门略有不同。剖面门窗的绘制步骤如下。

选择图层，在"图层特性管理器" 🔲（LA）下拉列表中选择门窗图层作为当前图层。

绘制剖面门，根据材料中的示范文件，我们需要绘制的是被剖切的门，其绘制方法与平面窗户的绘制方法类似。在"绘图"工具栏中单击"直线"按钮 ✏️，或者在命令提示栏中输入"l"，按实际尺寸绘制一个矩形；然后，在"修改"工具栏中单击"偏移"按钮 📋，或者在命令提示栏中输入"o"，绘制好一扇完整被剖切的门，如图 12-22 所示。

绘制剖面窗。根据材料中的示范文件，我们需要绘制的是被剖切的窗，绘制方法与剖面门相同，可参考其绘制步骤来完成，绘制好一扇完整被剖切的窗，如图 12-23 所示。

图12-22 被剖切的门

图12-23 被剖切的窗

绘制完成剖面门窗后的效果图如图 12-24 所示。

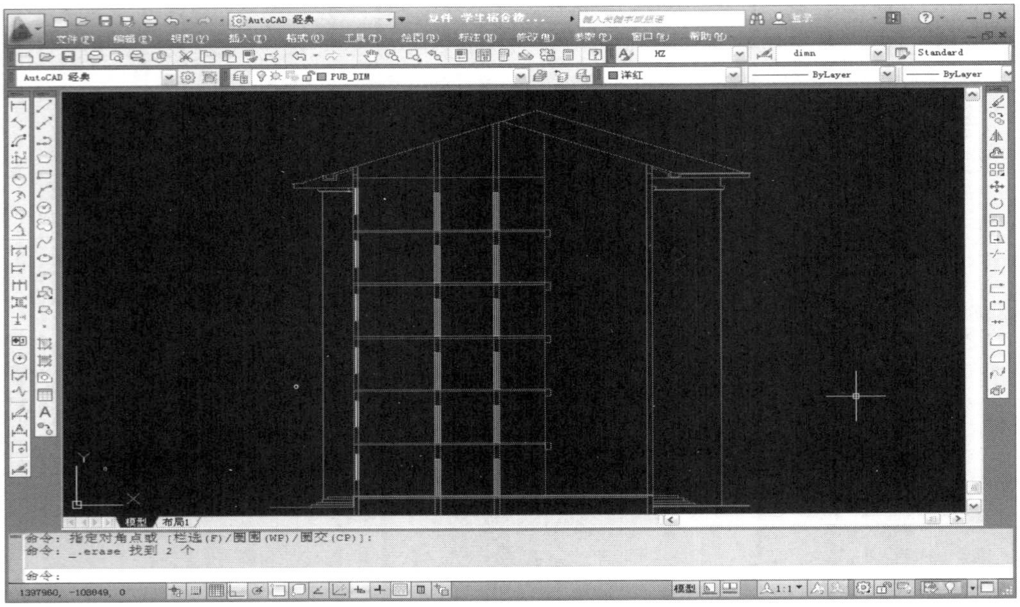

图12-24 完成门窗绘制

5. 绘制楼梯

楼梯的绘制是剖面图中最常见的，也是剖面图中绘制比较复杂的一部分。建筑剖面图一般都要剖到一个楼梯和一个休息平台，被剖切的楼梯部分用粗实线绘制，并填充材料；未被剖切的楼梯部分用细实线绘制。楼梯一般分为台阶、扶手和栏杆几部分。具体绘制步骤如下。

选择图层，在"图层特性管理器" (LA)下拉列表中选择楼梯图层作为当前图层。

绘制台阶，首先，对照平面图中楼梯踏步的个数及层高来计算剖面图中楼梯台阶的尺寸。然后，在"绘图"工具栏中单击"多段线"按钮，或在命令提示栏中输入"pl"，绘制出第一个楼梯；用相同的方法绘制出另外一个楼梯。绘制好台阶的楼梯如图 12-25 所示。

绘制扶手，在"绘图"工具栏中单击"直线"按钮，或在命令提示栏中输入"l"，根据实际的尺寸需求绘制出楼梯扶手，绘制完成的扶手楼梯如图 12-26 所示。

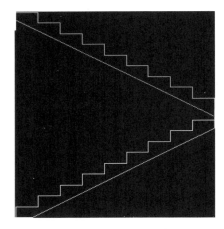

图12-25 台阶的绘制

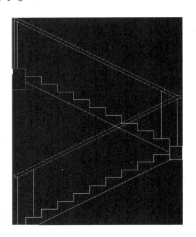

图12-26 扶手的绘制

绘制完成楼梯后的剖面效果图如图 12-27 所示。

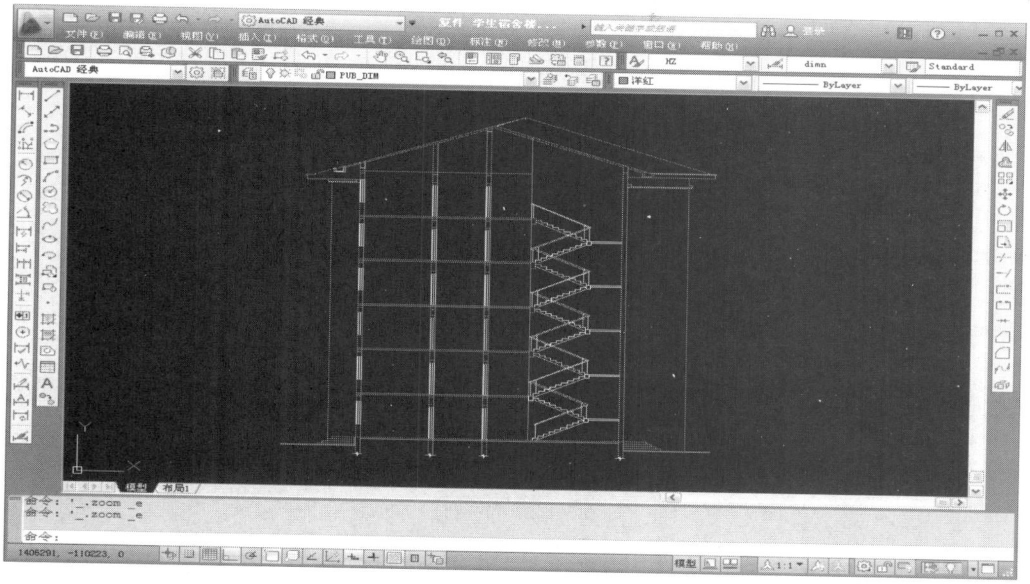

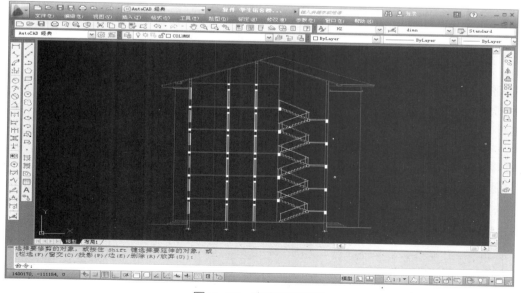

图12-27　完成楼梯的绘制

6. 绘制梁

梁是设置在楼板下面，或者设置在门、窗的顶部，起承重作用的建筑结构，楼梯下面也有梁加固。梁的绘制非常简单，具体步骤如下。

选择图层。在"图层特性管理器" 🔲（LA）下拉列表中选择梁图层作为当前图层。

绘制梁，在"绘图"工具栏中单击"矩形"按钮□，或在命令提示栏中输入"rec"，根据不同位置的需要绘制不同尺寸的矩形；再在"绘图"工具栏中单击"图案填充"按钮 🔲，或在命令提示栏中输入"h"，弹出"图案填充和渐变色"对话框，在"图案"下拉列表中选择"solid"图案，再单击"确定"按钮退出对话框，完成梁的填充。绘制完成的梁的样式如图 12-28 所示。

图12-28　完成梁的绘制

7. 绘制剖面图案填充

根据建筑物自身的特点和需求，建筑剖面图中还需要绘制一些其他的建筑构件，如阳台、雨篷等；最后，对剖面所得到的墙体、楼板、屋面及楼梯加以填充即可。该部分的绘制也相对简单，具体步骤如下。

选择图层，在"图层特性管理器" (LA) 下拉列表中选择填充图层作为当前图层。

剖面图案填充。剖面图的填充不需要表达建筑物的材料性质，只需要填充黑色即可。再在"绘图"工具栏中单击"图案填充"按钮 ，或在命令提示栏中输入"h"，弹出"图案填充和渐变色"对话框，在"图案"下拉列表中选择"solid"图案，再单击"确定"按钮退出对话框，完成梁的填充。完成图案填充的剖面如图 12-29 所示。

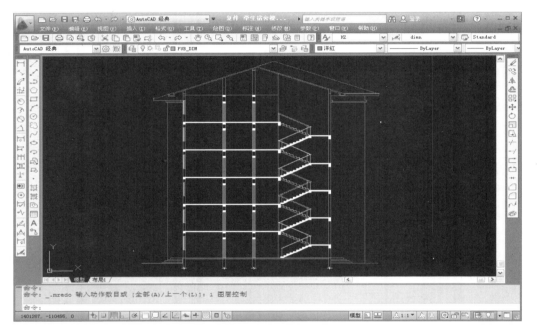

图12-29　完成图案填充

12.2.3　尺寸标注和文字说明

建筑剖面图需要绘制的部分前面已经基本全部介绍，最后要做的工作就是对图面进行补充，如添加尺寸标注及必要的文字说明。这些虽然是后期的工作，但也是建筑制图中重要的环节，完成了这些环节的工作，图面表达就显得更加完整。

1. 尺寸标注

建筑剖面图的尺寸标注和建筑立面图的尺寸标注步骤基本相同，主要包括标高标注和主要构件标注等。具体步骤如下。

选择图层，在"图层特性管理器" (LA) 下拉列表中选择标注图层作为当前图层。

绘制标高尺寸，与建筑立面标注标高尺寸一样，首先绘制一个标高符号，将除数字以外的部分结成图块，然后在需要标注标高的位置插入标高符号并输入相对应的标高数字即可。绘制完成标高符号的剖面效果如图 12-30 所示。

　　标注尺寸线,剖面图中标高以外的其他尺寸标注同平面图一样。前面已经进行了标注样式的设置,在此直接进行标注。首先, 在菜单栏中选择"标注"→"线性"标注按钮 ,选择第一条标注尺寸线的两个界线原点,完成其尺寸标注;然后,选择"连续"标注按钮 ,完成其他需要标注的尺寸线。完成尺寸标注的剖面效果如图12-31所示。

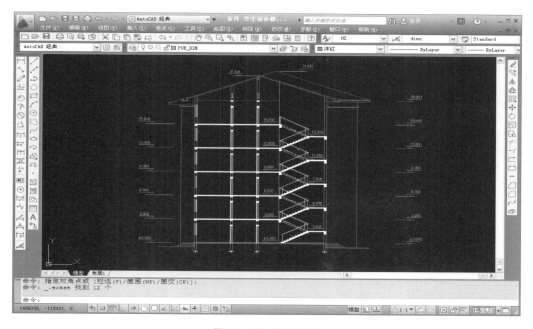

图12-30　建立标高

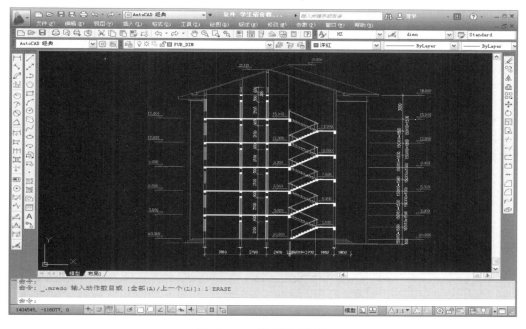

图12-31　完成尺寸标注

　　同样,要注意的是建筑剖面图中,除了标高尺寸之外,根据建筑本身的特点及需要,还需要标注出定位轴线和轴线的编号,以便与平面图对照,表明剖面图所在的范围,如图12-32所示。

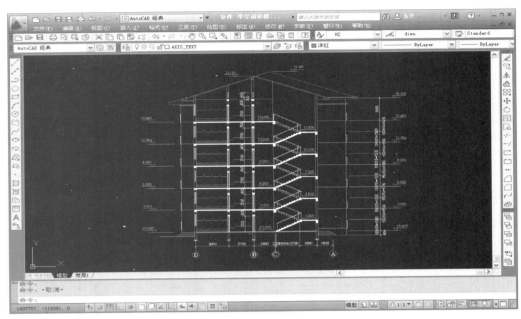

图12-32 轴号标注

2. 文字说明

剖面图的文字标注除图名外，根据剖面设计的需要，还要对一些特殊的结构进行说明，例如，构件所用的材料、详图索引以及其他必要的文字说明等。剖面的文字说明同建筑立面的文字注释基本相同，在此不再重复介绍。可以参照立面文字注释的方法添加剖面的文字说明。完成文字说明的剖面效果如图 12-33 所示。

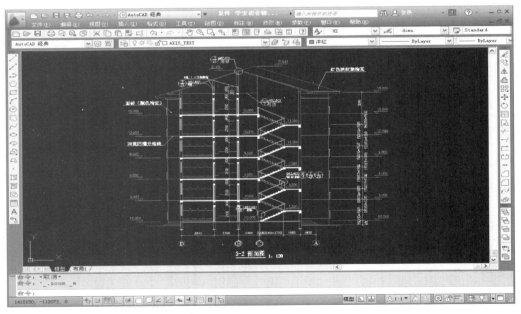

图12-33 文字说明

尺寸标注和文字说明完成之后，建筑剖面图的全部内容就已经绘制完成。建筑剖面图是建筑设计过程中的一个基本组成部分，需要注意的是，建筑剖面图必须和平面图、立面图相互对应。

建筑详图是建筑细部的施工图，是建筑平面图、立面图、剖面图等基本图纸的补充和深化，是建筑工程的细部施工、建筑构件的制作及编制决算的依据。

13.1 建筑详图绘制简介

13.1.1 建筑详图的概念

建筑平面图、立面图和剖面图是建筑物施工图的主要图样，它们已经将建筑物的形状、结构、尺寸等表示清楚了，但由于画图一般采用较小的比例，一些建筑构件（如门、窗、楼梯等）和建筑剖面节点（如檐口、窗台、散水等）的详细构造、尺寸、做法及施工要求在图纸上都无法注释。为了满足施工的需要，建筑物的某些部位必须绘制较大比例的图样才能清楚地表达出来。这种对建筑的细部或构配件，用较大的比例将其形状、大小、材料和做法，按正投影图的画法详细表示出来的图样，称为建筑详图。因此，建筑详图是建筑平、立、剖面图的补充。

13.1.2 建筑详图图示内容

建筑施工图通常要绘制以下几种详图：外墙身剖面详图、楼梯详图、门窗详图及室内外一些构配件的详图。各详图的主要内容包括以下几方面。

(1) 图名（或详图符号）、比例。

(2) 表达出构件各部分的构造连接方法及相对位置关系。

(3) 表达出各部位、各细部的详细尺寸。

(4) 详细表达构件或节点所用的各种材料及其规格。

(5) 有关施工要求、构造层次及制作方法说明等。

13.1.3 详图的绘制步骤

每一栋建筑的设计都是各不相同、千差万别的。所有的标准图集都不可能涵盖一栋建筑的全部构造形式，而且在平面、立面、剖面施工图中还有一些不能表达的尺寸定位和建筑构件，为了满足施工的需要，必须将这些部位的形状、尺寸、材料、做法等放大比例后再绘制建筑详图（或称建筑大样图）来详细表达。常用的比例为 1 : 1、1 : 2、1 : 5、1 : 10、1 : 20、1 : 50。绘制详图（大样图）的具体步骤如下。

(1) 设置绘图环境。

(2) 绘制条件图。

(3) 图案填充。

(4) 尺寸标注和文字说明。

13.2　建筑单元详图绘制

13.2.1　外墙身详图绘制

就像用一个垂直于墙体轴线的铅垂剖切面，将墙体某处从防潮层剖开，得到的建筑剖面图的局部放大图即为外墙详图。外墙详图主要表达了屋面、楼面、地面、檐口构造、楼板与墙连接、门窗顶、窗台和勒脚、散水、防潮层、墙厚等外墙各部位的尺寸、材料、做法等详细构造情况。

外墙剖面详图实质上是建筑剖面图中外墙部分的局部放大图。一般采用 1 ：20 的较大比例绘制，为节省图幅，通常采用折断画法，往往在窗洞中间处断开，称为几个节点详图的组合。外墙身剖面详图上标注尺寸和标高，与建筑剖面图基本相同，新型也与剖面图一样，剖到的轮廓线用粗实线，粉刷线则为细实线，断面轮廓线内应画上材料图例。屋面、地面和楼面的构造，采用多层构造文字说明方法表示。

在开始绘制外墙剖面详图前，也要先对绘图环境进行相应的设置，做好绘图前的准备。

首先，将 CAD2012 界面设置成为"AutoCAD 经典"，如图 13-1 所示。

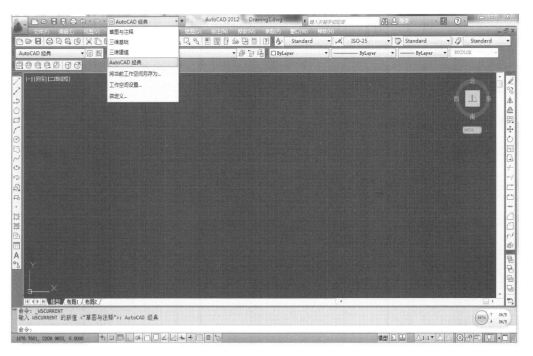

图13-1　经典模式

1. 绘图单位设置

建筑工程中，长度类型为"小数"，精度为"0"；角度的类型为"十进制数"，角度以逆时针方向为正，方向以东为基准角度。

在菜单栏中选择"格式"→"单位"命令，如图 13-2 所示。或在命令提示栏中输入"units"或"un"，将弹出"图形单位"对话框，如图 13-3、图 13-4 所示。用户可在对话框中进行绘图单位的设置。

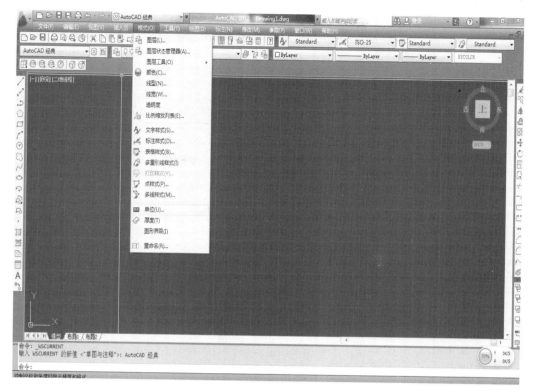

图13-2 开启单位设置

图13-3 图形单位

图13-4　单位设置

2. 图层设置

建筑总平面图的轴线、建筑、道路、植物、文字、标注等不同的图形，所具有的属性是不一样的。为了便于管理，把具有不同属性的图形放在不同的图层上进行处理。

首先创建图层。在菜单栏中选择"格式"→"图层"命令，或在命令提示栏中输入"layer"或"la"，弹出"图层特性管理器"对话框。

再根据首层平面，建立如下图层：轴线、网格、建筑、道路、植物、标注、文字、填充 8 个图层，并对其一一进行设置，操作步骤如图 13-5 至图 13-8 所示。

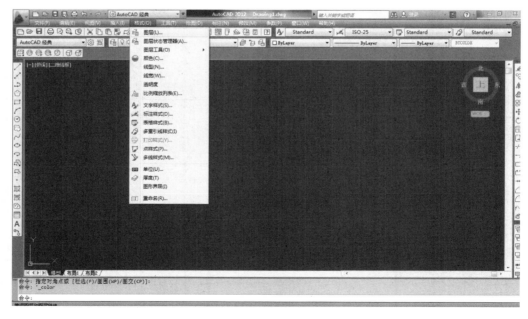

图13-5　开启图层命令

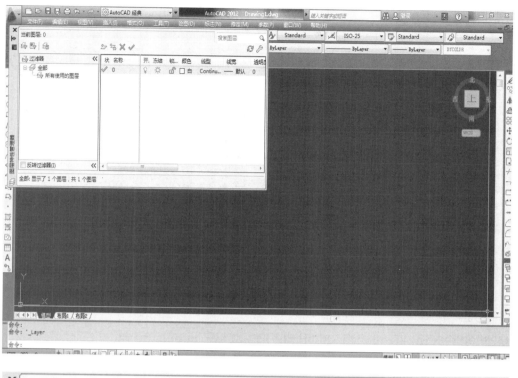

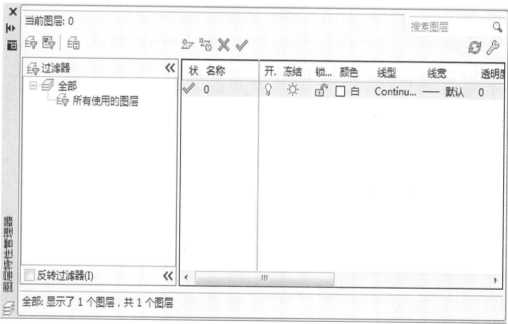

图13-6　图层管理器

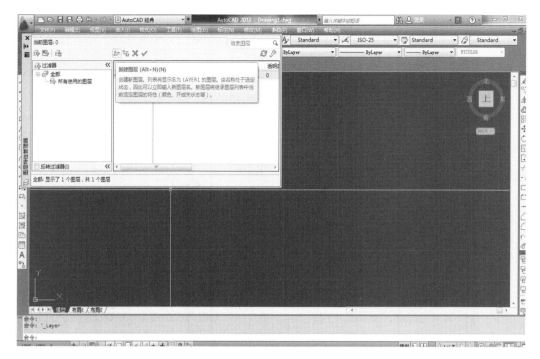

图13-7　新建图层

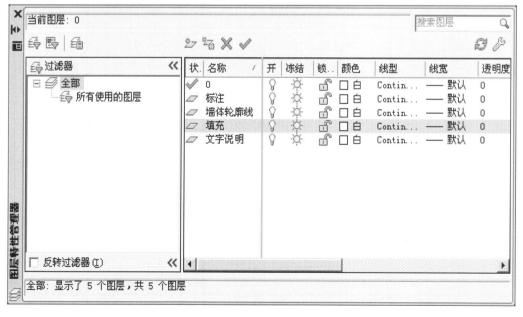

图13-8　完成图层创建

3. 线型设置

线型设置包括对线型、颜色、线宽的设置，如图 13-9 所示。

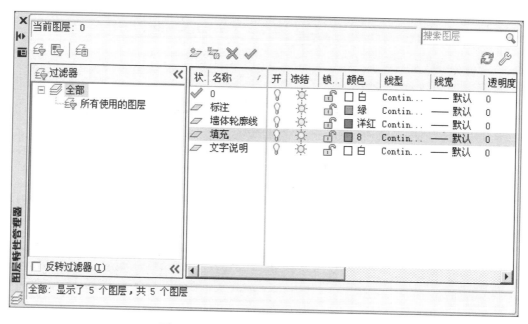

图13-9　设置各图层的线宽线型和颜色

4. 标注样式设置

尺寸标注是建筑工程图中的重要组成部分。但AutoCAD的默认设置，不能完全满足建筑工程制图的要求，因而用户需要根据建筑工程制图的标准对其进行设置。用户可利用"标注样式管理器"设置自己需要的尺寸标注样式。

在菜单栏中选择"格式"→"标注样式"命令。或在命令提示栏中输入"dimstyle"或"d"，如图13-10至图13-12所示。

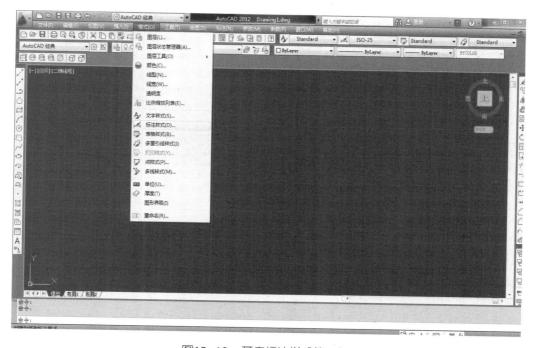

图13-10　开启标注样式管理器

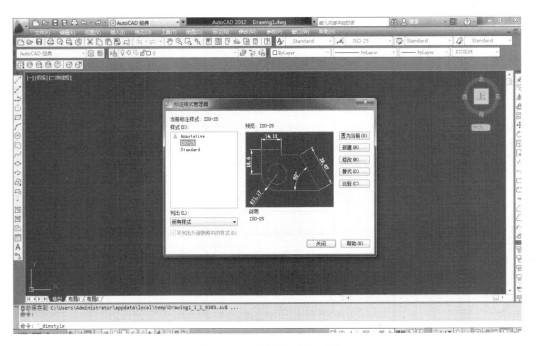

图13-11　标注样式管理器

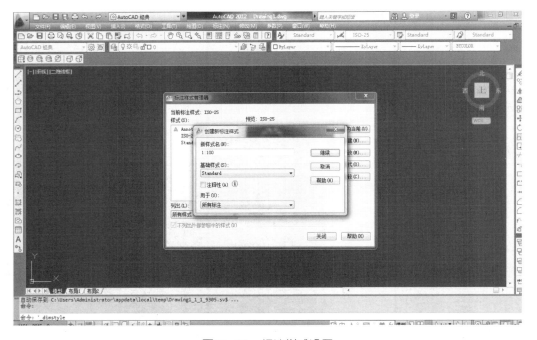

图13-12　标注样式设置

1）线选项卡

在"线"选项卡中设置尺寸线、尺寸界线的格式。一般按默认设置"颜色"和"线宽"值,"基线间距"设置为"800","超出标记"设置为"0"。通过"尺寸线"选项组还可设置在标注尺寸时隐藏第一条尺寸线或者第二条尺寸线。对"尺寸界线"的设置具体为:把"颜色"和"线宽"设为默认值,"超出尺寸线"设置为"100","起点偏移量"设置为"300",如图 13-13 所示。

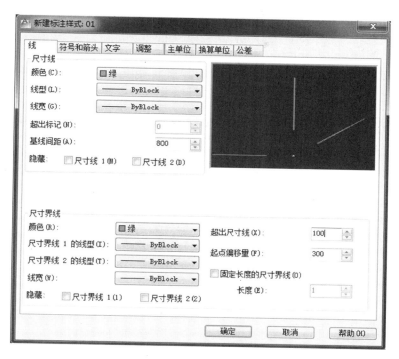

图13-13　设置线选项卡

2）符号和箭头选项卡

在"符号和箭头"选项卡中修改"箭头形状"为"建筑标记"形状，"引线"选择默认为"实心闭合"，设置"箭头大小"为"150"。在"圆心标记"选项组中选择"标记"方式来显示圆心标记，设置"大小"为"200"，如图13-14所示。

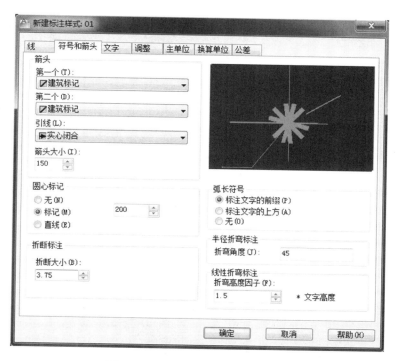

图13-14　设置符号和箭头选项卡

3）文字选项卡

在"文字"选项卡中，单击"文字样式"后的按钮，设置字体为"txt.shx"，"文字颜色"为默认；"文字高度"为"250"；不勾选"绘制文字边框"复选项。在"文字位置"选项组中设置"从尺寸线偏移"为"150"。在"文字对齐"选项中选择"与尺寸线对齐"，如图13-15至图13-17所示。

图13-15　文字设置

图13-16　文字样式设置

图13-17 完成文字设置

4）调整选项卡

用户还可在"调整"选项卡中对文字位置、标注特征比例进行调整。在本例中"使用全局比例"为"1"，如图 13-18 所示。

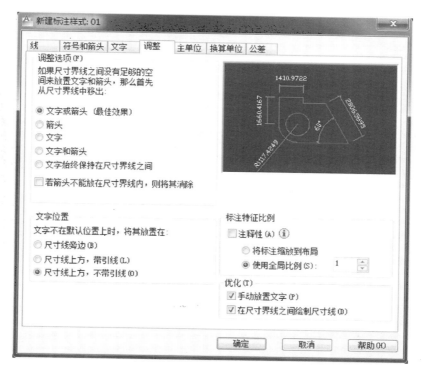

图13-18 调整设置

5）主单位选项卡

用户在"主单位"选项卡中设置精度为"0"，如图13-19所示。

图13-19　主单位设置

5. 文字样式设置

建筑工程图的详图中，都有一些关于功能、施工工艺以及材料的文字说明，将这些文字说明放在"文字标注"图层。

在菜单栏中选择"格式"→"文字样式"命令，或在命令提示栏中输入"style"或"st"命令，弹出"文字样式"对话框。通过"文字样式"对话框设置文本格式。在本例中，样式名为"H300"，字体为大字体"whgtxt.shx"，字高为"300"，如没有"Hztxt.shx"字体，可将此字体文件拷贝到AutoCAD的字库中，如图13-20、图13-21所示。

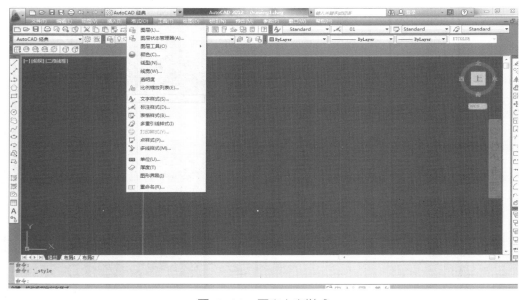

图13-20　开启文字样式

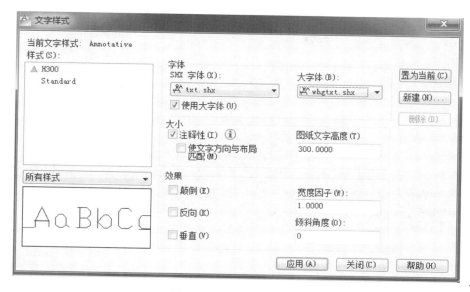

图13-21 文字样式设置

经过前期的设置后，就可以开始绘制外墙身详图了。

(1) 绘制墙体轮廓线和室内、外地坪线。在绘图时要注意墙体轮廓线的线宽。

将"墙体轮廓线"图层设置为当前图层。在绘图工具栏中单击"多段线"命令，或在命令提示栏中输入"pl"，根据数据绘制出墙体的轮廓线，在绘制过程中按照命令提示栏的提示给墙体轮廓线设置相应的宽度。再使用修改工具栏中的"偏移"和"修剪"命令对多余的线型进行编辑和调整，最后完成墙体轮廓线的绘制，如图 13-22 所示。

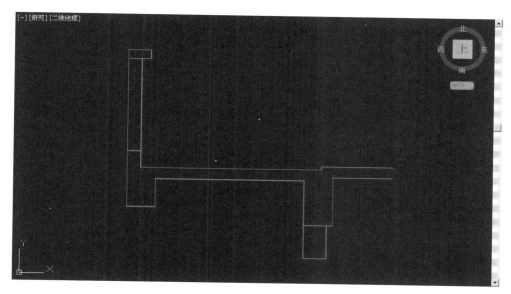

图13-22 绘制墙体轮廓线

(2) 粉刷层轮廓线。详图中要表明外墙粉刷层的厚度。

将"粉刷层轮廓线"图层设置为当前图层。在绘图工具栏中单击"直线"命令，或在命令提示栏中输入"l"，根据数据绘制出粉刷层轮廓线，再使用修改工具栏中的"偏移"和"修剪"命令对多余的线型进行编辑和调整，最后完成墙体轮廓线的绘制，如图 13-23 所示。

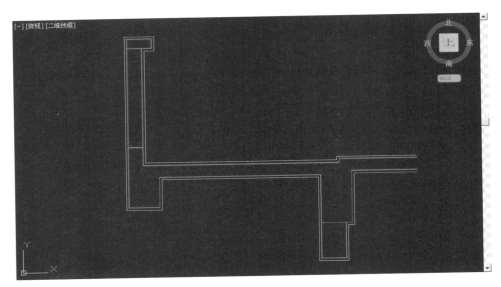

图13-23　绘制粉刷层轮廓线

　　(3) 绘制图案填充。在详图中，对每种建筑材质都有特殊的要求，要使用不同的图案进行填充。
　　将"填充"图层设置为当前图层。在绘图工具栏中单击"填充"命令，或在命令栏输入"bh"，弹出"图案填充和渐变色"对话框，在该对话框中对其进行相应设置。将"图案"设置为"钢筋混凝土"，"角度"设置为"0"，"比例"设置为"30"。填充完毕后，删除不需要的辅助线条，如图13-24、图13-25所示。

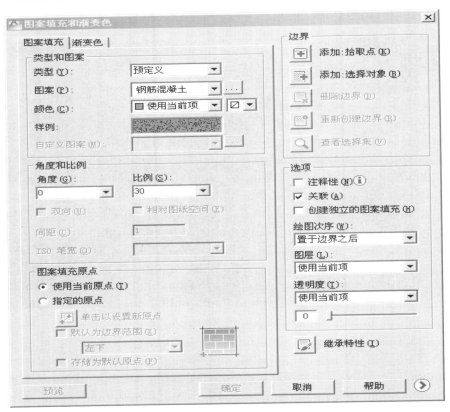

图13-24　图案填充设置

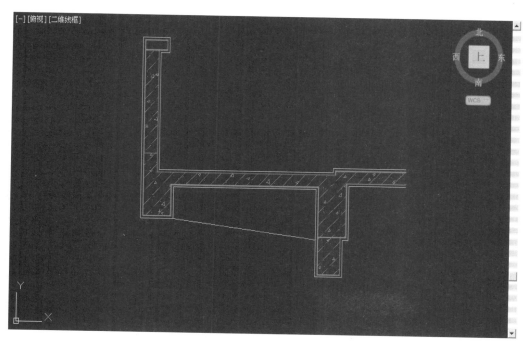

图13-25 绘制图案填充

(4) 绘制相应的文字与符号标注。文字内容主要是详细的做法、注意事项；符号标注有尺寸标注、标高标注、图名与比例标注等。

将"标注"图层设置为当前图层。在菜单栏中选择"标注"→"线性"命令和"连续"命令，将图面上的主要定位尺寸标注出来。

执行"文字"命令，完成总平面图上的文字注释部分，最后整理图形完成外墙详图绘制，如图13-26所示。

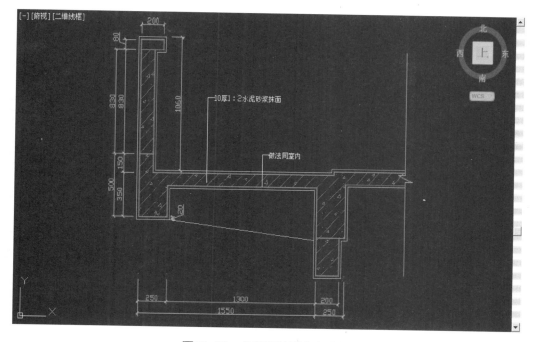

图13-26 绘制标注和文字注释

13.2.2 楼梯详图绘制

楼梯是多层建筑物中上下交通的主要设施，目前多采用现浇钢筋混凝土楼梯。楼梯一般由楼梯段（简称梯段，包括踏步或斜梁）、休息平台（包括平台和梁）、栏板（或栏杆）等组成。楼梯的构造比较复杂，一般需要另画详图，主要表示楼梯的类型、构造形式、各部位尺寸及装修做法，是楼梯施工放样的主要依据。楼梯详图一般包括楼梯平面图、剖面图及踏步、栏杆、扶手等处的节点详图。下面将对楼梯详图的绘制内容做较为全面的讲解：

（1）设置绘图环境，对图层特性的设置。修改图层名称、颜色、线型、线宽等参数，如图13-27所示。具体操作参见前期案例。

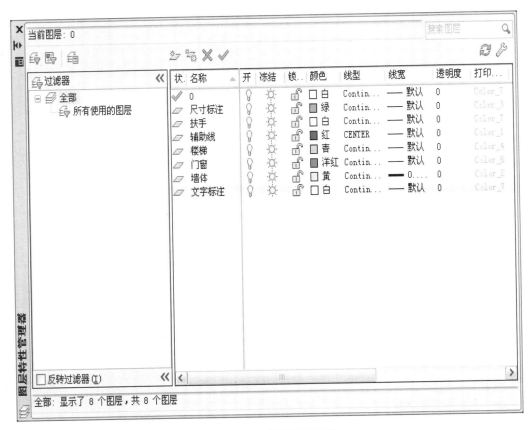

图13-27   设置绘图环境

（2）绘制辅助，将"辅助线"图层设置为当前图层，在"绘图"工具栏中点击"直线"（L）按钮 绘制出初始辅助线。再在"修改"工具栏中点击"偏移"（O）按钮，按照辅助线不同的间隔距离对初始辅助线进行偏移复制，完成辅助线的初始绘制，如图13-28所示。

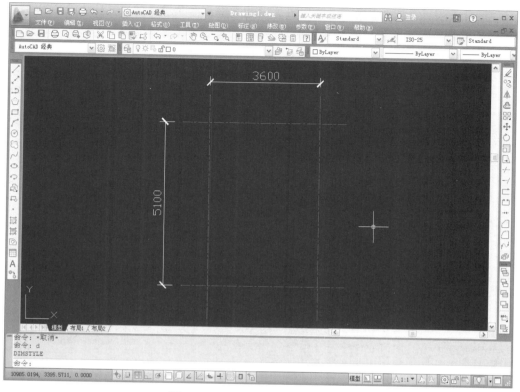

图13-28　完成初始辅助线的绘制

（3）绘制楼梯平面图墙线，使用"偏移"命令 将水平辅助线分别向两侧偏移120、120；将垂直辅助线分别向两侧偏移120、250，如图13-29所示。

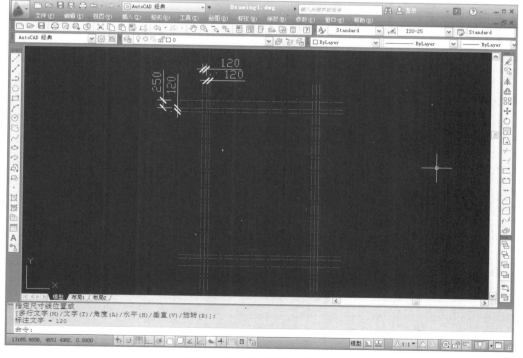

图13-29　绘制墙体辅助线

（4）绘制楼梯间窗线，将"墙体"图层设置为当前图层，使用"多段线"（PL）命令 绘制墙线，在绘制过程中根据命令提示栏提示将墙线宽度W设置为45；再将"门窗"图层设置为当前图层，使用"直线"（L）命令 和"偏移"（O）命令 ，绘制窗线，如图13-30所示。

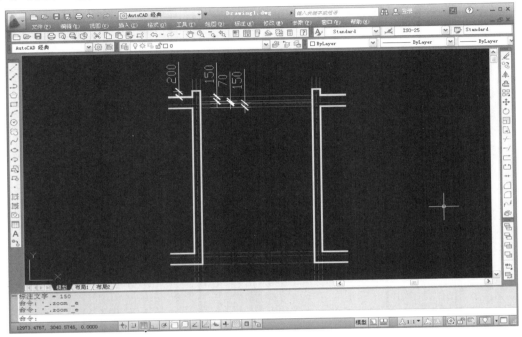

图13-30　绘制窗线

（5）绘制楼梯间台阶线，将"楼梯"图层设置为当前图层，使用"直线"（L）命令 绘制出初始台阶线，使用"偏移"（O）命令 将初始台阶线往上偏移380，再将偏移后的线段继续向上偏移300，再继续偏移8次，形成10步台阶，最后完成台阶线的绘制，如图13-31所示。

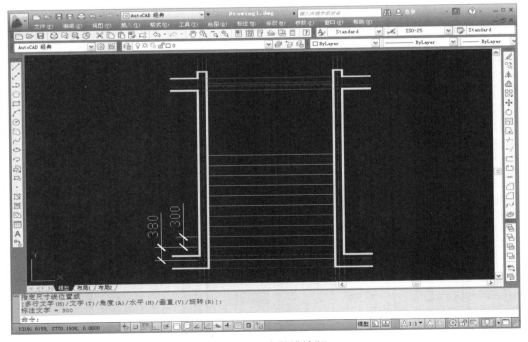

图13-31　台阶线绘制

（6）绘制楼梯间扶手，使用"直线"（L）命令✐过台阶线的中点做垂直的辅助线，并用"偏移"（O）命令🔲向两侧偏移80，如图13-32所示。删去中间的辅助线，将剩下的两条辅助线向内偏移40，通过"直线"（L）命令✐和"修剪"（TR）命令✂绘制出楼梯扶手，如图13-33所示。

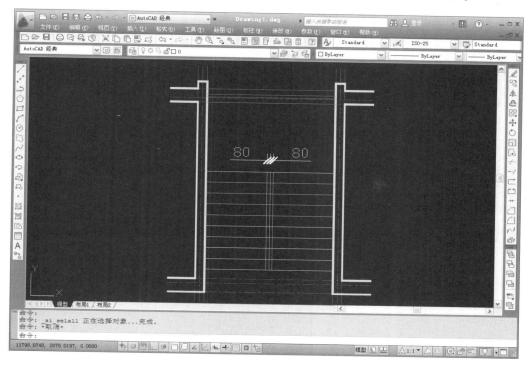

图13-32　绘制扶手辅助线

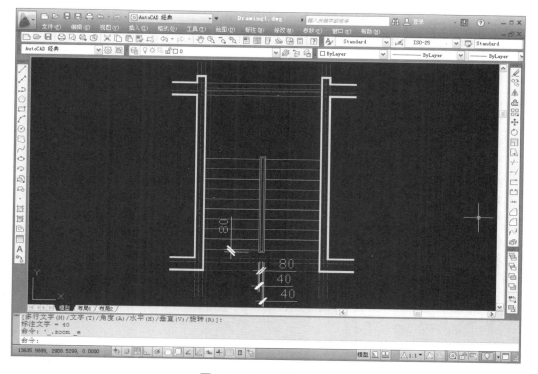

图13-33　绘制楼梯扶手

(7) 绘制楼梯间方向箭头和折断线，以右侧的第三条台阶线的左端为起点，使用"直线"命令 ✒️ 做 45° 的折断线，并绘制箭头，再使用"直线"（L）命令 ✒️ 在墙线处绘制折断符号，如图 13-34 所示。

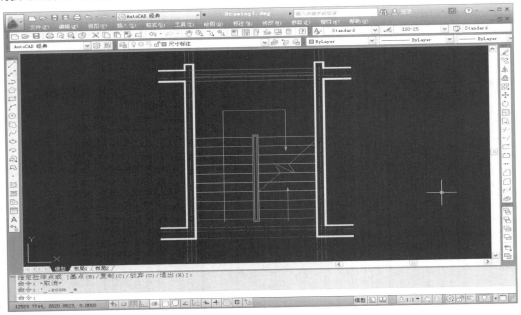

图13-34 绘制箭头和折断线

(8) 绘制标注、注释文字及辅助符号，包括楼梯剖面详图的剖切位置、详图索引、必要的标高、楼梯间被剖到的轴线编号以及轴线尺寸、平台宽度、梯段长度、图名及比例。

将"标注"图层设置为当前图层。在菜单栏中选择"标注"→"线性"命令和"连续"命令，将图面上的主要定位尺寸标注出来。

执行"文字"命令，完成总平面图上的文字注释部分。最后，整理图形完成外墙详图绘制，如图 13-35 所示。

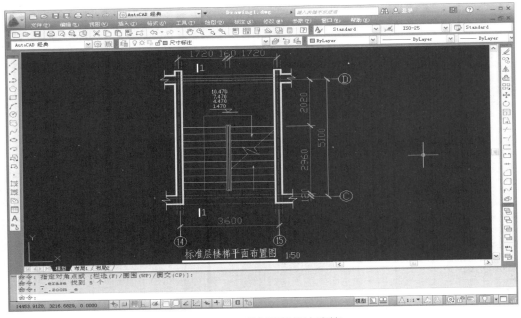

图13-35 绘制标注和文字等

将绘制的楼梯标准层平面图进一步进行修改，得到楼梯底层、顶层平面图。需要注意的是，顶层平面图的剖段位置在楼梯之上，因此踏面是完整的，只有下行，所以楼梯上没有折断线，注意画上楼面临空的水平栏杆，如图13-36所示。

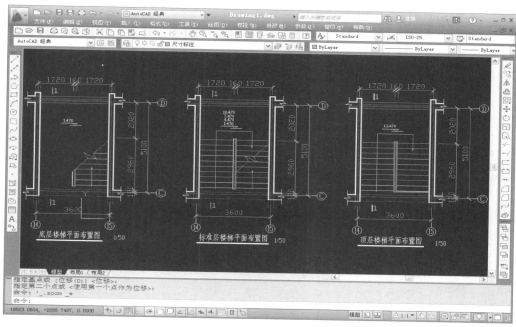

图13-36　完成楼梯间平面详图绘制

接下来绘制楼梯间剖面详图。

（1）绘制辅助线。将"辅助线"图层设置为当前图层，用"直线"（L）命令和"偏移"（O）命令，绘制如下辅助线（水平长度约8000），如图13-37所示。

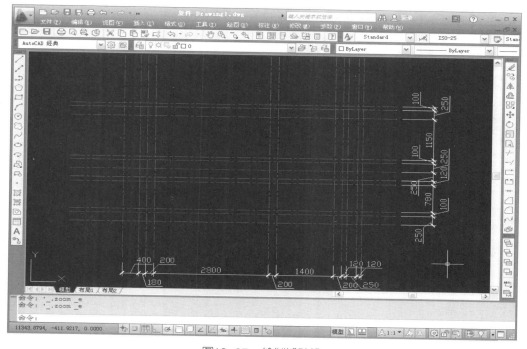

图13-37　绘制辅助线

(2)绘制楼梯踏步。将"楼梯"图层设置为当前图层，用宽度(W)为27的"多段线"(PL)命令～，绘制楼梯第一个踏步，踏步高为150，踏面宽为300。完成一个踏步后，执行"复制"(CO)命令～中的"重复"(M)选项，绘制出其他9个踏步，如图13-38所示。

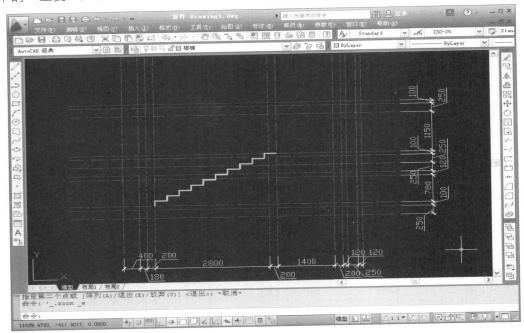

图13-38　绘制台阶线

将踏步的最后一条线使用"延伸"(EX)命令～至右数第四条辅助线，并用"多段线编辑"(PE)和"合并"(J)命令将这些线连成一体，如图13-39所示。用"镜像"(MI)命令～，将绘制好的踏步镜像，绘制出第二梯段线，用"多段线编辑"(PE)将第二梯段线的宽度(W)改为0，如图13-40所示。

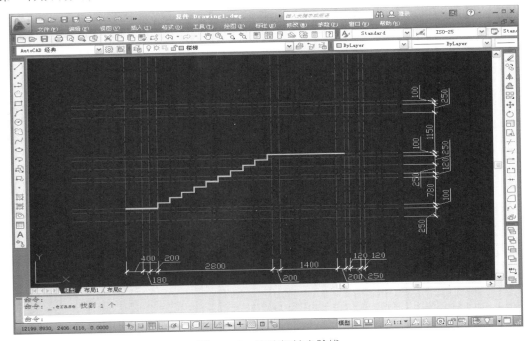

图13-39　完成初始台阶线

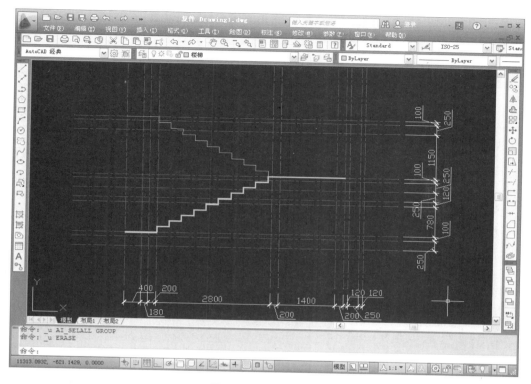

图13-40 复制台阶

（3）绘制其他楼梯轮廓线。在踏步的右下方使用"直线"（L）命令 ✐绘制一条连接各踏步的斜线，如图 13-41 所示。

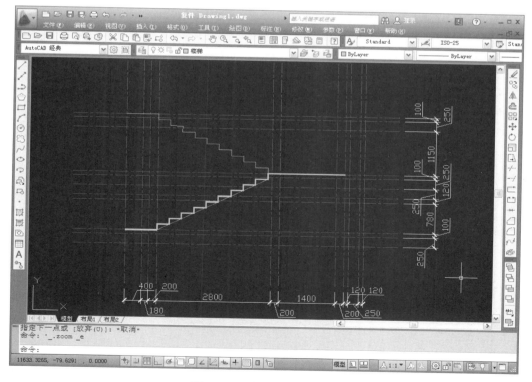

图13-41 绘制斜梁轮廓线

（4）选择刚才绘制的直线，利用"移动"（M）命令，确定基点后，在命令提示栏中输入（@100，-100），使斜线向右下方移动100个单位，如图13-42所示。

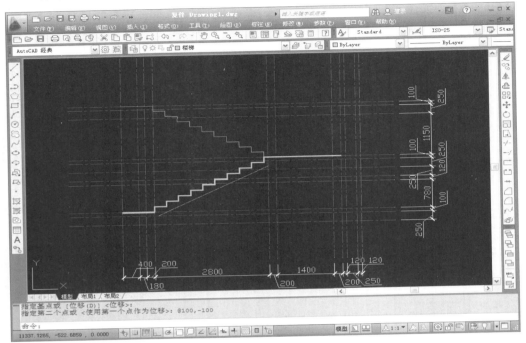

图13-42　移动斜梁

执行宽度(W)为27的"多段线"（PL）命令，连接辅助线相应的交点，绘制出地梁、平台梁，调用至"墙体"图层，用宽度为45的"多段线"（PL）命令绘制出窗台的突出线，如图13-43所示。

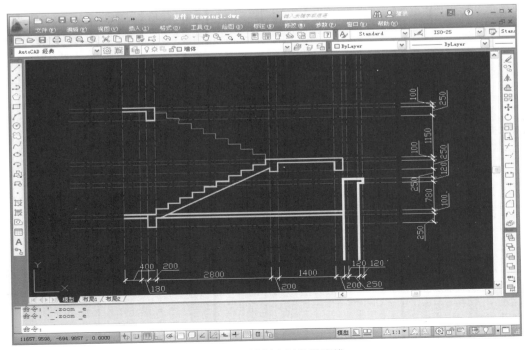

图13-43　绘制出其他轮廓线

　　在踏步的左上方同样绘制出一条连接各踏步的斜线，并执行"移动"（M）命令✥，确定基点后，输入（@-100，-100），使斜线向左下方移动 100 个单位，修改多余的线条。

　　隐藏"辅助线"图层，并将"填充"图层设置为当前图层。用"图案填充"（H）命令，填充被剖切到的楼梯剖面图。地面线、踏步线及平台线使用"AR-CONC"图案填充，墙体使用"ANSI31"图案填充，踏步线及平台线同时使用以上两种图案填充，如图 13-44 所示。

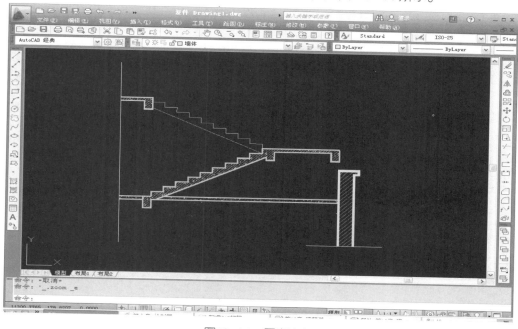

图13-44　图案填充

　　使用"复制"（CO）命令，选择所有的踏步及平台，以及左侧地坪线，确定基点后，向上移动3000 个单位，如图 13-45 所示。

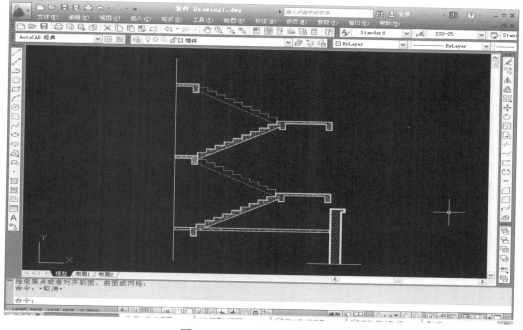

图13-45　复制建立其他台阶

13.2.3 栏杆详图

绘制栏杆。将"栏杆"图层设置为当前图层，使用"直线"（L）命令 ✎，在第一个踏步的中点作垂直高度为 900 的直线，使用"偏移"（O）命令 ≜，分别向两侧偏移 25，最后使用"直线"命令连接端点，并"复制"，如图 13-46 所示。

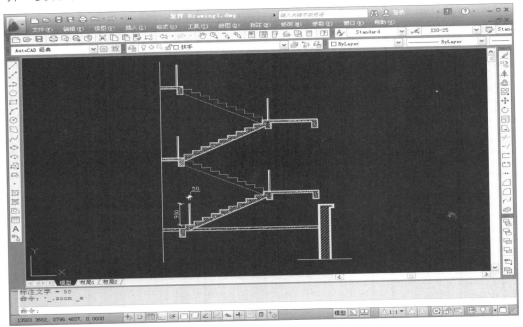

图13-46 绘制栏杆立柱

使用"直线"（L）命令 ✎，绘制宽度为 150 的扶手，使用"偏移"（O）命令 ≜，向上偏移两个 25，最后使用"延伸"（EX）命令 ⊸ 连接各端点，如图 13-47 所示。

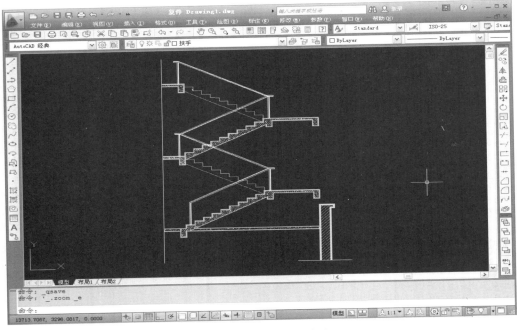

图13-47 绘制栏杆扶手

局部修改。主要是绘制窗线、折断线、删除折断线之间的图形等，如图13-48所示。

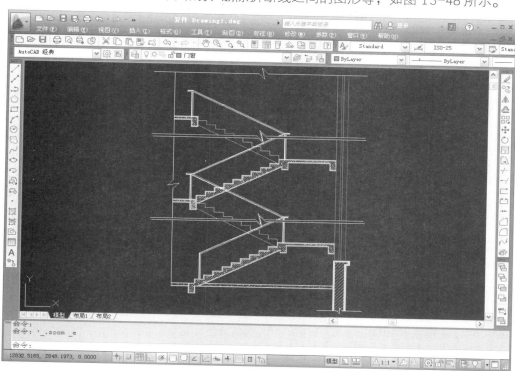

图13-48　补充窗线等线型

进一步完善标注，包括楼梯剖面详图的剖切位置、详图索引、必要的标高、楼梯间被剖到的轴线编号以及轴线尺寸、平台宽度、梯段长度、图名及比例，如图13-49所示。

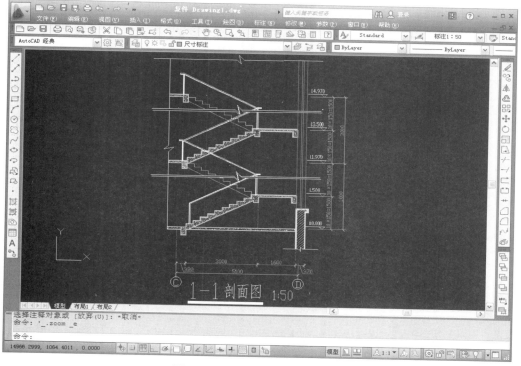

图13-49　完成楼梯间详图绘制

13.3　建筑节点详图绘制

把房屋构造的局部要体现清楚的细节用较大比例绘制出来，表达出构造做法、尺寸、构配件相互关系和建筑材料等，相对于平、立、剖而言，是一种辅助图样，通常很多标准做法都可以采用设计通用详图集。

一般中小型建筑常用节点有雨篷、坡道、散水、女儿墙、缝、檐口、楼梯、栏杆扶手、窗台、天沟等。

13.3.1　设置绘图参数

在绘制图形之前先要进行绘图环境的参数设置，这其中最为重要的就是规划图层（详见13.2.2），其次就是对多种比例绘图的设置。建筑物形体庞大，必须采用不同的比例进行绘制。对于整栋建筑物的局部和细部结构应分别予以缩小绘制。例如，总平面图一般使用 1∶500、1∶200 的比例，平面图、立面图、剖面图则尝试用 1∶100 的比例，而详图和节点图则需要使用 1∶50 或 1∶20 两种比例的绘制出图方法，具体操作如下。

设置标注样式。绘制多种比例的图样，绘制时都是按照 1∶1 的比例进行绘制，只有在标注时，才区分其比例是 1∶100 还是 1∶50。因此，在设置标注样式时需要建立比例分别为 1∶50 和 1∶100 的两种标注样式，如图 13-50 所示。

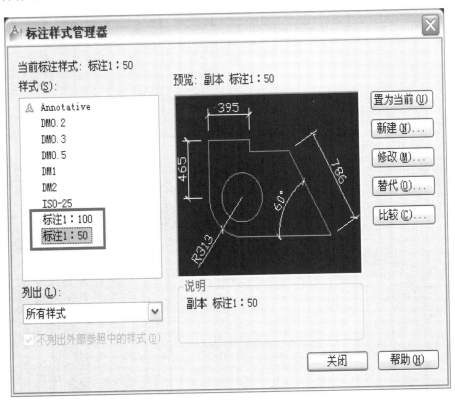

图13-50　新建标注样式

修改比例。两种标注样式设置的参数基本相同，只要将"主单位"标签下的"测量单位比例"选项的参数更改为 1 和 0.5 即可，分别如图 13-51 和图 13-52 所示。

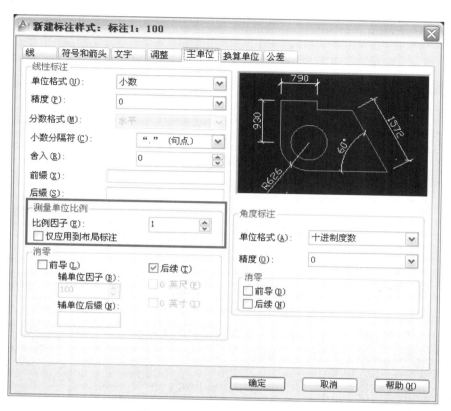

图13-51 设置比例因子为"1"

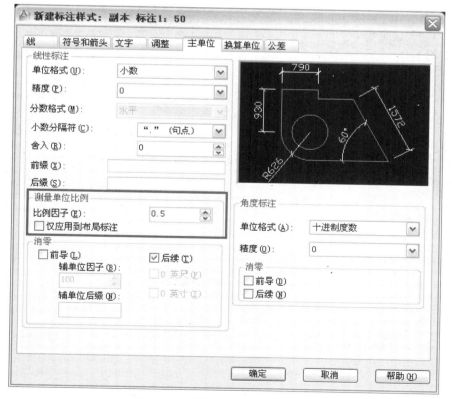

图13-52 设置比例因子为"0.5"

13.3.2 绘制节点轮廓

节点详图是用来反映节点处构件代号、连接材料、连接方法以及施工安装等方面的内容，更重要的是表达节点处配置的受力钢筋或构造钢筋的规格、型号、性能和数量，总之，"结构节点"就是用来保证"建筑节点"在该位置可以传递荷载，并且安全可靠。

在用 1：50 的绘图比例绘制的楼梯平面和剖面详图中，仍然难以表达清楚踏步、栏杆、扶手等细节构造以及它们的尺寸和做法。为此，在实际绘图过程中往往还需要使用更大的绘图比例。表达更加详细的构造，下面以楼梯节点详图为例简单讲解节点的绘制。

在辅助线图层下，用"直线"（L）命令 ／ 和"偏移"（O）命令 ，绘制如下辅助线（水平长度约5000），如图 13-53 所示。

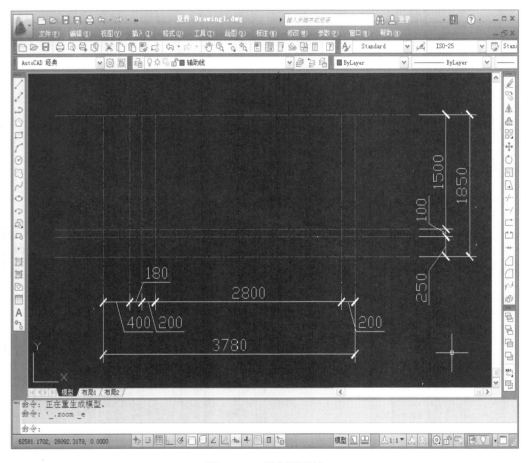

图13-53 绘制辅助线

将"楼梯"设置为当前图层，用"多段线"（PL）命令 ，绘制楼梯第一个踏步，踏步高为150，踏面宽为300。完成一个踏步后，执行"复制"（CO）命令 中的"重复"（M）选项，绘制出其他 9 个踏步，如图 13-54 所示。

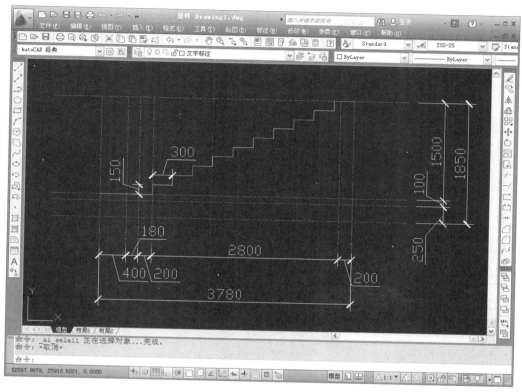

图13-54　绘制台阶面

在踏步的右下方绘制一条连接各踏步的斜线，如图 13-55 所示。

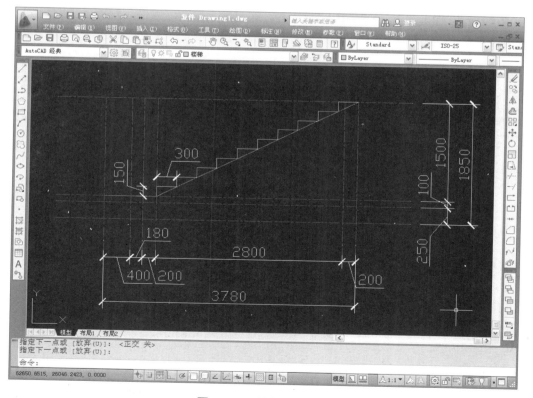

图13-55　绘制台阶斜梁

选择刚才绘制的直线，利用"移动"（M）命令 ✛，确定基点后，输入（@100，-100），使斜线向右下方移动 100 个单位，如图 13-56 所示。

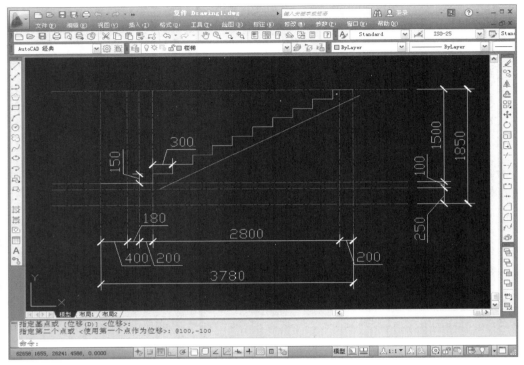

图13-56　移动斜梁

执行"多段线"（PL）命令 ᓗ，连接辅助线相应的交点，绘制出地梁，如图 13-57 所示。

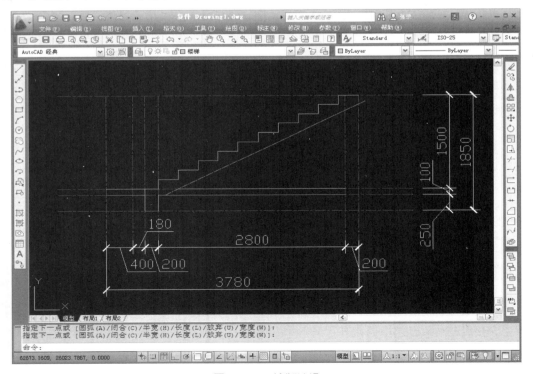

图13-57　绘制地梁

执行"偏移"(O)命令 🖮，将梯段线（包括地坪线、踏步线）向上偏移 30，并将其他线段用多段线编辑（PE），将线的宽度（W）改为 10，如图 13-58 所示。

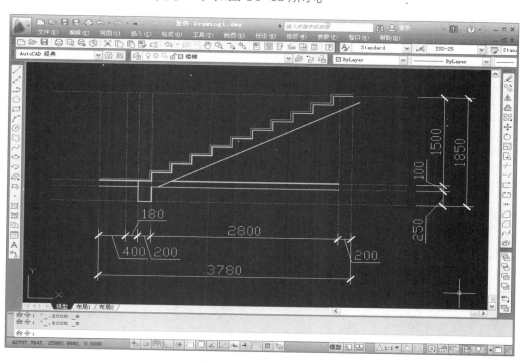

图13-58 绘制面层线

隐藏"辅助线"图层，用"矩形"（REC）命令 🖮 绘制一个线框，如图 13-59 所示，将线框外的图形删除，并用折断线表示，如图 13-60 所示。

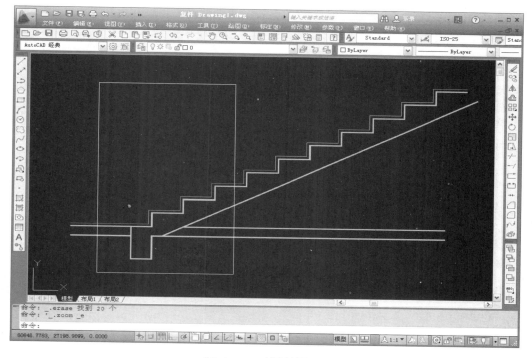

图13-59 绘制截取框

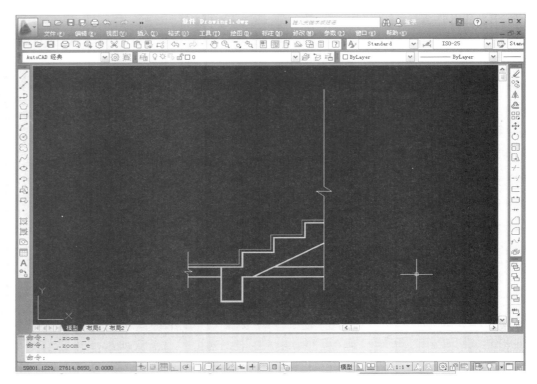

图13-60　删除多余线条

　　用"直线"（L）命令 、"偏移"（O）命令 、"复制"（CO）命令 、"倒圆角"（F）命令 ，绘制楼梯栏杆及细节，如图 13-61 所示。这样，楼梯栏杆节点详图的轮廓就绘制完成了。

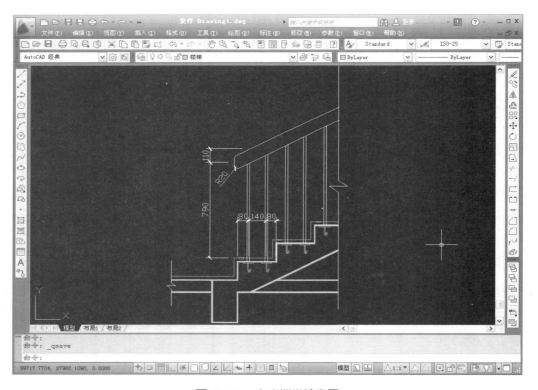

图13-61　完成楼梯轮廓图

13.3.3　填充及标注

　　填充材质。利用 AutoCAD 的"图案填充"功能将需要注释的材质选择合适的图案进行填充。用"图案填充"（H）命令 ▦ 填充楼梯剖面图。栏杆扶手埋铁使用"SOLID"图案 ▮ 填充；楼梯踏步饰面层使用"AR-SAND"图案 ▦ 填充；地面线、踏步线同时使用"AR-CONC" ▦ 和"ANSI31" ▨ 两种图案填充，如图 13-62 所示。

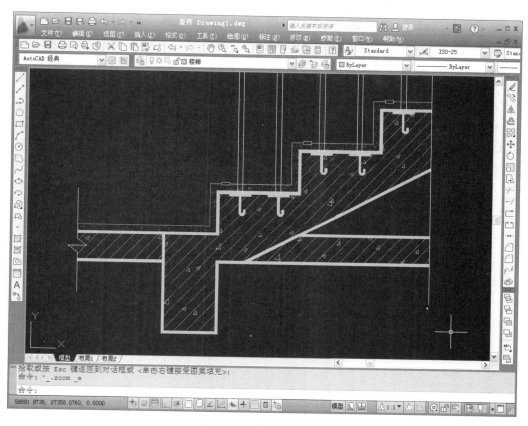

图13-62　绘制图案填充

　　调用"尺寸标注"图层。进一步完善标注，包括楼梯剖面详图的剖切位置、详图索引、必要的标高、梯段长度、图名及比例等，如图 13-63 所示。

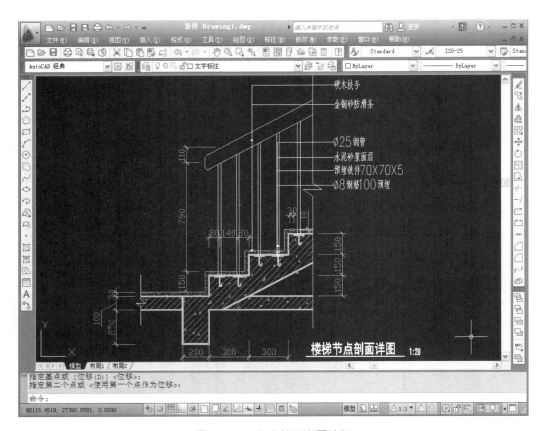

图13-63　完成节点详图绘制

室内施工图是根据设计师的方案设计来进行绘制的，在任何一个工程中都属于比较重要的环节，因此在绘制的过程中必须考虑其空间布局的合理性和装饰材料的选择。另外在绘图的过程中还需要考虑其防火设计规范等内容。

在绘制室内施工图的过程中，必须保证施工图制图的规范，保证制图的质量，并且在绘图的过程中提高制图的效率，做到图纸清晰并符合设计、施工、存档的要求。要想达到以上要求，这就要求我们在绘制施工图的时候必须熟悉和了解国家对建筑制图这方面的标准，需要我们掌握总平面图、建筑平面图、立面图、剖面图、详图等图纸的制图和识图。

14.1　室内施工图概述

所谓室内施工图，是指室内工程项目的总体布局，包括室内布置、装修、结构构造、材料做法以及设备、施工等要求的图样。室内施工图必须具有图纸齐全、表达准确、要求具体的特点，是进行室内工程施工、编制室内施工图预算和室内施工组织设计的依据，也是进行技术管理的重要技术文件。一套完整的室内施工图一般包括平面布置图、天花图、地面铺装图、灯位布置图、插座布置图、水电布置图、立面布置图、剖面图、节点详图。

14.2　室内施工图的要求及规范

在室内设计过程中，施工图的绘制主要是设计师把自己的想法用图纸的形式表现出来。通常，衡量一个设计团队专业与否，就是看施工人员能否充分理解并实施设计师的设计概念。在一些大型的设计项目中，施工图纸的规范与良好的管理更能大大提高工作效率和设计品质。

1. 室内施工图基本要求

(1) 所有设计出的图纸都要配备图纸封皮、图纸说明、图纸目录。

(2) 图纸封皮必须注明工程名称、图纸类别（施工图、竣工图、方案图）、制图日期。

(3) 图纸说明须对工程进一步说明工程概况、工程名称、建设单位、施工单位、设计单位或建筑设计单位等。

(4) 每张图纸须编制图名、图号、比例、时间。

(5) 打印图纸按需要、比例出图。

2. 室内施工图基本规范

(1) 室内常用比例。

1∶1、1∶2、1∶5、1∶10、1∶20、1∶50、1∶100、1∶150、1∶200、1∶500、
1∶1000

(2) 线型。

粗实线：0.3mm。

① 平、剖面图中被剖切的主要建筑构造的轮廓（建筑平面图）。

② 室内外立面图的轮廓。

③ 建筑装饰构造详图的建筑物表面线。

中实线：0.15~0.18mm。

① 平、剖面图中被剖切的次要建筑构造的轮廓线。

② 室内外平、顶、立、剖面图中建筑构配件的轮廓线。

③ 建筑装饰构造详图及构配件详图中的一般轮廓线。

细实线：0.1mm。

填充线、尺寸线、尺寸界限、索引符号、标高符号、分格线。

细虚线：0.1~0.13mm。

① 室内平面、顶面图中未剖切到的主要轮廓线。

② 建筑构造及建筑装饰构配件不可见的轮廓线。

③ 拟扩建的建筑轮廓线。

④ 外开门立面图开门表示方式。

细点画线：0.1~0.13mm。

中心线、对称线、定位轴线。

细折断线：0.1~0.13mm。

不需画全的断开界线。

特粗线：0.6~1mm。

① 立面地坪线。

② 索引剖切符号。

③ 图标上线。

④ 索引图标中表示索引图在本图的短线。

(3) 剖切索引符号。

① 索引符号。　索引符号的圆和引出线均应以细实线绘制，在 A0、A1、A2 图幅剖切索引符号的圆直径为 12mm，详图号字高为 4mm，字体为宋体；详图所在图的图号字高为 2.5mm，字体为宋体。在 A3、A4 图幅剖切索引符号的圆直径为 10mm，详图号字高为 3mm，字体为宋体；详图所在图的图号字高为 2mm，字体为宋体。

② 引出线。引出线用于详图符号或材料、标高等符号的索引，应对准圆心，圆内过圆心画一水平线，上半圆中用阿拉伯数字注明该详图的编号，下半圆中用阿拉伯数字注明该详图所在图纸的图纸号，引出线箭头原点直径为 1mm，如果详图与被索引的图样在同一张图纸内，则在下半圆中间画一水平细实线。索引出的详图，如采用标准图，应在索引符号水平直径的延长线上加注该标准图册的编号。

14.3　室内施工图的内容及编排顺序

　　作为一名设计师，我们需要清楚地知道在室内施工图中需要绘制哪些施工图纸，以及当所有的室内施工图图纸完成后应如何对图纸进行整理、排序，这些都是最基本的内容。下面按照室内施工图的编排顺序来讲解需要绘制的室内施工图内容。

1. 文本说明图

（1）文本封面：文本封面内容包括项目的名称、地点，以及承接该项目单位的名称和设计时间。

（2）目录：目录主要表达图号、图纸名称、图纸幅面、图纸数量，以便检索和阅读。

（3）设计说明：设计说明用于给设计一个条例清晰的诠释，以表达自己所做设计的设计思想和思路。

（4）材料编号表：用图表的形式表现出施工图纸上标注的编号所代表的材料。

2. 室内施工图

（1）原始框架图：原始框架图包括墙、梁、水管、马桶、阳台、强电箱、弱电箱、煤气表、地漏的位置。原始框架图的绘制要标明承重墙和非承重墙的位置，梁和窗户的宽度和高度。

（2）平面布置图：设计师对每个房间、厨房、卫生间的布局设计，包括家具的位置、各个房间的名称、铺地材质、房间面积、剖面符号及编号、立面指向符号、详图索引符号、必要的文字说明等。

（3）敲墙布置图：敲墙布置图是在原始框架图的基础上进行绘制的，将需要敲掉的墙标注出来。

（4）砌墙布置图：砌墙布置图是在原始框架图的基础上进行绘制的，将需要砌的墙标注出来。

（5）地面铺装图：绘制并标注出地面的装饰材料、颜色、分隔尺寸、拼花造型以及必要的文字说明和索引符号等。

（6）天花布置图：天花布置图用来表达顶部的造型、材料以及灯具、消防和空调系统的位置，有关附属设置外露件的规格、定位尺寸、窗帘的图示，以及必要的文字说明和索引符号等。

（7）天花尺寸图：天花尺寸图是在天花布置图的基础上进行绘制的，标注出天花吊顶具体的长、宽尺寸。

（8）开关布置图：开关布置图是在平面布置图的基础上进行绘制的，将各个房间、厨房、卫生间的开关进行标注，并配有必要的文字说明和索引符号等。

（9）水电布置图：水电布置图是用来表达整个室内的给排水系统、电器设备、电线走向位置的图纸。

（10）插座布置图：在室内空间中给出每个房间的插座布置，并配有必要的文字说明和索引符号等。

（11）立面布置图：立面布置图上应将立面上所有看得见的细部都表示出来。但由于立面图的比例较小，如门窗扇、檐口构造、阳台栏杆和墙面复杂的装修等细部，往往只用图例表示。它们的构造和做法，都另有详图或文字说明。

（12）剖面图：剖面图也称剖切图，用来补充和完善设计文件。

（13）节点图：节点图也称局部详图，是把在整图当中无法表示清楚的某个部分单独拿出来表现其具体构造的。

第15章

绘制装饰平面施工图

15.1 装饰平面施工图绘制简介

绘制装饰平面施工图是设计师必备的基础。装饰平面图的绘制能够让甲方了解每个界面的设计，这些界面的详图能够让甲方进一步了解室内装修完成后的形象，并让甲方对一些所采用的室内装饰的主材规格和型号有全面的了解。通过装饰平面施工图，装饰公司可以制订出更周密的施工组织计划，便于审核工程预算和日后的维修检查。

15.1.1 装饰平面施工图内容

在装饰平面施工图的绘制中，我们首先要了解装饰平面施工图包括哪些绘图内容，才能便于绘制装饰平面施工图。装饰平面施工图包括绘制原始框架图、平面布置图、敲墙布置图、地面铺装图、天花布置图、天花尺寸图、开关布置图、水电布置图和插座布置图。

15.1.2 装饰平面施工图的绘制步骤

为了提高绘图的速度和效率，我们将以往在绘制装饰平面施工图中的经验稍做总结，可以运用这样的绘图步骤来提高绘图速度。

（1）画出装饰平面施工图中所有的定位轴线，然后根据定位轴线绘制出墙、柱轮廓线。

（2）墙体位置确定后开始绘制门和窗，画细部，如楼梯、台阶、卫生间等。

（3）经检查无误后，删除多余的图线，按规定线型对墙体、窗户等图形进行线型加深。

（4）标注出轴线编号、门窗编号、标高尺寸、内外部尺寸、索引符号以及书写其他文字说明。在底层平面图中，还应画剖切符号以及在图外适当的位置画上指北针图例，以表明方位。

（5）在平面图下方标注所绘制的图名及比例。

15.2 装饰平面施工图

装饰平面施工图是用于表达建筑物室内外平面要求的施工图样，它用正投影的方式反映建筑物室内外的平面布置、绿化等内容。在室内装饰平面施工图中包括平面布置、地面铺装、吊顶、水电等施工图纸。装饰平面施工图与建筑平面施工图的图示方法、尺寸标注、图例代号等基本相同。因此，装饰平面施工图制图与表达应遵守现行建筑平面制图标准的规定。装饰平面施工图是在建筑平面施工图的基础上，结合环境艺术设计的要求，更详细地表达了室内平面空间的装饰做法及整体效果。

15.2.1 绘制平面布置图

下面以一张室内平面布置图为例进行绘图讲解，在绘制平面布置图的过程中，首先应该绘制平面图的轴线，然后在轴线的基础上完成墙体、门窗、家具等图形的绘制。下面详细介绍该案例的操作步骤，如图 15-1 所示。

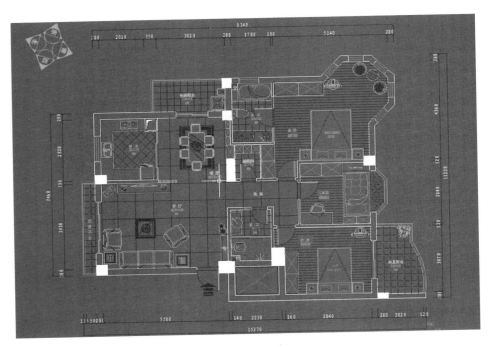

图15-1   室内平面布置图

1. 设置绘图环境

新建图形文件，单击"图层"工具栏中的"图层特性管理器"或在菜单栏中选择"格式"→"图层"命令，弹出"图层特性管理器"对话框，创建标注、家具、家私内线、配景、墙线和细线图层，并同时设置各图层颜色和线型。将轴线图层的颜色设置为红色，如图 15-2 所示。

除设置图层外，还要对标注和文字进行相应的设置，请参见前面章节的相应设置。

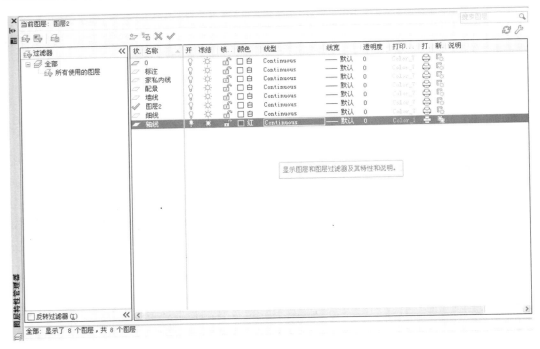

图15-2   创建并设置图层

2. 绘制轴线及辅助线

将当前图层设置为"轴线"图层，在工具栏中单击"构造线"（XL）命令 ✐ 来绘制初始轴线，并在修改工具栏中单击"偏移"（O）命令 ⚎ ，复制初始轴线来完成轴线的绘制，如图 15-3 所示。

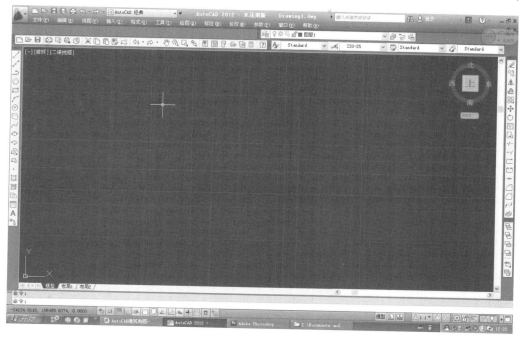

图15-3 绘制轴线

在菜单栏中选择"格式"→"多线样式"命令，弹出"多线样式"对话框，新建一个多线样式并单击"修改"按钮设置多线样式，如图 15-4 所示。

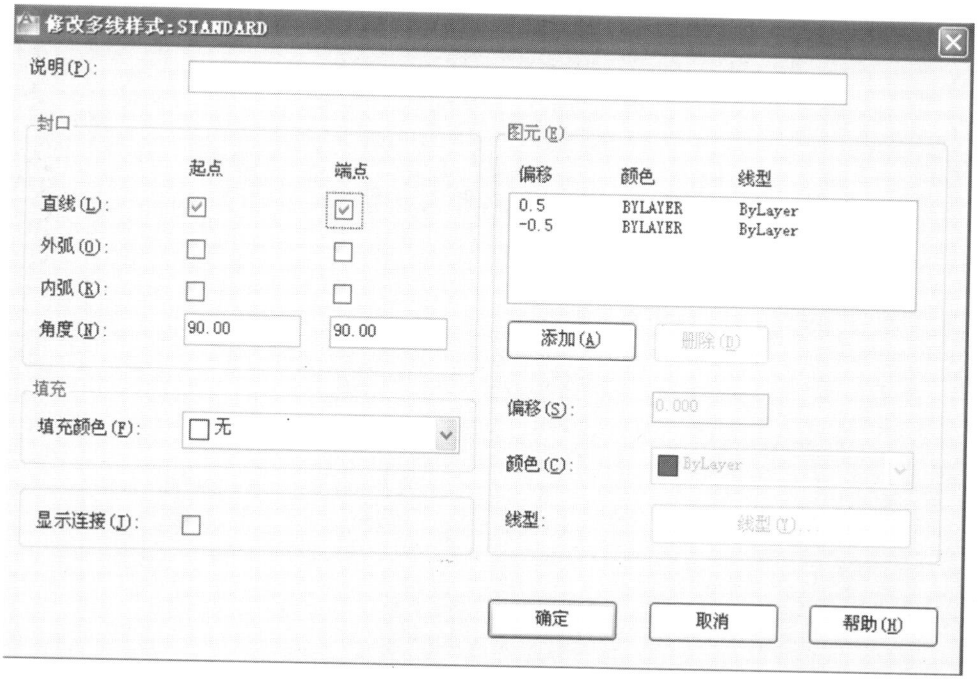

图15-4 设置多线样式对话框

将"墙体"图层切换为当前图层，并锁定"轴线"图层；在菜单栏中选择"绘图"→"多线"（ML）命令，根据命令提示栏的提示设置多线的比例，然后在轴线基础上绘制平面图的墙线，如图15-5所示。

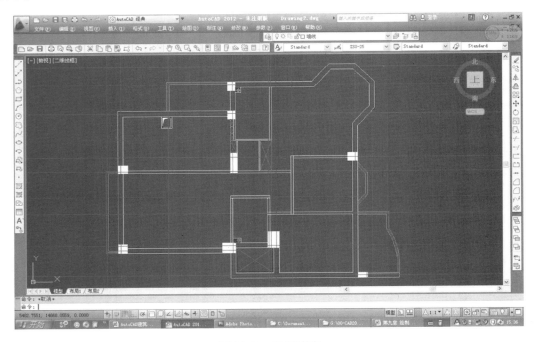

图15-5 绘制墙体

在菜单栏中选择"修改"→"对象"→"多线"命令，打开"多线编辑工具"对话框，对需要编辑的多线进行调整，如图15-6所示。

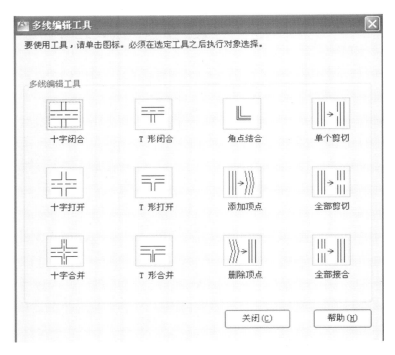

图15-6 "多线编辑工具"对话框

　　将"门窗"图层设置为当前图层，运用直线、偏移、修剪等命令对门窗进行绘制，得到平面图墙体和门窗的框架，如图15-7所示。

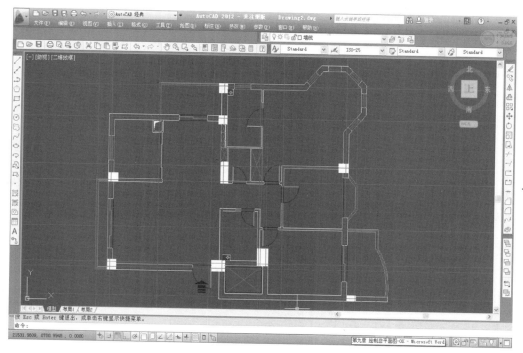

图15-7　绘制平面图墙体、门窗

　　调取家具图块，在客厅、卧室、卫生间、厨房等空间插入家具图块，对整个平面进行布置，完成室内平面布置图，如图15-8所示。

图15-8　平面布置图

15.2.2 绘制平面铺装图

平面铺装图是在平面布置图的基础上进行绘制的,在平面铺装图中可以保留家具,也可以去掉家具。

将主要采用图案填充的方式进行绘制,在绘图工具栏中单击"图案填充"(H)命令,弹出"图案填充和渐变色"对话框,对阳台、卫生间、客厅等区域进行相应的图案设置并填充,如图 15-9、图 15-10 所示。

图15-9   "图案填充和渐变色"对话框

图15-10   平面铺装图

15.2.3 绘制吊顶图

吊顶图也叫天花图，吊顶图的绘制也是基于平面布置图进行绘制的，这里可以删除原有的家具布置，也可以将原有的家具用灰色的虚线表示，如图 15-11 所示。

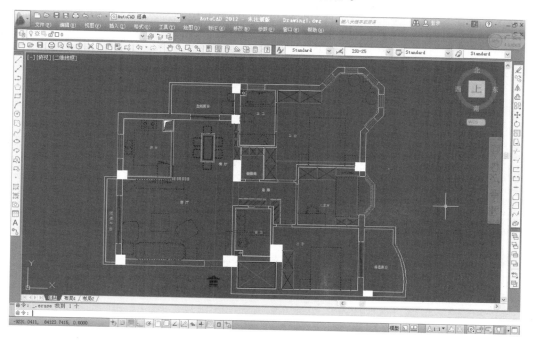

图15-11 将家具设置为灰色的虚线

厨房、卫生间这样的空间顶面一般都采用铝扣板材料，所以针对这样的空间我们可以直接运用"图案填充"命令进行绘制，里面的灯具可以自己进行绘制，也可以在菜单栏中选择"插入"→"块"命令导入已有的图形块，如图 15-12 所示。

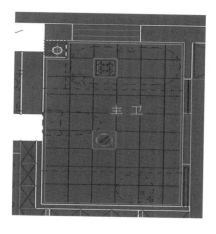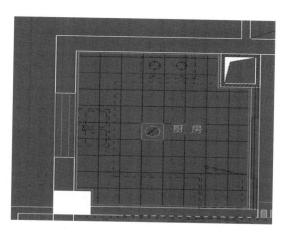

图15-12 卫生间、厨房吊顶绘制

其余空间的吊顶绘制可以根据具体的设计样式采用直线、多段线、偏移、镜像等命令对顶面进行绘制，如图 15-13 所示。

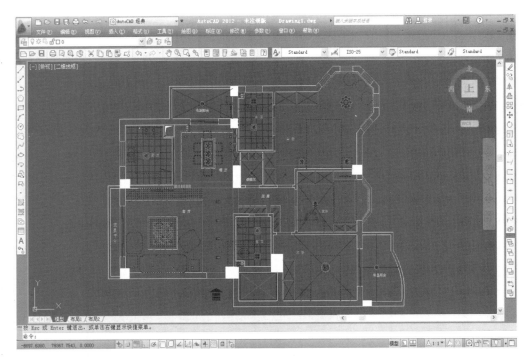

图15-13   吊顶绘制

绘制完吊顶图后，还要对吊顶每个不同高度的地方——进行标高，方便施工时对吊顶的高度进行定位。最后，还要对吊顶图中需要文字和尺寸说明的地方进行文字注释和尺寸标注，最后完成吊顶图，如图15-14所示。

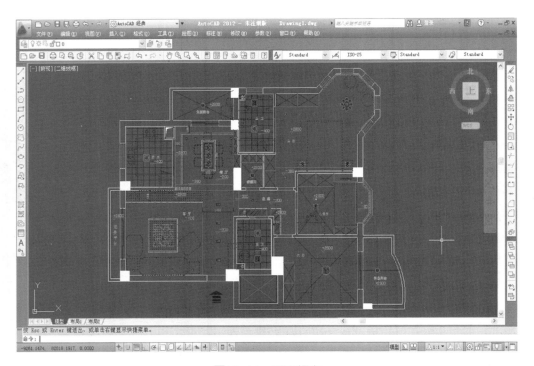

图15-14   顶面标高

15.2.4 绘制电路图

电路图也可以称为开关布置图，它是每个房间的电路布置；电路图是在天花吊顶图的基础上进行绘制的。首先，需要在图中明确地标明开关插座的所在位置，可以使用"图块插入"命令来实现，如图 15-15 所示。

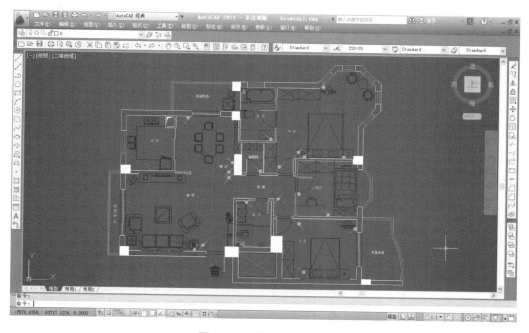

图15-15 开关位置布置

然后，在绘图工具栏中单击"圆弧"（A）命令 ，在图中用连线的形式标注出每个开关分别控制哪几盏灯具，以便后期施工时的电线走线和定位，如图 15-16 所示。

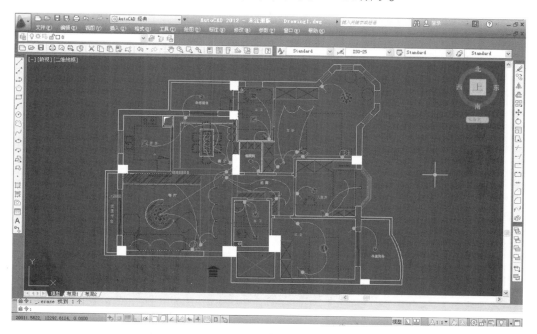

图15-16 电路图的绘制

最后，还需要制作一个灯具列表，在表格栏中说明开关的安装方法、安装高度及单控或双控等相关信息，如图 15-17 所示。

图15-17   开关布置图图例

15.2.5   尺寸标注和文字说明

当所有平面图绘制完成后，开始对平面图的尺寸进行标注。首先需要设置捕捉点，按快捷键 "F3" 打开对象捕捉命令。如果需要对捕捉的对象点进行设置，则可以在 "对象捕捉" 按钮上单击鼠标右键并在弹出的菜单中选择 "设置"，弹出 "草图设置" 对话框，在 "对象捕捉" 选项卡中对其进行修改设置，如图 15-18、图 15-19 所示。

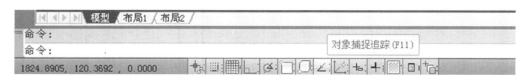

图15-18   对象捕捉位置设置

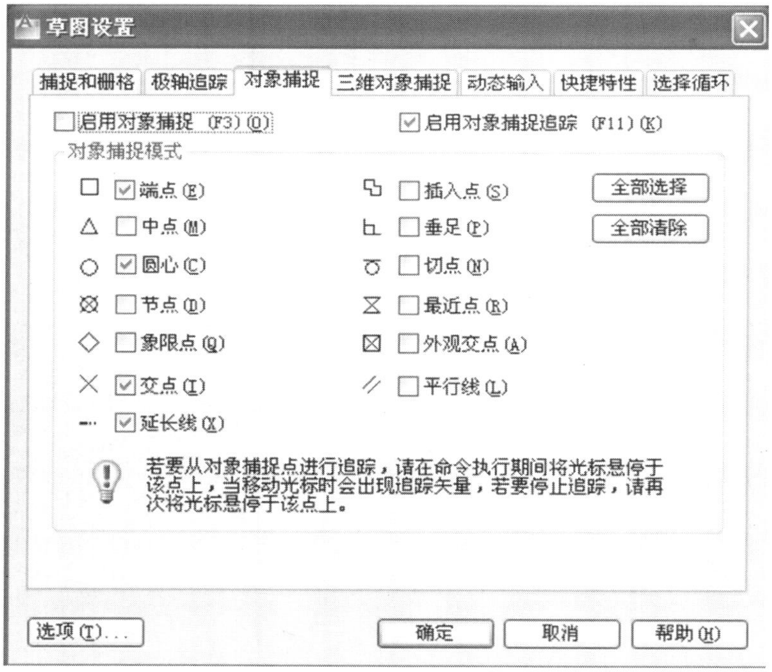

图15-19   "对象捕捉" 选项卡

设置完成后，可以在菜单栏中选择 "标注" → "线性" 命令对平面图进行标注，在标注的过程中可以在菜单栏中选择 "标注" → "连续" 命令来提高标注效率，最终完成平面图的尺寸标注，如图 15-20 所示。

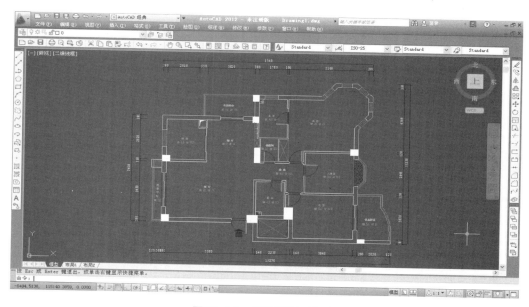

图15-20　平面图尺寸标注

当所有的平面施工图绘制完成后，需要对每张图配上文字说明，以便让施工人员能够快速阅读。施工时图纸上的尺寸与实际施工的尺寸偶尔会有几毫米或1、2厘米的误差，这时也需要在每张图纸的下面进行一些文字说明。

在绘图工具栏中单击"多行文字"（T）命令A，选择所需要输入文字的区域，弹出"文字格式"对话框，可以在该对话框中输入需要进行文字说明的文字，并对输入的文字进行设置，如图15-21所示。

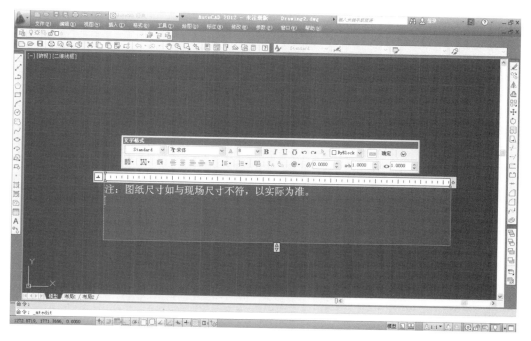

图15-21　文字格式设置

按照上面的方法，可以完成每张图的文字说明。至此，就完整地绘制出了所有的室内平面图。

立面图是一种与垂直界面平行的正投影图，它能够反映室内垂直界面的形状、装修做法及其陈设，是一个很重要的图样。本章将介绍室内立面图以及客厅、餐厅立面图的绘制方法。

16.1　装饰立面施工图绘制简介

装饰立面图是将建筑物装饰的外观墙面或内部墙面向铅直的投影面所做的正投影图。装饰立面图反映墙面的装饰造型、饰面处理以及剖切吊顶顶棚的断面形状、投影到的灯具等内容。

16.1.1　装饰立面施工图内容

绘制装饰立面图有利于进行墙面装饰施工和布置墙面装饰物等工作，如图 16-1 所示。设计和绘制完整的装饰立面图，要包含以下图示内容。

(1) 墙面装束造型的构造方式、装饰材料、陈设、门窗造型等。

(2) 墙面所用设备和附墙固定家具位置、尺寸规格等。

(3) 顶棚的高度尺寸以及叠级造型的构造关系和尺寸。

(4) 墙面与吊顶的衔接、收口方式等。

(5) 相对应的本层地面的标高，标注地台、踏步的位置与尺寸。

(6) 图名、比例、文字说明、材料图例以及索引符号等。

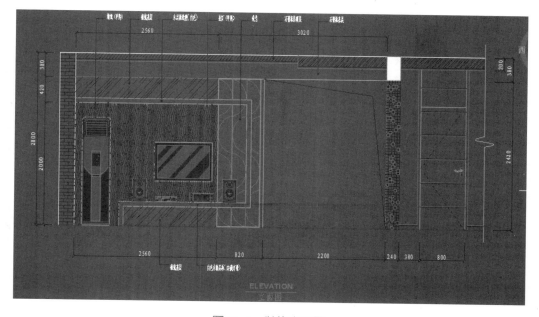

图16-1　装饰立面图

16.1.2　装饰立面施工图的命名方式

立面图的命名方式有三种。

(1) 用朝向命名：建筑物的某个立面面向哪个方向，就称为那个方向的立面图。

(2) 按外貌特征命名：将建筑物反映主要出入口或比较显著地反映外貌特征的那一面称为正立面图，其余立面图依次为背立面图、左立面图和右立面图。

(3) 用建筑平面图中的首尾轴线命名：按照观察者面向建筑物从左到右的轴线顺序命名。

施工图中这三种命名方式都可使用，但每套施工图只能采用其中的一种方式命名，如图16-2所示。

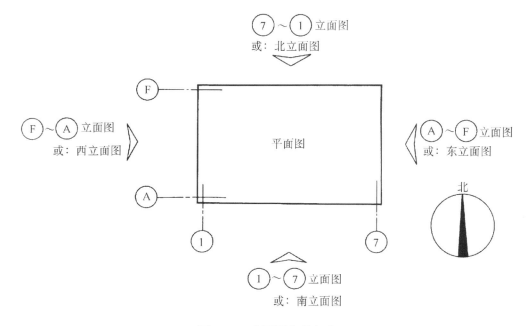

图16-2　立面图命名方式

16.1.3　装饰立面施工图的绘制步骤

在绘制装饰立面图时，要按照以下方法进行绘制，避免遗漏犯错。

(1) 结合绘制的平面图，选取比例，确定图纸幅面。

(2) 绘制建筑结构、轮廓线等。

(3) 绘制上方顶棚的剖面线，也叫可见轮廓线。

(4) 绘制室内家具、设备等。

(5) 文字标注墙面的装饰面材料、色彩等。

(6) 标注尺寸以及相关的详图索引符号、剖切符号等。

(7) 书写图名、比例等。

16.2　装饰立面施工图

一套完整的室内装饰施工图，包括原始结构图、平面布置图、立面图、顶棚布置图、电路图、索引图、水路图以及他们的放样尺寸，等等。而不同空间的立面图是施工图中必不可少的。下面将介绍立面图的绘图参数设置、标注样式设置、绘制立面图的步骤以及最终的尺寸标注和文字说明。

16.2.1　设置绘图参数

在绘图之前，首先要对图形单位进行相关设置，然后利用直线、矩形、偏移等命令绘制立面轮廓线。

在绘制立面施工图时，要先设置好绘图环境，然后参照原始户型图和平面布置图，看清楚各个空间的尺寸。在绘制立面家具图时，要根据人体工程学确定好尺寸再绘制或者设置好缩放比例因子。

启动 AutoCAD 2012，在菜单栏中选择"格式"→"单位"命令，弹出"图形单位"对话框，在其中进行相关设置，如图 16-3 所示。

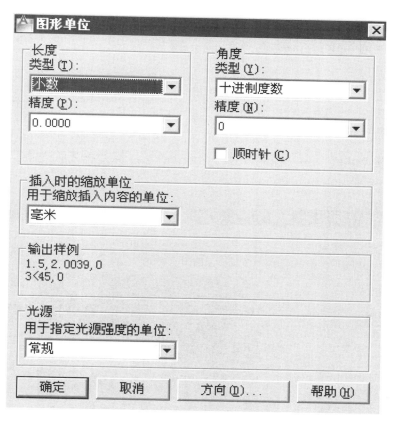

图16-3　单位设置

在菜单栏中选择"格式"→"图层"命令，弹出"图层特性管理器"对话框，或直接在"图层"工具栏中单击"图层特性管理器"按钮。单击"新建图层"按钮，新建"轮廓线""家具"等图层，并设置其图层参数，如图 16-4 所示。

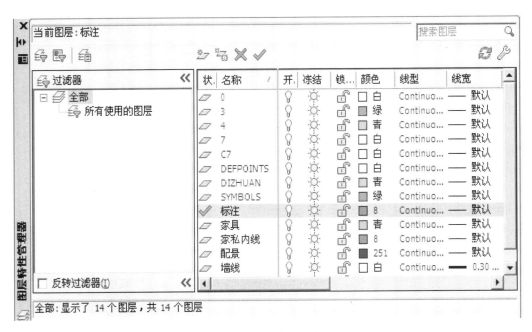

图16-4　图层设置

16.2.2　设置标注样式

在菜单栏中选择"格式"→"标注样式"命令，弹出"标注样式管理器"对话框，如图16-5所示。

图16-5　标注设置

　　单击"新建"按钮，在弹出的"创建新标注样式"对话框中输入新样式名，单击"继续"按钮，如图16-6所示。

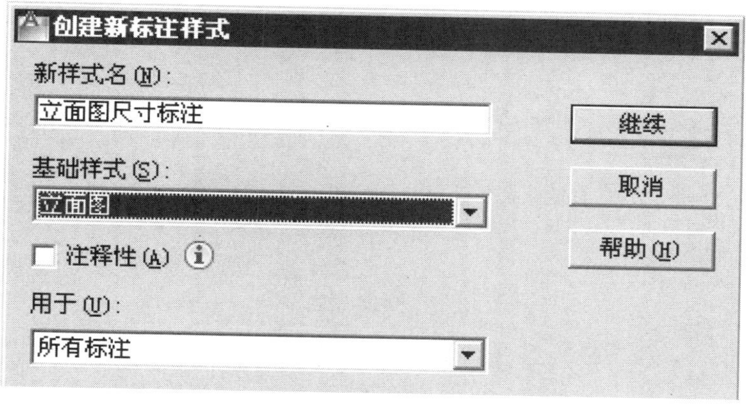

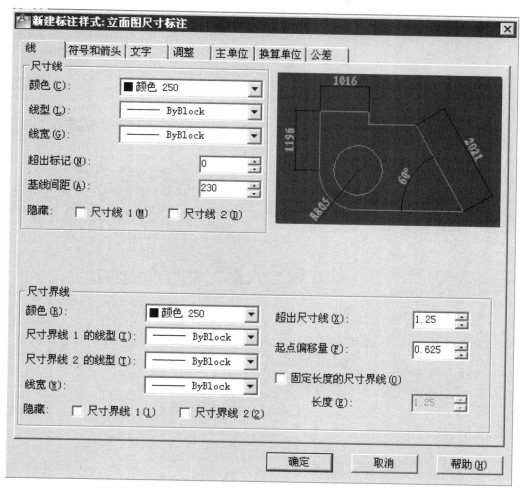

图16-6　新建标注样式

　　在弹出的"新建标注样式：立面图尺寸标注"对话框的"线"选项卡下更改"基线间距"为230，如图16-7所示。

图16-7　标注线设置

在"符号和箭头"选项卡中对箭头和箭头大小进行设置,如图 16-8 所示。

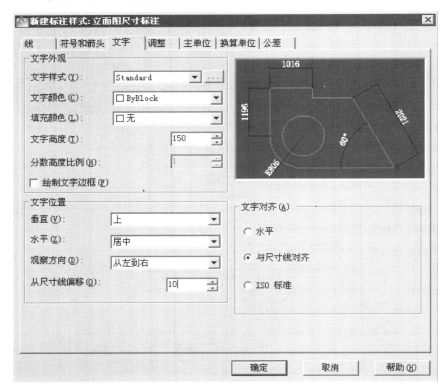

图16-8　标注符号和箭头设置

在"文字"选项卡下更改"文字高度"为 150,如图 16-9 所示。

图16-9　标注文字设置

在"主单位"选项卡下更改"精度"为"0.00","小数分隔符"为"逗点",如图16-10所示。

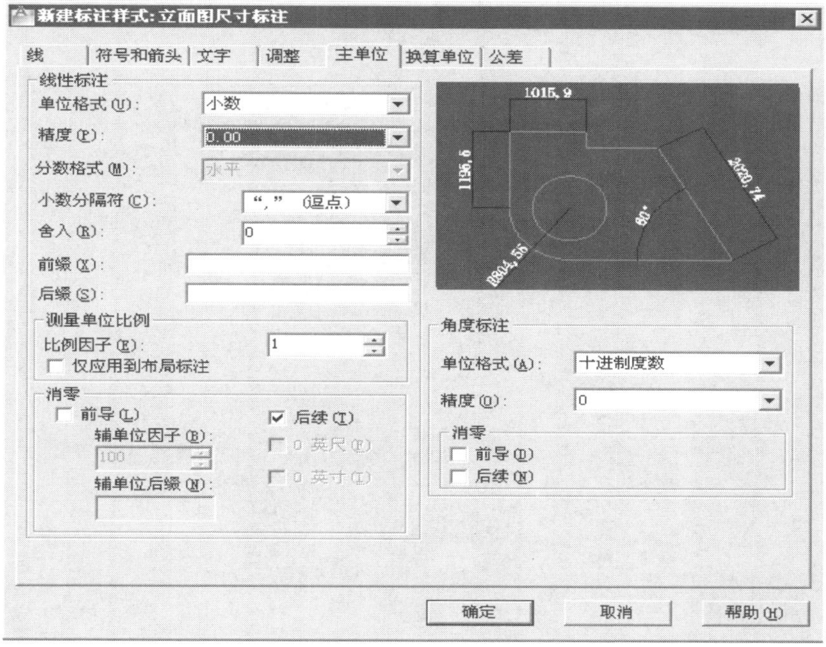

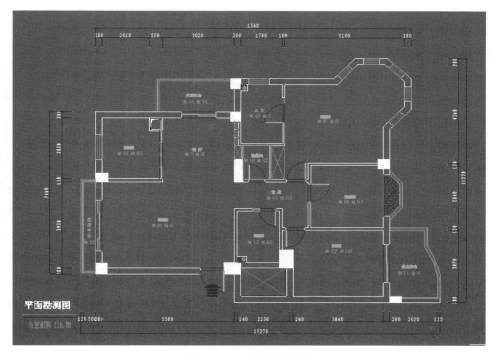

图16-10　标注主单位设置

16.2.3　绘制装饰立面施工图

在绘制装饰立面施工图之前,首先打开前面章节绘制出的平面布置图和原始结构图,找到我们所要绘制的立面图位置,如图16-11、图16-12所示。

图16-11　原始结构图

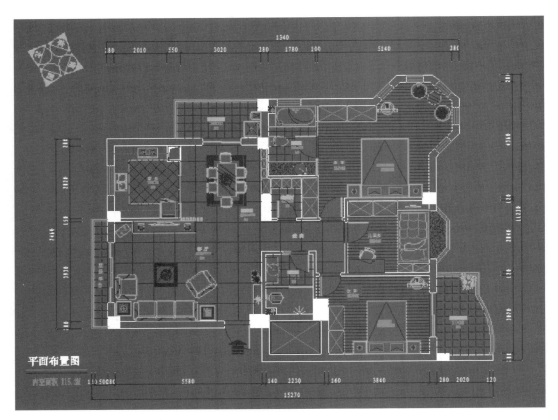

图16-12 平面布置图

1. 绘制餐厅立面

从平面布置图中获得餐厅的墙体轮廓线尺寸为 7460mm×2800mm，试用"矩形"命令绘制一个 7460mm×2800mm 的矩形，如图 16-13 所示。

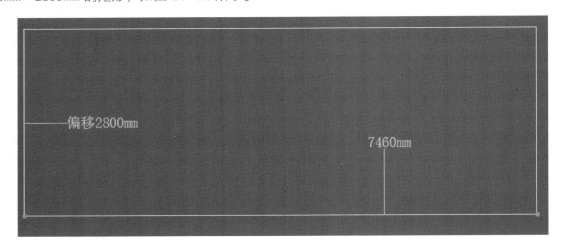

偏移2800mm

7460mm

图16-13 立面外框架

使用"分解"命令将矩形进行分解，并试用"偏移"命令将上侧轮廓线向内偏移 200mm 作为吊顶的轮廓线，下侧轮廓线向内偏移 80mm 作为踢脚线，如图 16-14 所示。

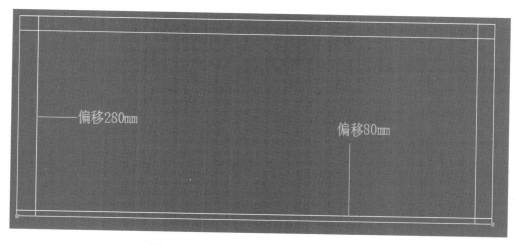

图16-14 偏移出吊顶轮廓和踢脚线轮廓

将左、右轮廓线向内偏移 280mm 作为内墙柱轮廓线，如图 16-15 所示。

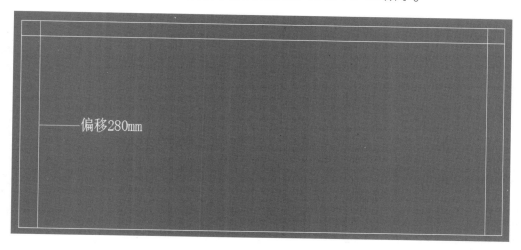

图16-15 偏移出内墙轮廓线

对照原始平面图，绘制出门洞。首先绘制出 1200mm×2420mm 的矩形门洞。按照平面图的尺寸偏移 2970mm，确定门洞的位置。立面轮廓结构线完成，如图 16-16 所示。

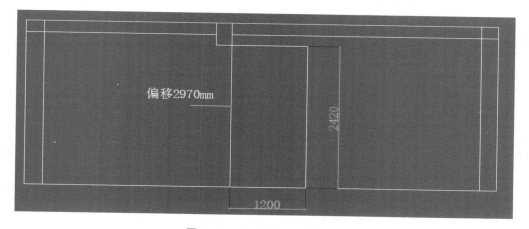

图16-16 绘制餐厅立面结构

在完成的立面轮廓后，开始详细绘制墙面装饰。左边偏移 150mm、1770mm 绘制出餐厅装饰柜的外框，右边偏移 250mm、1220mm 绘制出玄关的立面装饰外框，如图 16-17 所示。

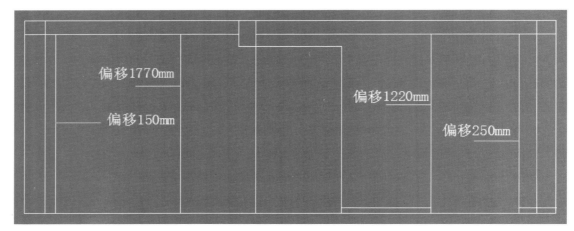

图16-17　偏移出柜体外框

绘制出餐厅的装饰架，每隔尺寸为 1770×450mm，以及玄关的鞋柜与装饰面，如图 16-18 所示。

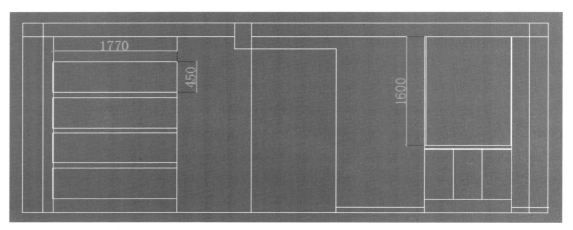

图16-18　绘制柜体隔板

最后，导入装饰物模型图块，填充立面装饰墙面的材质，完善立面施工图，如图 16-19 所示。

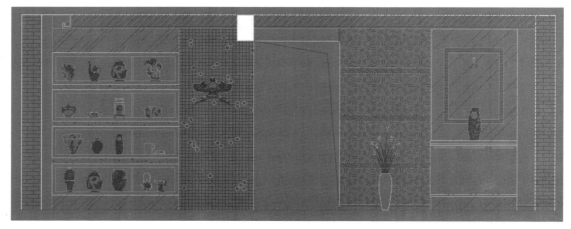

图16-19　绘制填充和插入图块

2. 绘制客厅立面图

从原始结构图中得知餐厅的墙体轮廓线尺寸为7615mm×2800mm，使用"矩形"命令绘制一个7615mm×2800mm的矩形，如图16-20所示。

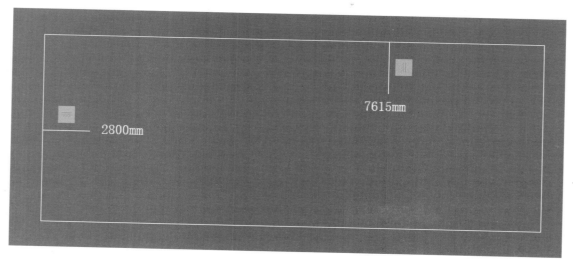

图16-20　绘制客厅框架

使用"分解"命令将矩形分解，并使用"偏移"菜单命令将上侧左半部分向内偏移90mm和120mm，以及将右半部分轮廓线向内偏移200mm作为吊顶的轮廓线，将左、右轮廓形向内偏移280mm和285mm作为内墙柱轮廓线。立面轮廓结构线完成，如图16-21所示。

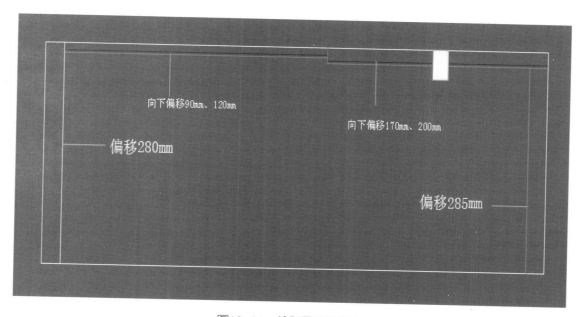

图16-21　绘制吊顶轮廓线

对照原始平面图，绘制出储物间的门洞。首先绘制出2600mm×900mm的矩形门洞。留出餐厅的中空位置2200mm，绘制出电视背景墙的装饰结构线，如图16-22所示。

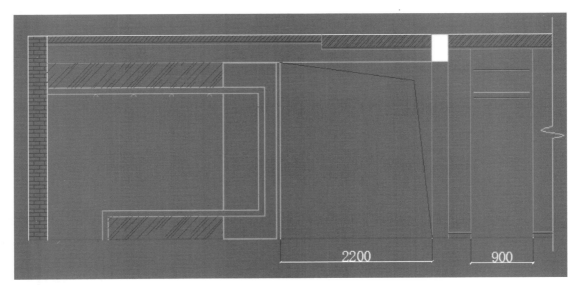

2200   900

图16-22   绘制电视背景墙结构线

插入客厅物品模型，空调、电视、音响等图块，完善储物间门的细节，如图 16-23 所示。

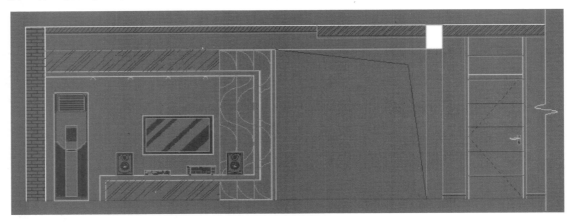

图16-23   插入装饰图块

使用"填充"命令填充墙面材质，完善立面施工图，如图 16-24 所示。

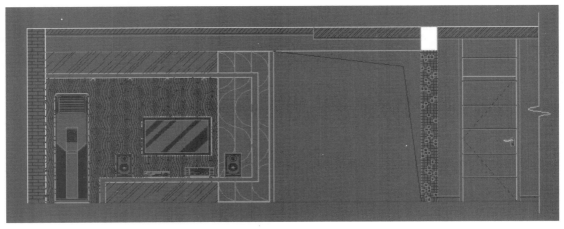

图16-24   填充材质图块

16.2.4 尺寸标注和文字说明

在进行文字及尺寸标注之前要对文字样式进行相关的设置，然后再在图形中进行标注，步骤如下。

在菜单栏中选择"格式"→"文字样式"命令，弹出"文字样式"对话框，如图16-25所示。

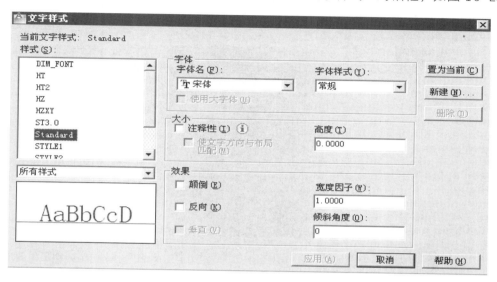

图16-25 文字样式设置

单击"新建"按钮，在弹出的对话框中输入样式名，然后单击"确认"按钮，如图16-26所示。

图16-26 新建文字样式

单击"确定"按钮后返回到上一个对话框，将"文字标注"样式的"字体名"设置为"宋体"，"高度"设置为"100.0000"，然后单击"置为当前"，最后单击"关闭"按钮，如图16-27所示。

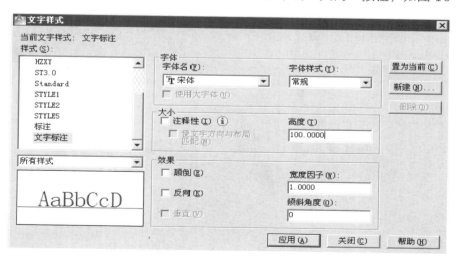

图16-27 设置文字样式

在菜单栏中选择"格式"→"多重引线样式"命令,弹出"多重引线样式管理器"对话框,单击"修改"按钮,如图 16-28 所示。

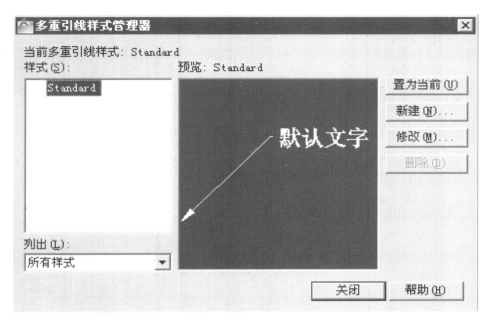

图16-28　开启多重引线样式管理器

在新弹出的"修改多重引线样式:Standard"对话框的"引线格式"选项卡下更改"颜色"和"箭头"选项,如图 16-29 所示。

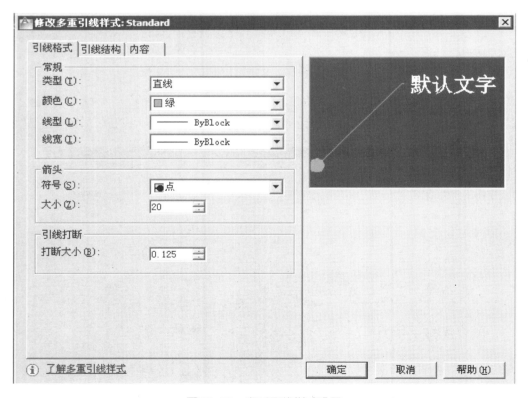

图16-29　多重引线样式设置

在"内容"选项卡下，更改相关选项，单击"确认"按钮，如图16-30所示。

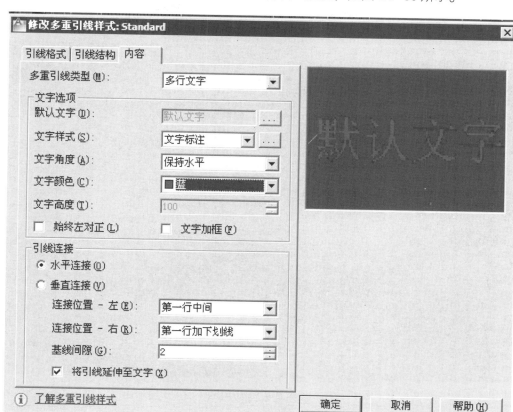

图16-30 设置多重引线内容

在菜单栏中选择"标注"→"多重引线"命令，指定标注的位置，并指定引线方向，如图16-31所示。

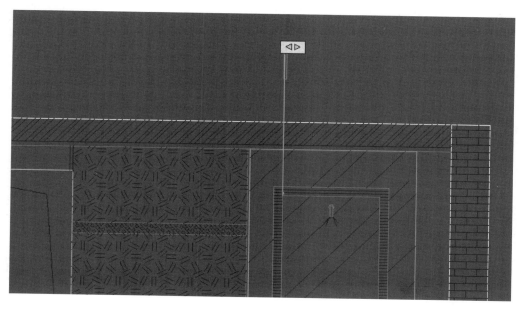

图16-31 绘制多重引线

在光标位置输入装饰名称"米白色木质横向纹理装饰框"，单击空白处即完成引线注释操作，如图 16-32 所示。

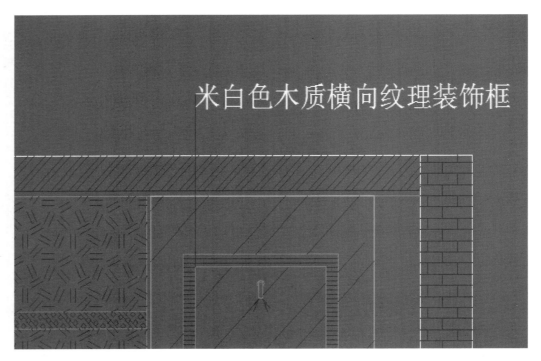

图16-32　输入文字

在菜单栏中选择"标注"→"线性"命令，指定尺寸界线点，并指定尺寸线位置进行尺寸标注，如图 16-33 所示。

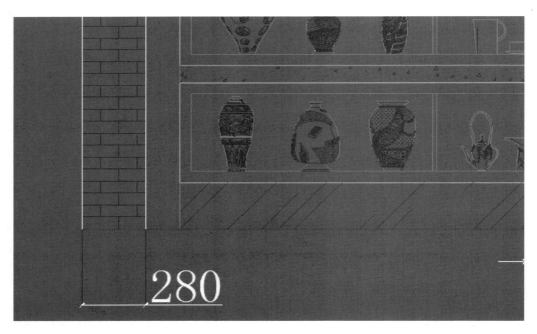

图16-33　绘制标注

在菜单栏中选择"标注"→"连续"菜单命令，将标注补充完整。最后使用"直线"和"多行文字"命令标注图名等，完成立面图的尺寸标注，如图16-34所示。

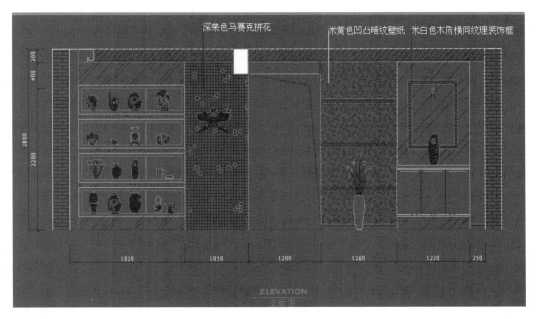

图16-34　完成标注和文字绘制

第17章

绘制室内装饰施工详图

室内装饰施工详图是细部的施工图，是对平面图、立面图等的补充。由于原图的比例尺寸较小，物体上许多细部构造无法表达清楚，所以，根据施工需要，必须另外绘制比例尺较大的图样才能表达清楚。

17.1 室内装饰施工详图绘制简介

装饰施工详图是对平面布置图、立面图等图样中未表达清楚的部位而需要进一步放大比例所绘制出的详细图样。能使施工人员在施工时清楚地了解每一个细节，做到准确无误，如图17-1至图17-3所示。

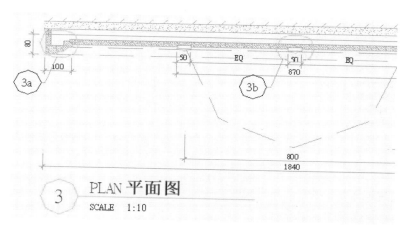

图17-1 装饰施工详图样图1

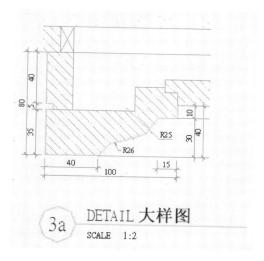

图17-2 装饰施工详图样图2

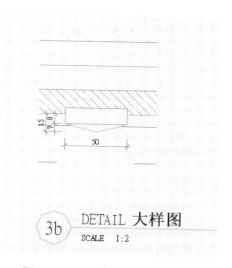

图17-3 装饰施工详图样图3

17.1.1 室内装饰施工详图内容

施工详图通常用剖面图或者局部节点大样图来表达。

剖面图是将装饰面整个剖切或者局部剖切，以表达其内部构造和装饰面与建筑结构的相互关系的图样。

节点大样是将在平面图、立面图和剖面图中未表达清楚的部分，以大比例绘制的图样。一般采用 1 ：1~1 ：50 的比例，如图 17-4、图 17-5 所示。

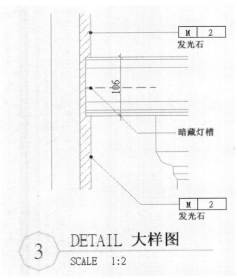

图17-4 装饰施工详图样图4

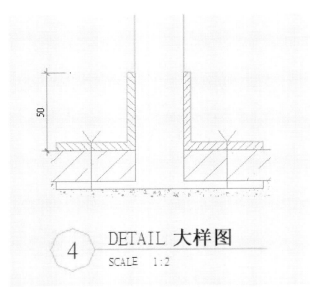

图17-5 装饰施工详图样图5

室内装饰施工详图的图示内容包含以下内容。

(1) 装饰形体的建筑做法。

(2) 造型样式、材料选用、尺寸标高。

(3) 所依附的建筑结构材料、连接做法，例如，钢筋混凝土与木龙骨的内部骨架的连接图示（剖面图及断面图），选用标准图时要标示索引。

(4) 装饰体基层板材的图示（剖面图及断面图），例如石膏板、木工板、多层夹板以及密度板、水泥压力板等用于找平的构造层次。

(5) 装饰面层、胶缝以及线脚的图示（剖面图及断面图），复杂线脚以及造型等还应绘制大样图。

(6) 色彩以及做法说明、工艺要求等。

(7) 索引符号、图名以及比例等。

17.1.2 室内装饰施工详图的绘制步骤

在绘制室内装饰施工详图时，应按照以下方法进行绘制。

(1) 选取比例，确定图纸幅面，根据绘制物体的尺寸绘制轮廓。

(2) 用粗实线绘制剖切到的装饰形体的轮廓。

(3) 用细实线绘制装饰形体的构造层次、材料图例等。

(4) 详细标注相关尺寸与文字说明、书写图名以及比例等。

17.2 室内装饰施工详图

通过以上平面与立面的施工图绘制。下面以案例中的客厅背景墙与餐厅装饰墙面的施工详图来讲解室内装饰墙面的结构详图。室内墙面装饰应该与地面、顶棚等的装饰效果相协调，要同家具、灯具以及其他陈设相结合，起到美化装饰的效果。

17.2.1 设置绘图参数

启动 AutoCAD 2012，在菜单栏中选择"格式"→"单位"命令，弹出"图形单位"对话框，在其中进行单位设置，如图 17-6 所示。

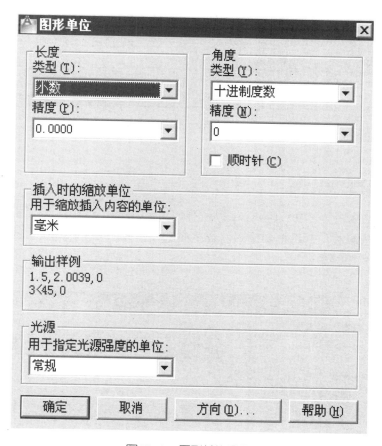

图17-6 图形单位设置

在菜单栏中选择"格式"→"图层"命令，或者直接在图层工具栏中单击按钮 🔳 打开"图层特性管理器"窗口，然后单击"新建图层"按钮新建"施工详图"等图层，并设置其图层参数，如图 17-7 所示。

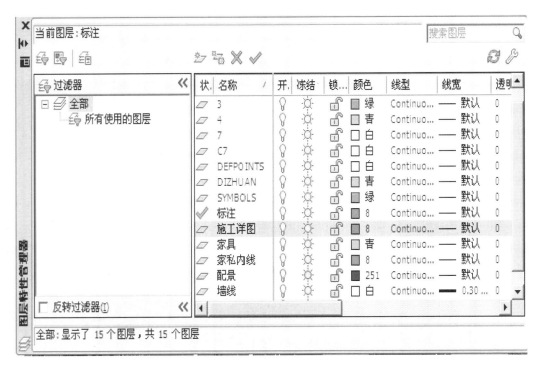

图17-7   新建并设置图层

17.2.2   设置标注样式

在菜单栏中选择"格式"→"标注样式"命令,弹出"标注样式管理器"对话框。单击"新建"按钮,在弹出的"创建新标注样式"对话框中输入新样式名"大样详图1",单击"继续"按钮,如图17-8所示。

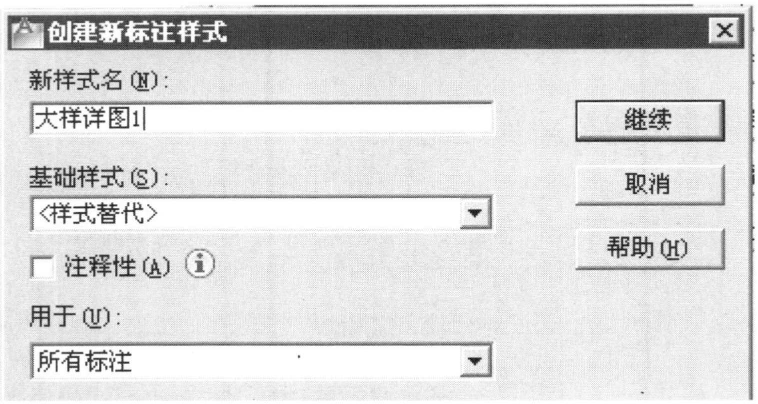

图17-8   标注样式设置

在弹出的"新建标注样式:大样详图1"对话框的"线"选项卡下更改"基线间距"为"220.0000",如图17-9所示。

图17-9 标注线设置

在"符号和箭头"选项卡下对"箭头"进行相应设置，如图 17-10 所示。

图17-10 标注符号和箭头设置

在"文字"选项卡下更改文字"字体"为"宋体","高度"为"50.0000"。在"效果"选项卡下设置"宽度因子"为"1",单击"置为当前"按钮,如图17-11所示。

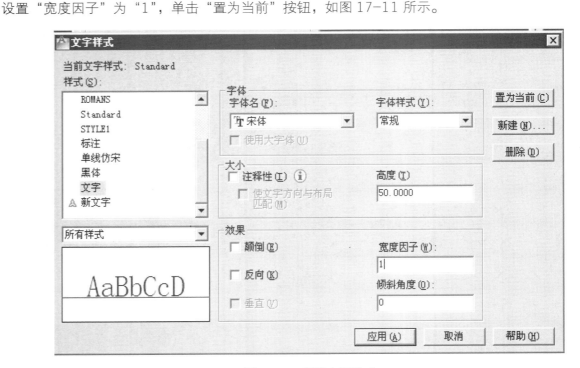

图17-11　新建文字样式

17.2.3　绘制室内装饰施工详图

以立面金属挂镜施工详图和顶面暗藏窗帘盒标准做法施工详图为例,详细说明装饰施工详图的绘制步骤。

(1)立面金属挂镜施工详图如图17-12所示。

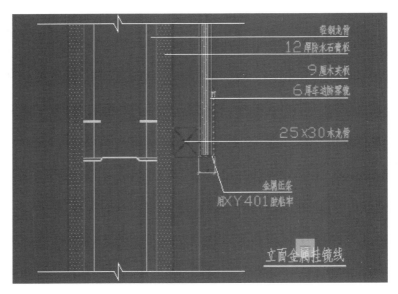

图17-12　金属挂镜施工详图

使用"直线"和"偏移"命令，绘制出轻钢龙骨墙体断面造型，如图 17-13 所示。

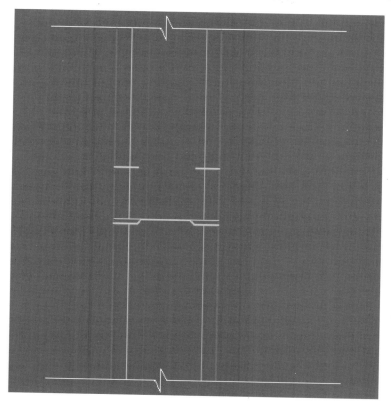

图17-13　绘制墙体断面

使用"矩形"、"直线"和"复制"命令，定位并绘制出 25mm×30mm 木龙骨，如图 17-14 所示。

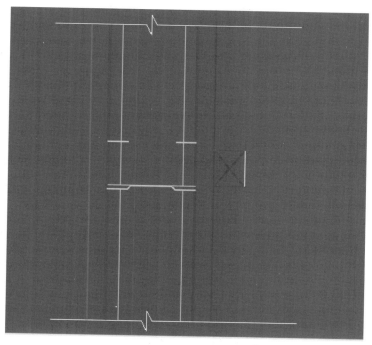

图17-14　绘制木龙骨剖面

执行"矩形"、"直线"和"复制"命令，绘制金属压条与防雾镜断面，如图 17-15 所示。

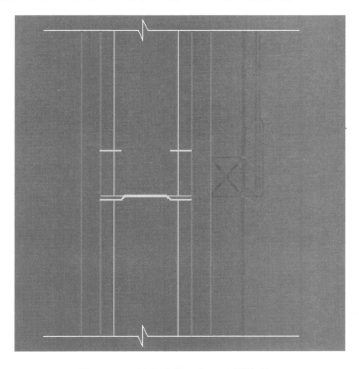

图17-15　绘制金属压条和防雾镜断面

在菜单栏中选择"绘图"→"图案填充"命令，绘制木夹板、九厘板的剖面填充图案，完成立面金属挂镜施工详图绘制，如图 17-16 所示。

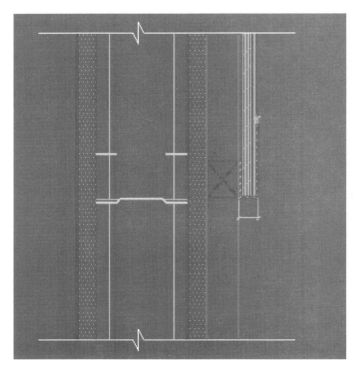

图17-16　绘制图案填充

(2)顶面暗藏窗帘盒标准做法施工详图，如图 17-17 所示。

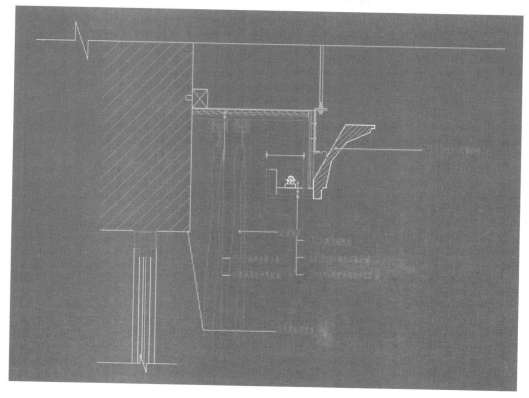

图17-17 顶面暗藏窗帘盒标准做法施工详图

使用"直线"、"矩形"和"偏移"命令，绘制墙面、顶棚、木龙骨和窗剖面造型等，如图 17-18 所示。

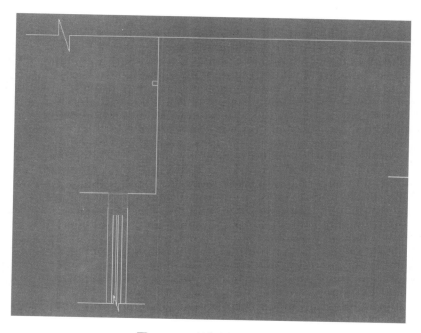

图17-18 绘制基础框架图

将"基层材料"图层设置为当前图层。使用"矩形"、"直线"和"复制"命令,绘制"绿线"所代表的50系列轻钢龙骨造型等基础材料,如图17-19所示。

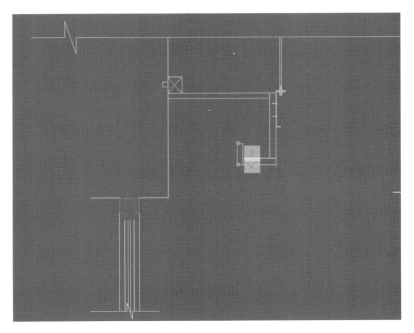

图17-19 绘制龙骨造型

将"饰面材料"图层设置为当前图层。使用"矩形"、"直线"和"复制"命令,绘制"红线"代表的石膏板饰白色乳胶漆等饰面材料,如图17-20所示。

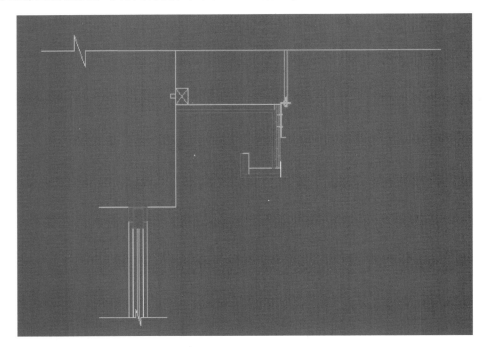

图17-20 绘制饰面材料线

将"图案填充"图层设置为当前图层。使用"图案填充"命令,对墙体剖面、木夹板和石膏线条结构进行填充，如图 17-21 所示。

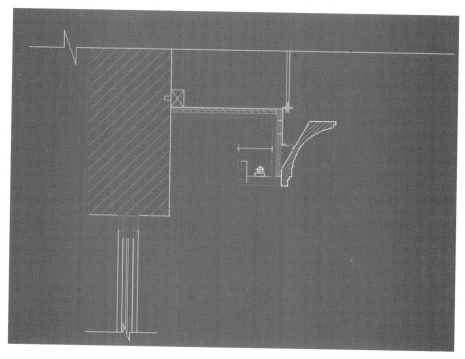

图17-21　图案填充设置

使用"图块插入"命令插入窗帘图块，完成顶面暗藏窗帘盒标准做法施工详图绘制，如图 17-22 所示。

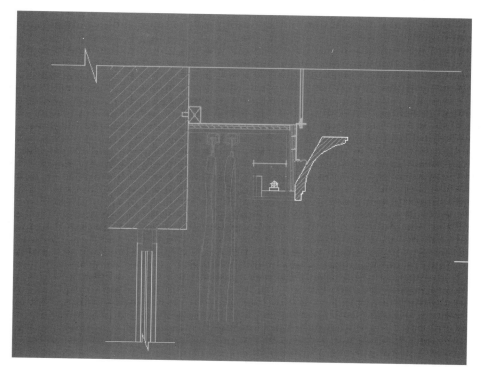

图17-22　完成详图绘制

17.2.4　尺寸标注和文字说明

在完成室内装饰结构施工详图后进行文字及尺寸标注之前要对文字样式进行相关的设置，然后再在图形中进行标注，步骤如下。

在菜单栏中选择"格式"→"文字样式"命令，弹出"文字样式"对话框，如图17-23所示。

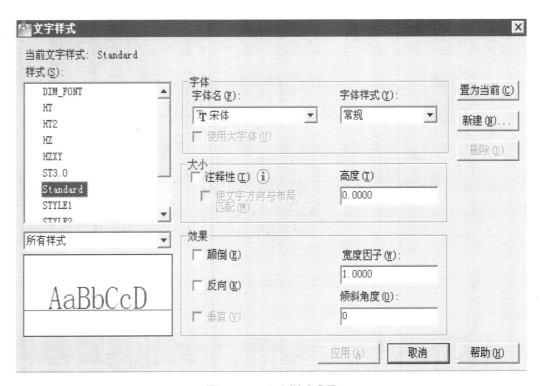

图17-23　文字样式设置

单击"新建"按钮，在弹出的对话框中输入样式名，然后单击"确定"按钮，如图17-24所示。

图17-24　新建文字样式

返回到上一个对话框，将"文字标注"的"字体名"设置为宋体，"高度"设置为"100.0000"，然后单击"置为当前"和"关闭"按钮，如图17-25所示。

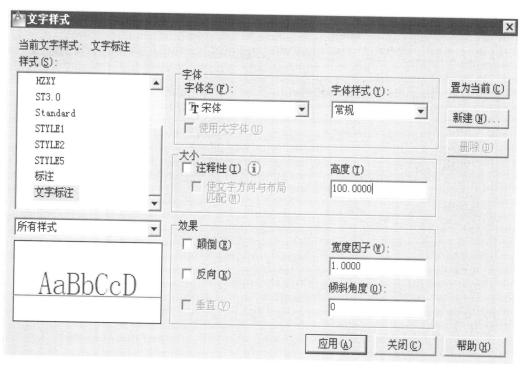

图17-25　设置"文字样式"

在菜单栏中选择"格式"→"多重引线样式"命令，弹出"多重引线样式管理器"对话框，单击"修改"按钮，如图 17-26 所示。

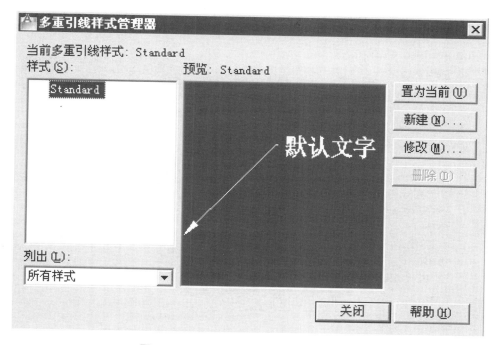

图17-26　开启"多重引线样式管理器"

在新弹出对话框中的"引线格式"选项卡下更改"颜色"和"箭头"选项，如图 17-27 所示。

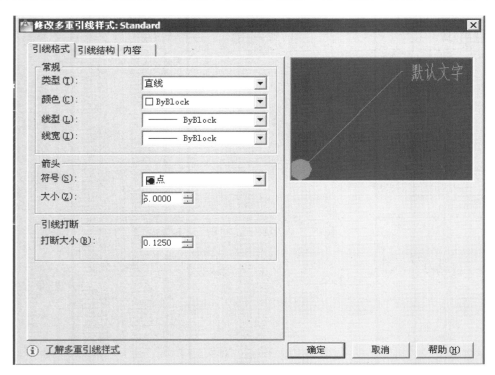

图17-27 多重引线格式设置

在"内容"选项卡下，更改相关选项，单击"确认"按钮，如图 17-28 所示。

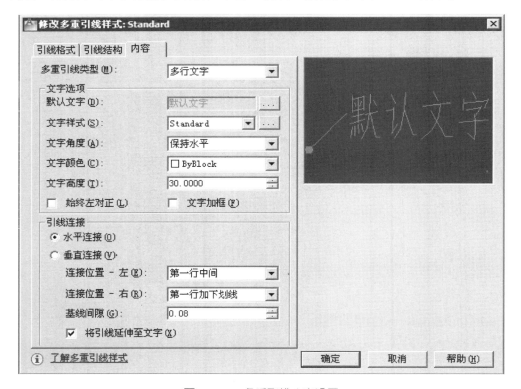

图17-28 多重引线内容设置

　　在菜单栏中选择"标注"→"多重引线"命令，指定标注的位置，并指定引线方向。在光标位置输入装饰名称，单击空白处即完成引线注释操作。

　　最后使用"直线"和"多行文字"命令标注图名等，完成立面图的尺寸标注，如图 17-29 所示。

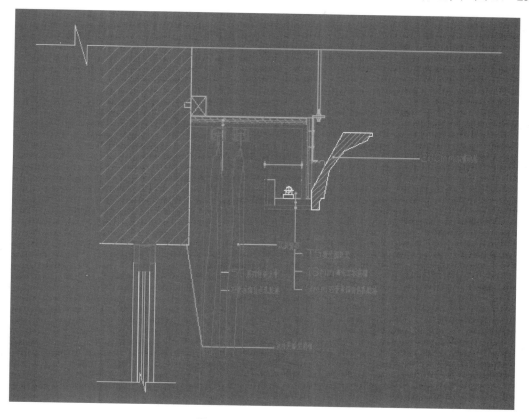

图17-29　完成详图绘制

第18章
文件布图与打印

图形布局是一种图纸空间环境，可模拟图纸页面提供直观的打印设置。在布局中可以创建并放置视口对象，也可以添加图纸图框、标题栏和会签栏等其他图形对象；还可以在图形中创建多个布局以显示不同的视图，每个布局可以包含不同的打印比例和图纸尺寸，从而实现对同一绘图对象用不同比例大小来输出。

布局显示的图形与在图纸上打印出来的图形完全一致，甚至可以在图纸空间中使图形界限等于图纸的尺寸，从而以 1：1 的比例值输出图形对象。

18.1 模型空间与布局空间

AutoCAD 一直是两种工作空间并行的绘图软件：模型空间和布局空间。其中，模型空间主要用来绘制图形，而布局空间主要用来进行打印输出。在模型空间中，能够创建任意类型的二维模型和三维模型，布局空间则提供了图纸的布局，一个布局代表一张可以使用各种比例显示一种或多种模型的图纸。

18.1.1 模型空间

1. 模型空间概念

模型空间是绝大部分绘图的工作区域，可进行图形的创建和编辑，如建立二维模型和三维模型，如图 18-1 所示。模型空间没有对按照物体的实际尺寸绘制图形的限制，并可以给图形赋予更多高级属性。

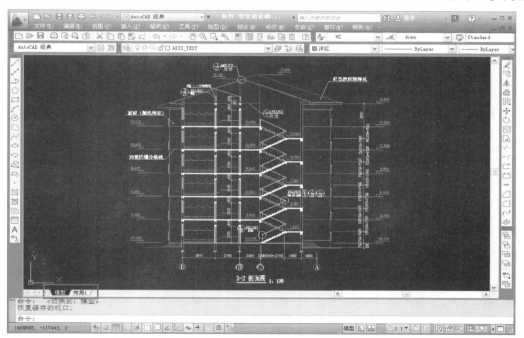

图18-1　AutoCAD模型空间

2. 模型空间视口操作

在模型空间中，可以建立多个视口，如图 18-2 所示，以实现多种视图模式，便于控制图形，能大幅提高绘图的工作效率。实际上，处在不同视口中的对象是同一个对象，视口仅反映了不同的观察角度。因此，不论改变任意视口中的对象，其他视口中的对象也会有相应的改变。具体操作步骤如下。

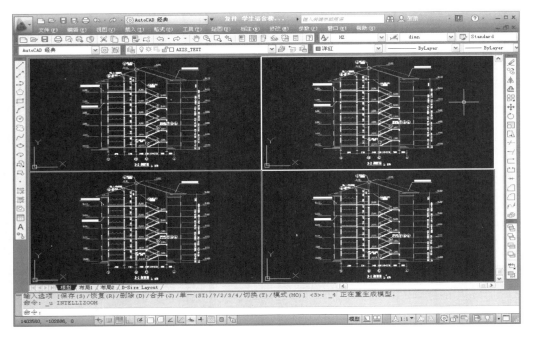

图18-2　模型空间的多个视口

视口：在菜单栏中选择"视图"→"视口"→"新建视口 ..."命令，如图 18-3 所示。打开"视口"对话框，如图 18-4 所示。当前视图为一个视口，可以在"视口"对话框右侧的预览窗口中进行观察。

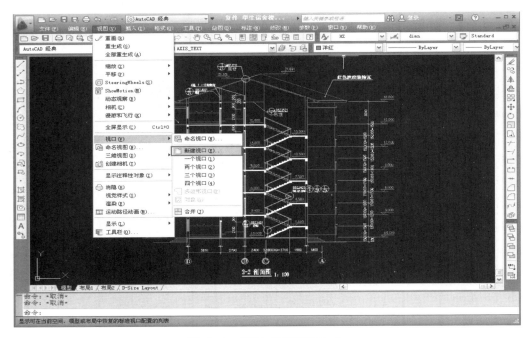

图18-3　选择"新建视口..."

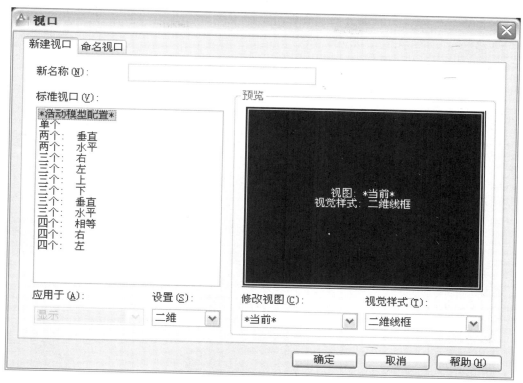

图18-4　设置视口

　　创建新视口：首先，应在"标准视口"窗口中选中所需的视口数量。在"新名称"文本框中填入新视口的名称，如"立面图"、"平面图"等。在"修改视图"及"视觉样式"下拉列表中选择合适的选项。单击"确定"按钮退出对话框即完成视口的新建，如图 18-5 所示。

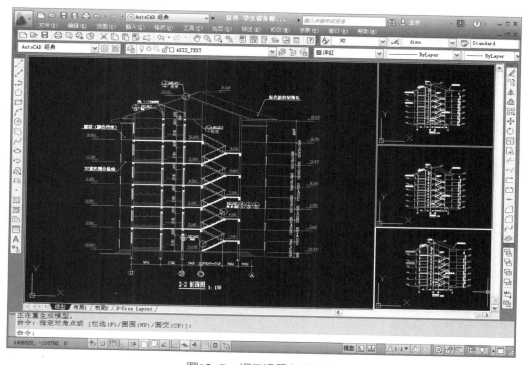

图18-5　视口设置完成效果

　　在具体的图形绘制中，可能会遭遇定制视口类型不适用的情况。所以，可以使用"合并"命令对定制视口类型进行简单的编辑。

　　合并视口：在菜单栏中选择"视图"→"视口"→"合并"命令，如图18-6所示，命令行提示"选择主视口＜当前视口＞"，单击需要合并的视口之一，此时命令行提示"选择要合并的视口"，单击需要合并的另一视口即可。两个视口被合并成一个，如图18-7所示。

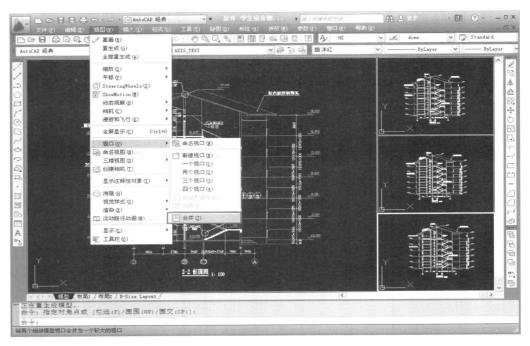

图18-6　开启视口合并命令

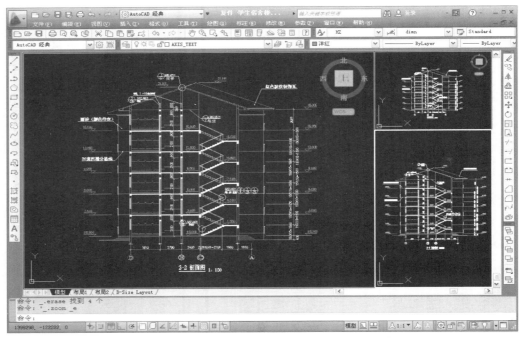

图18-7　视口合并完毕后效果

18.1.2 布局空间

1. 布局空间概念

相对于模型空间主要被用于创建和编辑图形对象，布局空间则主要是一种图纸布局环境，如图18-8所示。布局空间用来模拟显示中的图纸页面，提供直观的打印设置，控制图形的输出。

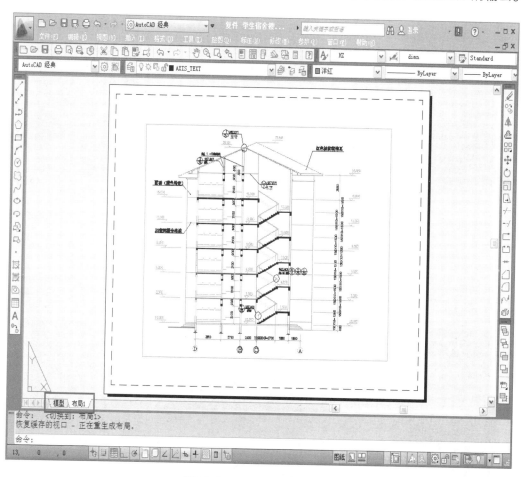

图18-8　AutoCAD布局空间

2. 创建布局

在 AutoCAD 中，创建布局的方法有三种，下面详细介绍具体操作步骤。

（1）一般创建方法。

在 AutoCAD 的模型空间中，创建完图形后，在菜单栏中选择"插入"→"布局"→"新建布局"命令，如图 18-9 所示；或者右键单击"布局1"选显卡，选择"新建布局"命令，如图 18-10 所示，系统将会自动生成新的布局，如"布局2"。

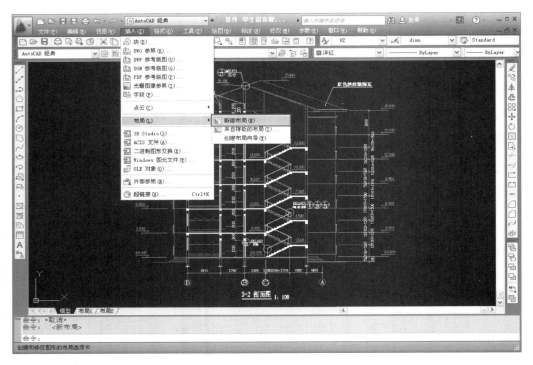

图18-9　菜单栏开启新建布局

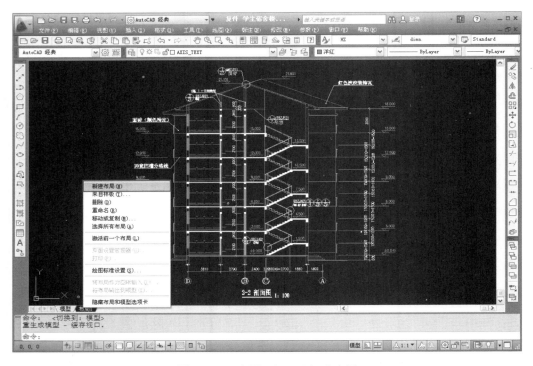

图18-10　布局面板开启新建布局

(2) 使用布局样板创建布局。

布局样板是从 DWG 或 DWT 文件中输入的布局，可以使用现有样板中的信息创建新的布局。为此，AutoCAD 内指定了若干样板，供设计新布局时调用。具体操作步骤如下。

在菜单栏中选择"插入"→"布局"→"来自样板的布局"命令,如图 18-11 所示;或者右键单击"布局 2"选显卡,选择"来自样板"命令,如图 18-12 所示,弹出"从文件选择样板"对话框,如图 18-13 所示。

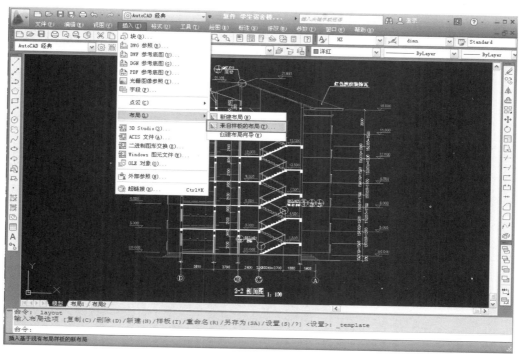

图18-11 菜单栏开启样板布局

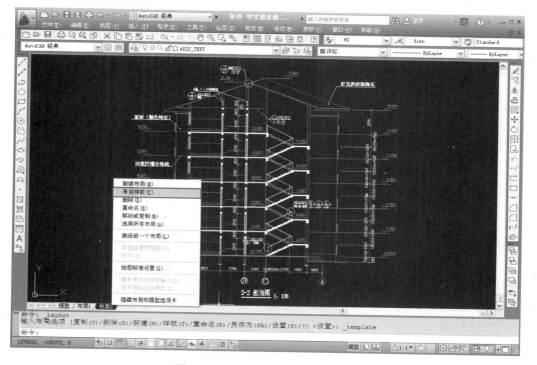

图18-12 在布局中开启样板布局

图18-13　选择样板

在"名称"窗口中选择名为"Tutorial-iArch.dwt"样板，即可从右侧预览框中观察该样板的内容。单击"打开"按钮，弹出"插入布局"对话框，如图 18-14 所示。

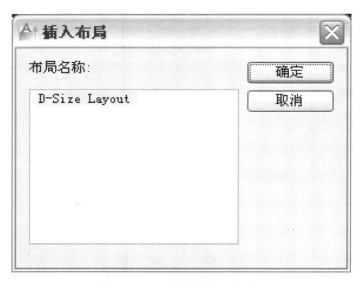

图18-14　"插入布局"对话框

在"布局名称"窗口中选择布局名称，再单击"确定"按钮退出对话框，完成从样板库中输入布局，如图 18-15 所示。

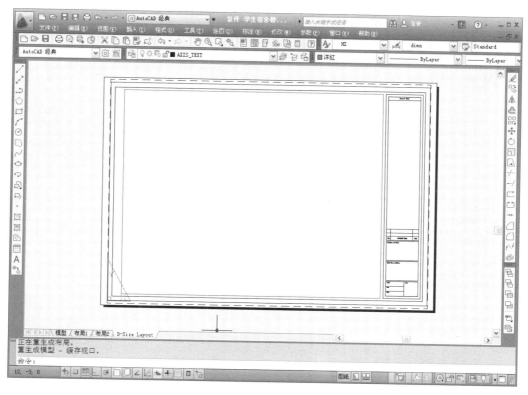

图18-15 输入布局

(3) 使用布局向导创建布局。

指定布局名称。在 AutoCAD 的模型空间中，完成图形绘制，然后在菜单栏中选择"插入"→"布局"→"创建布局向导"命令，系统弹出"创建布局 - 开始"对话框，如图 18-16 所示，即可进行新布局名称的命名。

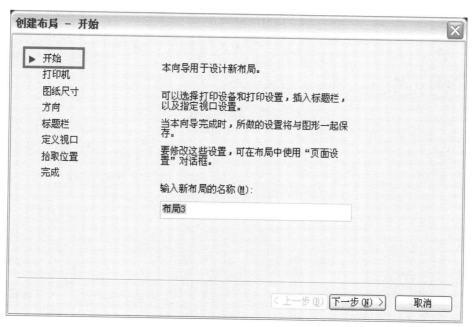

图18-16 创建布局

配置打印机。单击"下一步"按钮将打开"创建布局－打印机"对话框，根据需要在该对话框的绘图仪列表中选择所要配置的打印机，如图18-17所示。

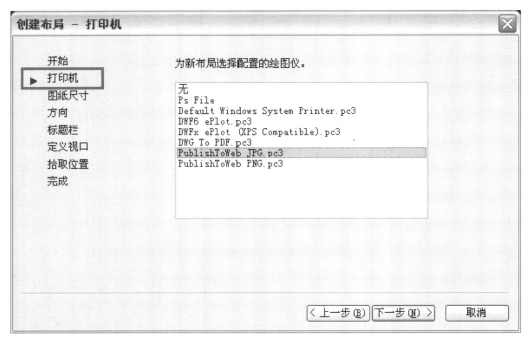

图18-17　选择打印机

设置图纸尺寸。单击"下一步"按钮打开"创建布局－图纸尺寸"对话框的下拉列表中设置布局打印图纸的大小、图形单位，并可以通过"图纸尺寸"面板预览图纸的具体尺寸，如图18-18所示。

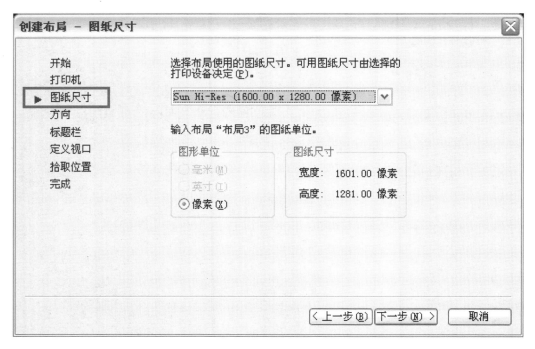

图18-18　设置图纸尺寸

设置图纸方向。单击"下一步"按钮弹出"创建布局－方向"对话框，选择"横向"或"纵向"单选按钮进行打印的方向设置，如图18-19所示。

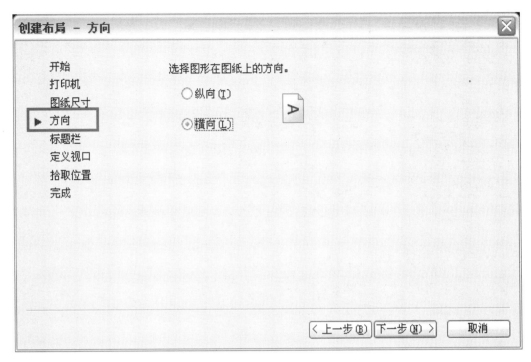

图18-19 设置图纸方向

指定标题栏。单击"下一步"按钮弹出"创建布局－标题栏"对话框选择图纸的边框和标题栏的样式，并从"预览"窗口中预览所选标题栏效果，如图18-20所示。

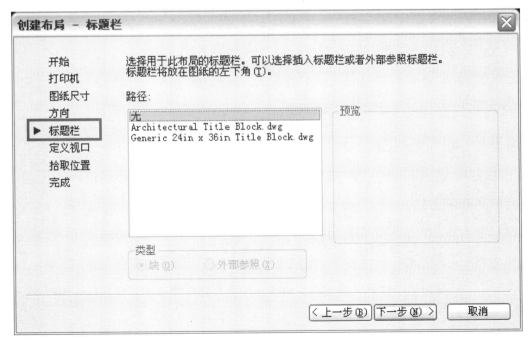

图18-20 选择标题栏

定义视口并拾取视口位置。单击"下一步"按钮,在弹出的"创建布局－定义视口"对话框中可以设置新创建布局的默认视口,包括视口设置、视口比例,如图18-21所示。

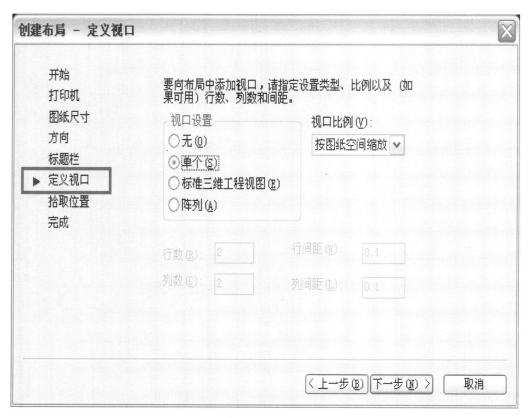

图18-21   定义视口

拾取位置。单击"下一步"按钮,在弹出的"创建布局－拾取位置"对话框中单击"拾取位置"按钮,即可在图形窗口中以指定对角点的方式指定视口的大小和位置,通常情况下拾取全部图形窗口。最后,单击"完成"按钮即可显示新建布局效果。

3. 布局页面设置

在进行图形的打印时,必须对所打印的页面进行打印样式、打印设备、图纸的大小、图纸的打印方向以及打印比例等参数的指定。

在菜单栏中选择"文件"→"页面设置管理器"命令,如图18-22所示。或右键单击状态栏中的"快速查看布局"按钮 ,然后在弹出的快捷菜单中选择"页面设置管理器"选项,如图18-23所示,系统弹出"页面设置管理器"对话框,对该布局页面进行修改、新建、输入等操作,具体操作如下。

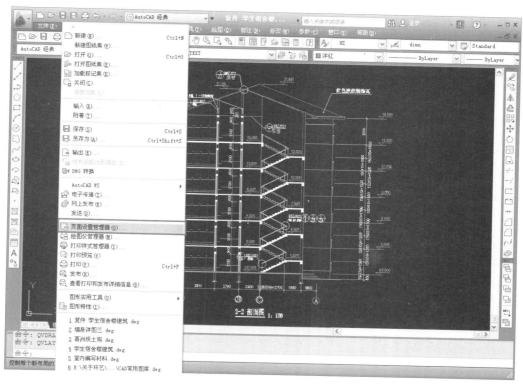

图18-22 菜单栏开启页面设置管理器

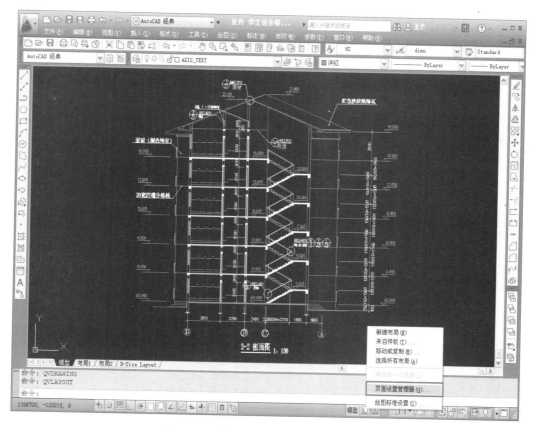

图18-23 状态栏开启页面设置管理器

（1）开启页面设置管理器。

可通过该操作对现有的页面设置进行详细的修改和设置，从而达到所需要的出图要求。在"页面设置管理器"对话框的"页面设置"预览窗口中选择需要进行修改的设置，也可以新建一个页面样式，如图18-24所示。

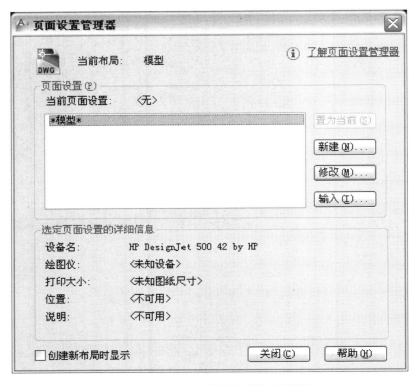

图18-24　"页面设置管理器"对话框

（2）新建页面设置。

在"页面设置管理器"对话框中单击"新建..."按钮，并在弹出的"新建页面设置"对话框中输入新页面的名称，如图18-25所示。

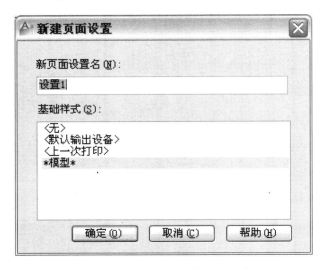

图18-25　"新建页面设置"对话框

指定基础样式后即可打开基于所选基础样式的"新建页面设置"对话框，在弹出的"页面设置 – 模型"对话框中进行该页面的设置，如图 18-26 所示。在完成了各项设置后，单击"确定"按钮即可完成所选页面设置的修改，并返回至"页面设置管理器"对话框。页面设置 – 模型对话框中的各主要选项的功能如下。

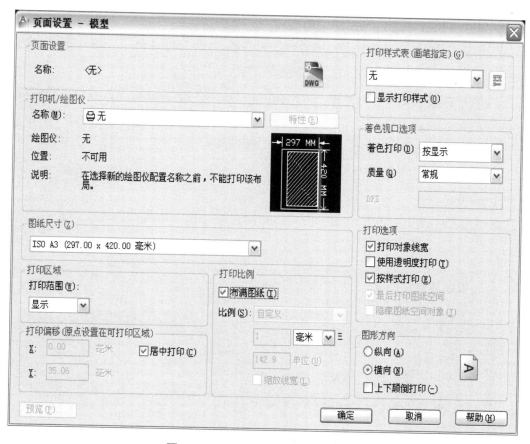

图18-26 "页面设置–模型"对话框

- 打印机/绘图仪：指定打印机的名称、位置和说明。在"名称"下拉列表中选择打印机或绘图仪的类型；单击"特性"按钮，在弹出的对话框中查看或修改打印机或绘图仪配置信息。

- 图纸尺寸：该项显示选定打印机的可用标准图纸打印尺寸，可以在该下拉列表中选取所需的图纸，并可以通过对话框中的预览窗口进行预览。

- 打印区域：可以对布局的打印区域进行设置。可以在该下拉列表的4个选项中选择打印区域的确定方式；选择"布局"选项，可对指定图纸界限内的所有图纸进行打印；选择"窗口"选项，可以指定模型空间中的某个矩形区域为打印区域进行打印；选择"范围"选项，打印当前图纸中的所有对象；选择"显示"选项，可设置打印模型空间的当前视口中的视图。

- 打印偏移：用来指定相对于打印区域左下角的偏移量。在布局中，可打印区域左下角点由左边距决定。选中"居中打印"复选框，系统可以自动计算偏移量数值以便于居中打印。

- 打印比例：选择或定义打印单位与图形单位之间的比例关系。打印布局时的默认比例为1：1，打印模型空间的默认设置为按图纸空间缩放。如果选中"缩放线宽"复选框，则线宽的缩放比例与打印比例成正比。如果选择标注比例，则比例值将显示在"自定义"中。

• 打印样式表：可以设置将打印样式附着在布局中，打印样式表包含打印时应用的图形对象中的所有打印样式，可以选中相应的复选框来控制打印时是否打印线宽，是否使用打印样式表中定义的打印样式来打印图形，是否打印布局环境中对象的隐藏线。

• 着色视口选项：指定着色和渲染时的打印方式，并确定其分辨大小和每英寸的点数（DPI）。主要针对三围图形出图时的参数设置，一般不经常使用。例如，在"着色打印"下拉列表中选择是否按当前显示的状态打印图形，或者以线框方式打印图形等；在"质量"下拉列表中可设置图形出图时的打印分辨率，可选择"草图""预览"或"普通"等。

• 打印选项：在该栏中可以指定是否打印线宽，是否按打印样式出图，着色打印和对象的打印次序等参数。

• 图形方向：指定打印机图纸上的图形方向，包括横向、纵向和反向打印。若选中"上下颠倒打印"复选框，则表示图形将旋转180°。

(3) 输入页面设置。

新建和保存图形中的页面设置之后，在"页面设置管理器"对话框中单击"输入 ..."按钮，如图 18-27 所示。

图18-27   输入新建页面样式

弹出"从文件选择页面设置"对话框，如图18-28所示。

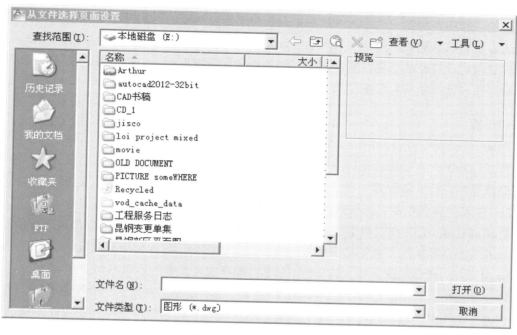

图18-28 选择图形文件

选择页面设置方案的图形文件后单击"打开"按钮，并在打开的"输入页面设置"对话框中进行页面设置方案的选择，最后单击"确定"按钮，即可完成输入页面的设置，如图18-29所示。

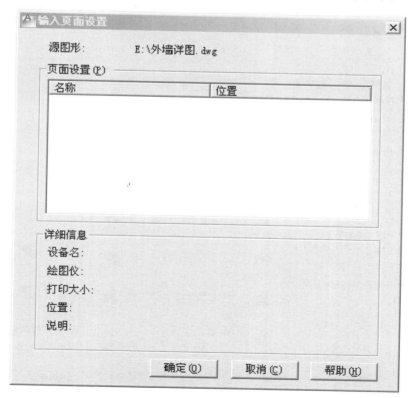

图18-29 输入页面设置

18.2　打印图形

在实际的工作中，创建完成图形对象后都需要将图形以图纸的形式打印出来，以便于后期的工艺编排、交流以及审核等需要。通常在布局空间设置浮动视口，以确定图形的最终打印位置，然后通过创建打印样式表进行打印的必要设置，决定打印的内容和图像在图纸中的布置，执行"打印预览"命令查看布局无误，即可执行打印图形操作。

1. 打印设置

在打印输出图形时，所打印图形线条的宽度根据对象类型的不同而不同。对于所打印的线条属性，不但可以在绘图时直接通过图层进行设置，而且可以利用打印样式仪表进行线条的颜色、线型、线宽、抖动以及端点样式等设置。在使用打印样式之前，必须先指定 AutoCAD 文档使用的打印样式类型。AutoCAD 中有两种类型的打印样式：颜色相关样式（CTB）和命名样式（STB）。

颜色打印样式表。CTB 样式类型以 255 种颜色为基础，通过设置与图形对象颜色对应的打印样式，使得所有具有该颜色的图形对象都具有相同的打印效果。例如，可以为所有用红色绘制的图形设置相同的打印线宽、打印线型和填充样式等特性。CTB 打印样式表文件的后缀名为"＊.ctb"。

命名打印样式表。STB 样式和线型、颜色、线宽等一样，是图形对象的一个普通属性，可以在"图层特性管理器"中为某图层指定打印样式，也可以在"特性"选项板中为单独的图形对象设置打印样式属性。STB 打印样式表文件的后缀名为"＊.stb"。在菜单栏中选择"文件"→"打印样式管理器"选项即可打开"打印样式"文件夹。在该打印样式文件夹中，与颜色相关的打印样式都被保存在以".ctb"为扩展名的文件中，命名打印样式表被保存在以".stb"为扩展名的文件中，如图 18-30 所示。

图18-30　打印样式

2. 打印输出

在 AutoCAD 2012 中，执行打印输出操作就是将最终设置完成的图纸布局通过打印方式将当前布局输出为图纸。在菜单栏中选择"文件"→"打印"命令或在键盘上输入"Ctrl+P"组合键，系统弹出"打印－模型"对话框，如图 18-31 所示。

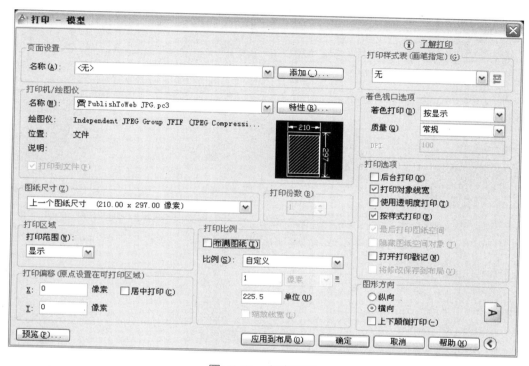

图18-31 打印设置

设置打印输出参数。"打印－模型"对话框中的内容与"页面设置"对话框中的内容基本相同。此外，该对话框中的其他选项功能如下。

- 页面设置：该选项可以添加页面设置。在"名称"下拉列表中可选择打印设置，并能够随时保存、命名和恢复"打印"和"页面设置"对话框中所有的设置。单击"添加..."按钮可打开"添加页面设置"对话框，并能从中添加新的页面设置。

- 打印机/绘图仪：若导出图片格式的文件，则可以在"名称"下拉列表中选择"PublishToWeb JPG.pc3"打印机。

- 打印份数：可以在"打印份数"文本框中设置每次打印图纸的份数。

- 打印选项：启用"打印选项"选项组中的"后台打印"复选框，可以在后台打印图形；启用"将修改保存到布局"复选框，可以将该对话框改变的设置保存到布局中；启用"打开打印戳记"复选框，可在每个输入图形的某个角落显示绘图标记以及生成日志文件。

3. 打印预览

在对完成输出设置的图形进行打印输出之前，一般都需要对该图形进行打印预览，以便检验图形的输出设置是否满足要求。

单击"打印"对话框中左下角的"预览..."按钮，系统将切换至"打印预览"界面。在该界面中，可以利用左上角相应的按钮或右键快捷菜单进行预览图纸的打印、移动、缩放和退出预览界面等操作，如图 18-32 所示。

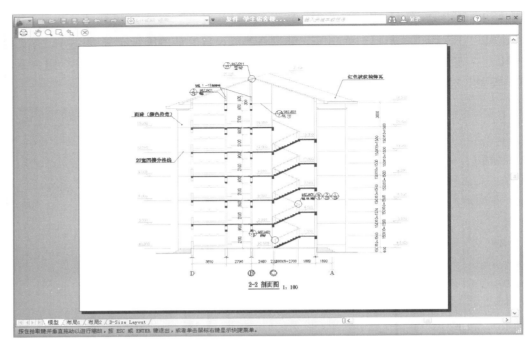

图18-32　打印预览

4. 打印输出

各部分都设置完成以后，在"打印"对话框中单击"确定"按钮；或者打印预览效果符合设计要求，可直接在预览界面的菜单栏中单击"打印"按钮 🖶 ；又或者单击鼠标右键，选择"打印"，系统将开始输出图形。如果图形输出时出现错误或要中断绘图，可按"Esc"键将结束图形输出，如图18-33所示。

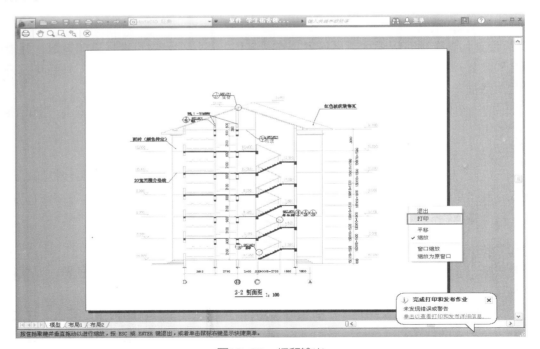

图18-33　打印输出